Материалы II международной научно-практической конференции

Фундаментальные и прикладные науки сегодня

19-20 декабря 2013 г.

Москва

УДК 4+37+51+53+54+55+57+91+61+159.9+316+62+101+330

ББК 72

ISBN: 978-1494792527

В сборнике представлены материалы докладов II международной научно-практической конференции   " Фундаментальные и прикладные науки сегодня "

Все статьи представлены в авторской редакции.

© Авторы научных статей

Содержание

Биологические науки

Rak N.S., Litvinova S.V.
MIGRATION AND ACCLIMATIZATION OF PEST ORGANISMS WITH THE PLANTS INTRODUCTION IN THE FAR NORTH OF RUSSIA GREENHOUSES 1

Кравченко И.В., Шепелева Л.Ф., Башкатова Ю.В., Матковская Ю.Н., Булатова Е.В.
ВЛИЯНИЕ СВИНЦА НА ПИГМЕНТНЫЙ АППАРАТ PINUS SYLVESTRIS L. УРБАНИЗИРОВАННОЙ ТЕРРИТОРИИ Г. СУРГУТА И СУРГУТСКОГО РАЙОНА 8

Геолого-минералогические науки

Uspenskiy B.V.
OIL AND BITUMEN POTENTIAL FORECAST FOR PERMIAN DEPOSITS IN THE SOUTH-EAST SLOPE OF THE SOUTH-TATARIAN ARCH 12

Попов М.П.
УРАЛЬСКАЯ ХРИЗОБЕРИЛЛ-ИЗУМРУДОНОСНАЯ ПРОВИНЦИЯ 15

Краснощекова Л.А., Черданцева Д.А., Меркулов В.П.
ВЕЩЕСТВЕННЫЙ СОСТАВ ОТЛОЖЕНИЙ ВЕРХНЕЮРСКИХ ПЛАСТОВ КАЗАНСКОГО МЕСТОРОЖДЕНИЯ УГЛЕВОДОРОДОВ (ТОМСКАЯ ОБЛАСТЬ) 20

Искусствоведение

Spirina Marina
TRADITIONAL APPLIED ART AS THE FOUNTAINHEAD OF DESIGN 24

Медицинские науки

Мареев И.В., Кулакова Н.В., Самыкина И.А., Руденко А.А., Бородулина Е.В.
ИСПОЛЬЗОВАНИЕ НПВС В КОРРЕКЦИИ ЭНДОТЕЛИАЛЬНОЙ ДИСФУНКЦИИ У ПАЦИЕНТОВ С АРТЕРИАЛЬНОЙ ГИПЕРТЕНЗИЕЙ 27

Вязьмин А.Я., Клюшников О.В., Подкорытов Ю.М.
ПРОБЛЕМЫ ПРИ ИЗГОТОВЛЕНИИ КОМБИНИРОВАННЫХ КОНСТРУКЦИЙ ЗУБНЫХ ПРОТЕЗОВ 32

Клюшникова М.О., Клюшникова О.Н., Клюшникова А.О.
ЛЕЧЕНИЕ ХРОНИЧЕСКОГО РЕЦИДИВИРУЮЩЕГО АФТОЗНОГО СТОМАТИТА 38

Абдрахманов А.Р.
НОВЫЕ ВОЗМОЖНОСТИ ЛЕЧЕНИЯ ХРОНИЧЕСКИХ УРЕТРИТОВ, АССОЦИИРОВАННЫХ С ГОНОКОККОВОЙ ИНФЕКЦИЕЙ 40

Содержание

Порат-Офир К., Дергачев В., Белкин А., Фрейнд Г.Г., Кацнельсон М.Д., Лицын С.Н., Шэхам-Диаманд Й.

ЗНАЧЕНИЕ ХРОНОАМПЕРОМЕТРИЧЕСКОГО МЕТОДА С ПРИМЕНЕНИЕМ НАНОТЕХНОЛОГИЧЕСКИХ БИОЧИПОВ В ДИАГНОСТИКЕ ОПУХОЛЕЙ ТОЛСТОЙ КИШКИ 43

Губанова А.Б., Фрейнд Г.Г.

ЦИТОЛОГИЧЕСКАЯ ОЦЕНКА УЗЛОВЫХ ОБРАЗОВАНИЙ ЩИТОВИДНОЙ ЖЕЛЕЗЫ В ЙОД-ДЕФИЦИТНОМ РЕГИОНЕ 47

Науки о земле

Oladipo M.O., Bobylev P.V., Ohije L.D.

THE USE OF GEOGRAPHIC INFORMATION SYSTEM FOR PRE-ASSESSMENT PREPARATION OF A LOTIC WETLAND HEALTH ASSESSMENT: OJO CREEK, NIGERIA 50

Педагогические науки

Федотова М.Г., Столярова Е.В.

РЕАЛИЗАЦИЯ КОММУНИКАТИВНОГО ПОДХОДА В ОБУЧЕНИИ ИНОСТРАННОМУ ЯЗЫКУ СТУДЕНТОВ ОБЩЕЭКОНОМИЧЕСКОГО ФАКУЛЬТЕТА 52

Шалева Л.Б.

К ПРОБЛЕМЕ МАТЕМАТИЧЕСКОЙ ПОДГОТОВКИ УЧИТЕЛЯ НАЧАЛЬНЫХ КЛАССОВ 57

Суховей А. И., Суховей Л. В.

РОЛЬ ТЕХНИЧЕСКОГО ТВОРЧЕСТВА В ФОРМИРОВАНИИ ОБЩЕЙ И ПРОФЕССИОНАЛЬНОЙ КОМПЕТЕНТНОСТИ БУДУЩИХ СПЕЦИАЛИСТОВ В ОБЛАСТИ РАДИОЭЛЕКТРОНИКИ 59

Ленская Е.В.

ПРИНЦИПЫ ПОДГОТОВКИ НАЧИНАЮЩИХ ТАНЦОРОВ В СПОРТИВНЫХ ТАНЦАХ 62

Рындак В.Г., Елисеева Д.С.

МОНИТОРИНГ СФОРМИРОВАННОСТИ ПОЗНАВАТЕЛЬНЫХ УНИВЕРСАЛЬНЫХ УЧЕБНЫХ ДЕЙСТВИЙ МЛАДШЕГО ШКОЛЬНИКА КАК ПЕДАГОГИЧЕСКАЯ ПРОБЛЕМА 65

Шарипова Э.Ф.

ПРОДУКТИВНЫЕ ПЕДАГОГИЧЕСКИЕ ТЕХНОЛОГИИ В ПОДГОТОВКЕ БАКАЛАВРОВ ПЕДАГОГИЧЕСКОГО ОБРАЗОВАНИЯ 76

Ничипоренко Л.К.

ОРГАНИЗАЦИЯ НАУЧНО-ИССЛЕДОВАТЕЛЬСКОЙ ДЕЯТЕЛЬНОСТИ ТВОРЧЕСКОГО СОДРУЖЕСТВА ПРЕПОДАВАТЕЛЕЙ, СТУДЕНТОВ И МАГИСТРАНТОВ В НАУЧНОЙ ЛАБОРАТОРИИ НА БАЗЕ МУЗЕЙНОЙ КОЛЛЕКЦИИ 80

Жевлаков Е.Г., Ефремова Н.А., Фарбей В.В.

ВЛИЯНИЕ ДЫХАТЕЛЬНЫХ УПРАЖНЕНИЙ НА КОНЕЧНЫЙ СПОРТИВНЫЙ РЕЗУЛЬТАТ В БИАТЛОНЕ 85

Содержание

Политические науки

Iskakov I.Zh.
KAZAKHSTAN: THE FORMATION OF A NEW POLITICAL LANDSCAPE 90

Toropygina A.A.
EURASIAN INTEGRATION AS A MODEL OF SUSTAINABLE DEVELOPMENT 93

Психологические науки

Психологические науки

Ефимова И.Н.
ОСОБЕННОСТИ ЭМОЦИОНАЛЬНОГО ВЫГОРАНИЯ ПЕДАГОГОВ ПРИ ВЫПОЛНЕНИИ РОДИТЕЛЬСКИХ ФУНКЦИЙ ПО ОТНОШЕНИЮ К СОБСТВЕННЫМ ДЕТЯМ 97

Белова А.Н.
АДАПТАЦИОННЫЕ ВОЗМОЖНОСТИ ПРЕПОДАВАТЕЛЕЙ С РАЗНЫМИ ПРОФИЛЯМИ ЛАТЕРАЛЬНОСТИ К ИННОВАЦИОННОЙ ДЕЯТЕЛЬНОСТИ ВУЗА 100

Теплинских М.В., Ермакова З.А.
МЕТОДОЛОГИЧЕСКОЕ И ПСИХОЛОГИЧЕСКОЕ ПОНИМАНИЕ СУБЪЕКТИВНОСТИ И СУБЪЕКТИВИЗМА 103

Социологические науки

Ургалкин Ю.А., Сангова Э.Р.
РЕГИОНАЛЬНЫЕ АСПЕКТЫ МИГРАЦИОННЫХ ПРОЦЕССОВ В СОВРЕМЕННОЙ РОССИИ 106

Ургалкин Ю.А., Дорогинина Е.В.
ЭКОНОМИЧЕСКОЕ ОБРАЗОВАНИЕ КАК СОСТАВНАЯ ЧАСТЬ ОБУЧЕНИЯ ШКОЛЬНИКОВ 108

Легенина Т.Б.
ГРАЖДАНСКАЯ ИДЕНТИЧНОСТЬ МОЛОДЕЖИ: ОПЫТ СОЦИОЛОГИЧЕСКОГО ИСССЛЕДОВАНИЯ 110

Технические науки

Панкова Т.А., Затинацкий С.В.
МОДЕЛИРОВАНИЕ РЕЖИМА ОРОШЕНИЯ 115

Грешняков Г.В., Доронин М.В., Селезнёв Д.А.
К ВОПРОСУ О РАСЧЁТЕ ТЕПЛОВОГО РЕЖИМА СИЛОВОГО ИМПУЛЬСНОГО КАБЕЛЯ 118

Гирфанова Л.Р.
РАЗРАБОТКА ИНТЕГРИРОВАННОЙ КОНСТРУКЦИИ ДЛЯ ИЗДЕЛИЯ С ГРАДИЕНТНЫМ РАСПРЕДЕЛЕНИЕМ СВОЙСТВ 121

Содержание

Евтюков С.А., Брылев И.С.
ПРОБЛЕМЫ ПРОВЕДЕНИЯ АВТОТЕХНИЧЕСКИХ ЭКСПЕРТИЗ С УЧАСТИЕМ ДВУХКОЛЕСНЫХ ТРАНСПОРТНЫХ СРЕДСТВ 125

Хамидуллина Д.А., Кондрашева С.Г., Лашков В.А.
КОНЦЕПЦИЯ УСОВЕРШЕНСТВОВАНИЯ СУЩЕСТВУЮЩИХ ХИМИЧЕСКИХ ТЕХНОЛОГИЙ 130

Ляхова Е.В., Надымов А.В.
МЕТАМАТЕРИАЛЫ С ОТРИЦАТЕЛЬНЫМ ПОКАЗАТЕЛЕМ ПРЕЛОМЛЕНИЯ 133

Тыщук М.А., Надымов А.В.
БЕСПРОВОДНОЕ ЭЛЕКТРОПИТАНИЕ 135

Суров О.Э., Парняков А.В.
РАЗВИТИЕ КРУИЗНОГО РЫНКА НА ПРИМЕРЕ КОМПАНИИ ROYAL CARIBBEAN INTERNATIONAL .. 139

Галимов М.Д.
РАЗРАБОТКА ОБОБЩЕННОЙ СТРУКТУРНОЙ СХЕМЫ ПРОГРАММНО-АППАРАТНОГО КОМПЛЕКСА ДЛЯ ОПРЕДЕЛЕНИЯ ЧАСТОТЫ И ФОРМИРОВАНИЯ ЗАДЕРЖЕК ПРИ РЕШЕНИИ ЗАДАЧ МОДИФИКАЦИИ И РЕВЕРС-ИНЖИНИРИНГА РАДИОТЕХНИЧЕСКИХ УСТРОЙСТВ, ПРОМЫШЛЕННОГО И МЕДИЦИНСКОГО ОБОРУДОВАНИЯ 143

Казаков С.С., Сахно К.Н.
ВЛИЯНИЕ ХИМИЧЕСКИХ ЭЛЕМЕНТОВ НА СВОЙСТВА ЧУГУНОВ ПОРШНЕВЫХ КОЛЕЦ СУДОВЫХ СРЕДНЕОБОРОТНЫХ ДИЗЕЛЕЙ ОБРАБОТАННЫХ ЛАЗЕРОМ 146

Самигуллина Н.А., Яхин Р.Р., Яхин Р.Г.
ИССЛЕДОВАНИЕ ЧУЖЕРОДНЫХ ХИМИЧЕСКИХ ВЕЩЕСТВ В ПРОДУКТАХ ПИТАНИЯ МЕТОДОМ ЭПР 154

Фармацевтические науки

Шайхутдинова И.Н., Вдовина Г.П.
РАЗРАБОТКА СОСТАВА, ТЕХНОЛОГИИ ТАБЛЕТОК И КАПСУЛ ОТЕЧЕСТВЕННОГО АНТИДЕПРЕССАНТА «ФЛУОКСЕТИН» И ИЗУЧЕНИЕ СТАБИЛЬНОСТИ 157

Физико-математические науки

Бахтиева Л.У., Тазюков Ф.Х. К
К ПОСТАНОВКЕ ЗАДАЧИ УСТОЙЧИВОСТИ ЦИЛИНДРИЧЕСКОЙ ОБОЛОЧКИ ПРИ ВНЕШНЕМ ДАВЛЕНИИ 164

Левчук Е.В., Стасев Г.А.
ФОРМИРОВАНИЕОТНОШЕНИЙ ПРЕДПОЧТЕНИЯ ПРИ РЕШЕНИИ ЗАДАЧ СЛОЖНОГО ВЫБОРА ... 168

Камалутдинов А.М.
ОПРЕДЕЛЕНИЕ АЭРОДИНАМИЧЕСКИХ СИЛ, ДЕЙСТВУЮЩИХ НА ПЛАСТИНУ ПРИ ИССЛЕДОВАНИИ ЗАТУХАЮЩИХ ИЗГИБНЫХ КОЛЕБАНИЙ ТЕСТ-ОБРАЗЦОВ 171

Содержание

Филологические науки

Филимонова Н.Ю., Батурина Л.А., Воробьева Г.В.
ПЕДАГОГИЧЕСКИЕ УСЛОВИЯ ОРГАНИЗАЦИИ ЛЕТНЕЙ ЯЗЫКОВОЙ ШКОЛЫ 174

Богданов Е.В.
МАРКСИСТСКОЕ ЛИТЕРАТУРОВЕДЕНИЕ О ТВОРЧЕСТВЕ ФИНСКОГО НЕОРОМАНТИКА Л. ОНЕРВА.
Статья к 90-летию со дня рождения д.ф.н. Э.Г. Карху 177

Петрикевич Е.В.
РЕМИНИСЦЕНЦИИ БИБЛЕЙСКИХ ТЕКСТОВ В РУССКОЙ ЛИТЕРАТУРЕ 185

Ganzhara O.A., Tsybulevskaya A.V.
VISUAL DISCOURSE: ANTHROPOLOGY ASPECT 188

Natalya A. Opryshko
POSTMODERN TERROR IN THE SPHERE OF EROTIC MYTHOLOGY: YURI ANDRUKHOVYCH'S VERSION 196

Фаттахов И.Ф.
РОЛЬ ГАЗИ КАШШАФА В ПРОПАГАНДЕ ТВОРЧЕСТВА МУСЫ ДЖАЛИЛЯ 200

Философские науки

Egorov A.G.
BINER AS A SYSTEM 205

Химические науки

Бапанина Г.Н., Бадикова А.Д., Кудашева Ф.Х.
ИССЛЕДОВАНИЕ НЕКОТОРЫХ СВОЙСТВ ПОВЕРХНОСТНО-АКТИВНЫХ ВЕЩЕСТВ НА ОСНОВЕ ОТХОДОВ НЕФТЕХИМИЧЕСКИХ ПРОИЗВОДСТВ 213

Галяутдинова А.А., Бадикова А.Д., Кудашева Ф.Х. Галяутдинов А.А.
ИССЛЕДОВАНИЕ СВОЙСТВ ИМИДАЗОЛИНОВЫХ СОЕДИНЕНИЙ НА ОСНОВЕ ОТХОДОВ ПРОИЗВОДСТВА РАСТИТЕЛЬНЫХ МАСЕЛ 216

Куляшова И.Н., Бадикова А.Д., Кудашева Ф.Х.
ИССЛЕДОВАНИЕ ВОЗМОЖНОСТИ МОДИФИКАЦИИ ЛИГНОСУЛЬФОНАТОВ С ЦЕЛЬЮ ПОЛУЧЕНИЯ ТЕРМОСТОЙКОГО РЕАГЕНТА 219

Экономические науки

Тюлин А.Е.
СЕТЕВОЕ ВЗАИМОДЕЙСТВИЕ ОТРАСЛЕВЫХ ЦЕНТРОВ КОМПЕТЕНЦИЙ В ПРИБОРОСТРОЕНИИ: ОСНОВНЫЕ ЭЛЕМЕНТЫ 221

Харланенков С.А.
АНАЛИЗ ЗАРУБЕЖНОГО ОПЫТА В ОБЛАСТИ УСТОЙЧИВОГО РАЗВИТИЯ НА УРОВНЕ КОММЕРЧЕСКИХ ФИРМ 224

Содержание

Rak N.S.
Doctor of Science (Bio)
Litvinova S.V.
PhD (Bio)
Polar-Alpine Botanical Garden-Institute named N.A. Avrorin (PABGI).
Kola Science Center of RAS, Kirovsk, Russia, E-mail rakntlj@rambler.ru,
litvinvasvetlana203@rambler.ru

MIGRATION AND ACCLIMATIZATION OF PEST ORGANISMS WITH THE PLANTS INTRODUCTION IN THE FAR NORTH OF RUSSIA GREENHOUSES

The main focus of research in Polar-Alpine Botanical Garden-Institute (PABGI) is the introduction and acclimatization of plants. By the time the problem of special complexity is introduced plants protection from pests and diseases.

The introduction of plants phytopathogenic organisms on Kola Peninsula began only in the 20-years of the XIX century [5]. The later were not so many entomological researches by L.A. Novitskaya (1957,1962), M.K. Znamenskaya (1960,1962), B.A. Kutsenin (1970,1971), V.K. Neofitova (1951,1958,1972), N.P. Vershinina (1970,1975), L.A. Shavrova (1967,1976) and others. However, the Murmansk region natural entomofauna is still insufficiently researched. Meanwhile, the mykoflora and entomofauna studies of aboriginal and exotic plants are necessity. The success of higher plants introduction to the North and their reproduction are often close depended from the pests and diseases that affect the plant at an early age. There is the problem when most valuable specimens, who have successfully completed the primary stage introduction and already recommended to introduction, fall to a mass death from pests or diseases. For instance, in the second half of the 60-ies the nurseries of PABGI are completely lost *Myosotis alpestris* Shcmidt, a large part of the *Anemone crinita* Jus. and *Anemone fasciculate* L., introduced from the Altai and the Caucasus in 30 years. Very hard aim for botanices was the conserve the forms of Leucanthemum and others Compositae.

At nurseries, experimental and exhibition sites of Polar-Alpine Botanical garden there are the unique collection of plants (more than 3000 species) from different geographical zones, and in greenhouses so the tropical and subtropical plants (over 1000 species). Many of the introduced plants are used as ornamentals and flowers in gardening of cities and towns, in floriculture greenhouses, for creating winter gardens and interiors of offices, to decorate homes for the peoples in the Murmansk region and in other regions of the North. Updating the collection is carried out mainly through the importation of plant material (seeds, bulbs, cuttings and plants) from natural habitats (expeditions in various regions of the country and abroad), the receipt of the material by seed exchange on Delektus and transfer plants by the fans.

Introduction of plants has been accompanied by the invasions of harmful entomofauna, which is undergoing constant change, because along with the new plant material, new plant pests and diseases are appeared. Foreign phytophages due to lack of natural enemies have the time for acclimatization in the new conditions and acquired the status of a dangerous pest.

The aim of our work is the monitoring of introduced pest species on tropical and subtropical plants in greenhouses PABGI. The first 37 kinds of pests were identified be L.A. Novitskaya in years 1957-1959, 26 types of them in the open ground and 11 species in the covered ground [3,182]. N.P. Vershinina in 1967 found 30 species of pests on ornamental plants, of which 15 species for the first time. In the 1970 years the list for the 63 species was updated [1,198].

Now complex sucking pests in greenhouse of PABGI consists of five systematic groups: aphids (Aphididae), mites (Tetranychidae), thrips (Thripidae), whitefly (Aleyrodidae), coccids (Coccidae), and presented 15 pests species (Table 1). It is clear that natural selection of the most ductile species has happen.

Among the identified pests one of the first places belongs to a squad of Homoptera. Aphididae inhabit 65 species in plants collection, from which 38 species inhabited only aphids; on the 27 plants species aphids coexist with other phytophages. In addition, aphids were observed at all without an exception of flower cultures grown in greenhouses. Year-round in greenhouses are most dangerous are *Myzodes persicae* Sulz.and *Myzodes portulacae* Macch. which are not found in the open ground in the Murmansk region.

The second place in the complex of pests was recognized for mites (Tetranychidae). *Tetranychus urtica* Koch (Acarina) was introduced to the Murmansk region with seedlings of ornamental plants in the 1933 [3,182]. Currently this pest marked on 47 plants species in collection. *T. urtica* alone occupies 18 plant species and coexists with other phytophages at the 29 species [4,27]. This pest also founded in open ground on *Primula, Geum, Ribes, Rosa.*

Thrips (Thysanoptera) were first found in greenhouses in 1964 and 1975 [1,198]. *Taeniothrips simplex* Morison marked the only once in introduced plant from Latvia. *Parthenothrips dracaenae* Heeger and *Heliothrips haemorrhoidalis* Bouche inhabit 15 species the greenhouses plants. The harmfulness of them is the greatest on floral and ornamental plants where a quality floral product is reduced when there are already 3-5 of trips individuals on a flower. In summer trips was founded in open ground on the seedlings of *Viola, Callistephus, Zinnia* etc., which are used in gardening of the PABGI.

Table 1
The pests on plants in greenhouse of PABGI

Families	Species	Year of registration	2010. + - present — - absent
The first degree			
Aphididae	Myzodes persicae Sulz.	1962**	+
	Myzodes portulacae Macch. (=Myzus ornatus Laing)	1990*	+
	Macrosiphum rosae L	1962**	+
Aleyrodidae	Trialeurodes vaporariorum Westw.	1972*	+
Coccidae	Coccus hesperidum L.	1962**	+
	Aspidiotus nerii Bouche (= hederae Sign.)	1962**	+
	Saissetia coffeae Walker (= hemisphaerica)	1962**	+
Thripidae	Heliothrips haemorrhoidalis Bouche	1964,1975*	+
	Parthenothrips dracaenae Heeger	2000***	+
Tetranychidae	Tetranychus urtica Koch	1962**	+
Aphididae	Neomyzus circumflexus Buckt	1962**	+
The second degree			
Pseudococcidae	Pseudococcus affinis Maskell (=maritimus, obscurus)	1962**	-
Tetranychidae	Tetranychus cinnabarinus Boisd. (=telarius (L.))	1972*	+
Tarsonemidae	Phytonemus (Tarsonemus) pallidus Banks	2000***	+
Tenuipalpidae	Brevipalpus obovatus Donn	1962**	+
The nominal			
Aphididae	Aulacorthum solani Kalt	1962**	-
	Aphis fabae Scop	1975*	+
Coccinea	Pseudococcus calceolariae Maskell (= gahani Green)	1962**	-
Thripidae	Thrips simplex Morison	1972*	-
	Hercinothrips femoralis Reuter	1983*, 1990***	-
Eriophyidae	Aceria tulipae Keifer	1978*	-

* Vershinina N.P., ** Novitskaya L.A. ***Rak N.S. The names of families by S.S. Izhevsky, A.K. Ahatov [2]

Trialeurodes vaporariorum (Aleyrodidae) individuals first were registered in PABGI in 1972, and the mass reproduction of the pest was marked on *Gerbera jamesonii* in 1980 [1,198]. A *T. vaporariorum* was found on 11 species of tropical and subtropical plants. In some years, summer flies out of greenhouses and populates a number of plants in open ground about the greenhouse territory.

Representatives of suborder Coccinea are found in the Far North exclusively indoors. In 1957-1962 *Coccus hesperidum* L., *Aspidiotus nerii* Bouche, *Aspidiotus hederae* Vall, *Saissetia coffeae* Walker, *Pseudococcus gahani* Green, *Pseudococcus maritimus* Ehrh., *Pseudococcus longispinus* Targ.-Tozz. damaged the 46 species of collections plants from 5 families.[3,182] At present, the species composition of Coccinea narrowed. Apparently, not all recorded with planting material pest's species were adapted in greenhouses. Among the most acclimatized species of phytophages are: *C. hesperidum, S. coffeae, A. nerii*, which inhabited the plants of 101 species from 35 families. A special control is needed for the occasional emerging views of Pseudococcidae – *P. longispinus*.

The complex pests formation on greenhouse plants are mostly finished, but the change in species composition may be due to the replenishment of the collection fund by the new plant species, and as a result of moving pests from related species of native vegetation or introduced plants when they are in the spring and summer can fly into greenhouses. Monitoring such changes is the knowledge basis of the ways forming harmful entomofauna in the collection greenhouses PABGI.

Regular surveys have revealed the presence of pests on plants of 67 families. However, as only 675 species from 26 families phytophages are used as fodder plants. We identified plants into groups depending on the extent to which are the pests attack (Table 2). The resistant to damage with phytophages are families Begoniaceae, Commelinaceae, Asclepiadaceae, Aizoaceae, Euphorbiaceae, and nonresistant are Asphodellaceae, Acantaceae, Araceae.

The some families representatives exclusively with aphids (Campanulaceae, Gesneriaceae), with a *T. urtica* (Lamiaceae, Agavaceae) with coccids (Arecaceae), trips (Amaryllidaceae). There are species of plants that attract just 2-3 groups of phytophages. The simultaneous presence of 4-5 groups of pests found only in plants of Araceae and Malvaceae.

Table 2.
Distribution of plants into groups depending on the extent of their capacity.

Families	The number of species in greenhouse		
	Plant species	Pests populated	
		All	%
Group without pests			
Begoniaceae C. A. Agardh	34	0	0

Bromeliaceae Juss.	25	0	0
Commelinaceae R. Br.	23	0	0
Asclepiadaceae R. BR.	18	0	0
Dracaenaceae Salisburi	11	0	0
Hyacinhaceae Batsch	11	0	0
Urticaceae Juss.	9	0	0
Group of low pest population			
Cactaceae Juss.	232	12	5
Aizoaceae Rudolphi	31	2	6
Marantaceae Petersen	13	1	8
Piperaceae C. A. Agardh	23	2	9
Group with average degree of pest population			
Amaryllidaceae Jaume St.- Hil.	25	7	28
Crassulaceae A. Dc.	69	18	26
Euphorbiaceae Juss.	16	3	19
Asphodellaceae Juss.	45	7	16
Agavaceae Endl.	22	3	13
Bromeliaceae Juss.	25	3	12
Group with high level of pest population			
Arecaceae Sch.- Bip.	14	14	100
Asparagaceae Juss.	7	7	100
Moraceae Linc.	9	9	100
Asteliaceae Dum.	7	7	100
Lamiaceae Lindl.	6	6	100
Balsaminaceae A. Richard	3	3	100
Araliaceae Juss.	15	14	93
Davalliaceae et Frank	6	5	83
Ericaceae Juss.	8	6	75
Solanaceae Juss.	7	5	71
Araceae Juss.	48	33	69
Gesneriaceae Dum.	24	11	46
Acantaceae Juss.	20	8	40

Why phytophages choose or reject certain systematic groups of plants can be different: architectonics, morphology, bios chemistry, specifics of cultivation. In each case, the different mechanisms are working. In the plants group are not populated, for example, a family of Begoniaceae (their leaves covered with pubescence), and Aizoaceae with waxy bloom. Probably because of these characteristics, the plants are unattractive for sucking phytophages. Among the families populated for pests are the Araliaceae (almost a third of all species). In family Piperaceae just one species populated for pests probably because of the presence of aromatic substances in the leaves inhibits their use as feed. Many plants in family Crassulaceae contain components of medicinal substances; it is possible that also explains the relatively low population for phytophages. The inclusion in this group succulent plants is justified, although only two of the great number of species damaged by pests.

Regular monitoring of many and harmful entomofauna in greenhouses PABGI revealed the dependence of these indicators not only of species of plants, but also on their life forms (Table 3). Most of pests are settled on woody plants – 35-43% of the total plants number in greenhouse. The most protected for pests are the lianas and succulents. Pests are most active only at 18% of plant species in collection fund due to their morphological, anatomical and physiological characteristics.

Table3

The pests populated on the different plants life form in greenhouse

Life form	Species number		
	All in greenhouse	Pests populated	
		All	%
Succulents	381	15	4
Grasses	345	65	19
Shrubs	74	30	41
Woody	70	30	43
Halfshrubs	59	21	36
Lianes	41	12	29
All	**979**	**173**	**18**

The trophy dependence in line "phytophages–plant" allows estimating how big the chance of damage from pests to plants on the basis of family or life form. It is especially important in expanding the plant collection. You can determine in advance and predict the potential of a new species of pest, based on plants taxonomic and environmental conditioning.

Literature:

1.[Vershinina N.P.] Вершинина Н.П. 1975. Вредители зеленых насаждений Мурманской области и меры борьбы с ними - [Wreckers of green plantings of Murmansk region and measure of fight against them.] *В кн.: Флористические исследования и зеленое строительство на Кольском полуострове. Апатиты: изд-во Кольского филиала АН СССР*, [In: *Floristic studies and green building on the Kola Peninsula. Apatity: publishing house of the Kola branch of the USSR Academy of Sciences*]: 198-202.

2. [Izhevskiy S.S. & Akhatov A.K.] Ижевский С.С., Ахатов А.К. 1999. Защита тепличных и оранжерейных растений от вредителей. - [Protection in

greenhouse and hothouse plants from pests] М.: Товарищество научных изданий КМК [Moskva, Partnership of scientific publications KMK]: 307

3. [Novitskaya L.A.] Новицкая Л.А. 1962. Обзор вредителей декоративных растений Мурманской области - [Overview of pests of ornamental plants of the Murmansk region] *В кн: Декоративные растения и озеленение Крайнего Севера. М.-Л.: изд-во АН СССР.[Ornamental plants and landscaping of the Far North. Moskva-Leningrad izd. AN SSR]*:182-186.

4. [Rak N.S. & Zhirov V.K. & Krasavina L.P.] Рак Н.С., Жиров В.К., Красавина Л.П. 2007. Биоценотические основы формирования северных популяций энтомофагов - [Biocenotical basis of the entomophagous northern populations formation] Апатиты: Изд. Кольского научного центра РАН [Apatity: Print. KSC RAS]: 92

5. [Fridolin V.Yu.] Фридолин В.Ю. 1936. Животно-растительное сообщество горной страны Хибин. - [Animal - plant community of the mountainous country of Khibiny] М.-Л.: изд-во АН СССР [Moskva-Leningrad izd. AN SSR]: 295.

Биологические науки

**Кравченко И.В., Шепелева Л.Ф., Башкатова Ю.В.,
Матковская Ю.Н., Булатова Е.В.**

И.В. Кравченко – к.б.н., с.н.с. лаборатории биохимии и комплексного мониторинга окружающей среды НИИ экологии Севера, ГБОУ ВПО «Сургутский государственный университет ХМАО-Югры».
Л.Ф. Шепелева – д.б.н., профессор, зав. кафедры ботаники и экологии растений ГБОУ ВПО «Сургутский государственный университет ХМАО-Югры».
Ю.В. Башкатова – м.н.с. лаборатории биохимии и комплексного мониторинга окружающей среды НИИ экологии Севера, ГБОУ ВПО «Сургутский государственный университет ХМАО-Югры».
Ю.Н. Матковская – аспирант кафедры ботаники и экологии растений ГБОУ ВПО «Сургутский государственный университет ХМАО-Югры».
Е.В. Булатова – аспирант кафедры химии, лаборатория биохимии и комплексного мониторинга окружающей среды НИИ экологии Севера, ГБОУ ВПО «Сургутский государственный университет ХМАО-Югры».

ВЛИЯНИЕ СВИНЦА НА ПИГМЕНТНЫЙ АППАРАТ *PINUS SYLVESTRIS* L. УРБАНИЗИРОВАННОЙ ТЕРРИТОРИИ Г. СУРГУТА И СУРГУТСКОГО РАЙОНА

В Ханты-Мансийском автономном округе, и в частности, в Сургутском районе, источниками поступления в окружающую среду тяжелых металлов и нефтепродуктов является автотранспорт и нефтяная промышленность. В городе именно автотранспорт является основным загрязнителем, но все- таки, в целом, загрязнение окружающей среды происходит в первую очередь за счет нефтедобычи.

Под действием поллютантов у растений нарушаются биохимические и физиологические процессы, а также структурная организация клеток, чему посвящены многочисленные исследования, проведенные в условиях лабораторных экспериментов и в естественных условиях загрязнения окружающей среды.

Нарушение биохимических и физиологических функций является ответной реакцией растений на проникающие в него поллютанты. Эта реакция проявляется в разной степени у различных видов растений. На характер реакции влияют состав и токсичность веществ, физиологическая активность организмов и совокупное действие внешних факторов.

В условиях сильно загрязненной атмосферы у растений наблюдается снижение продолжительности жизни и уменьшение (в 1,5-2 раза и более) линейных размеров ассимиляционных органов. У хвойных отмечается образование дополнительных количеств смоляных ходов (от 10 в сравнительно «чистых» условиях до 14-17 в зоне загрязнения), происходит их закупорка [1].

Основным из фотосинтетических пигментов растений является хлорофилл *a*, вспомогательными пигментами – хлорофилл *b* и каротиноиды. Установлено, что каротиноидные пигменты участвуют в защите фотосинтетического аппарата и липидов мембран от окислительного стресса, вызванного как избытком света, так и действием других неблагоприятных экологических факторов, в том числе и загрязнением среды [2].

Цель работы заключалась в выявлении влияния Pb на пигментный аппарат сосны обыкновенной (*Pinus sylvestris* L.) различных местообитаний г. Сургута и Сургутского района.

В качестве объектов исследования была выбрана хвоя *Pinus sylvestris*, являющейся типичным представителем флоры ХМАО.

Сбор материала производился в лесных местообитаниях на территории г. Сургута и Сургутского района методом конвертов, с площадок 10х10 м из 5 равноудаленных точек, в 5-ти повторностях. Эксперименты проводили на высушенном сырье. За контроль принята хвоя, собранная в районе Барсовой горы в удалении от объектов антропогенного влияния, где содержание свинца в хвое сосны - 0,76 мг/кг.

Содержание подвижной формы Pb в золе растительных образцов определялось атомно-абсорбционным методом на спектрометре МГА-915 в экстракте раствором 5М азотной кислоты. Анализ проводился в соответствии с ГОСТ 30178-96 [3].

Определение хлорофиллов и каротиноидов в сухом веществе растений проводилось на спектрофотометре СФ-56 [4].

Исследование выполнено в лаборатории Биохимии и комплексного мониторинга окружающей среды НИИ экологии Севера ГБОУ ВПО «Сургутского государственного университета ХМАО-Югры».

Статистическая обработка полученных результатов анализов проведена с помощью пакета Microsoft Office Excel. Рассчитаны следующие показатели: среднее (М), стандартное отклонение (σ), стандартная ошибка (m), доверительный интервал p=0,95 (с погрешностью 0,05). Для оценки устойчивости растений к загрязнению среды был выполнен корреляционный анализ между содержанием Pb и биологически активных веществ в хвое сосны.

Анализ содержания свинца в хвое сосны обыкновенной г. Сургута показал следующие результаты: максимальная концентрация этого элемента отмечена в хвое растений, произрастающих на территориях парка Кедровый Лог (район «Орбита») и сквера «Старожилов» (табл. 1).

Таблица 1
Содержание фотосинтетических пигментов и концентрация свинца в хвое *Pinus sylvestris* различных окрестностей г. Сургута и Сургутского района

Место сбора	Хл. *a* (мг/г)	Хл. *b* (мг/г)	Кар-ды (мг/г)	Хл. *a /b*	Хл. общ.	Pb (мг/кг)
Садоводческое товарищество (СОТ) «Виктория»	0,16	0,08	0,06	2,0	0,24	5,02
парк «Кедровый Лог», район «Орбита»	0,48	0,11	0,07	4,4	0,59	6,31
пос. Федоровский	0,16	0,06	0,03	2,7	0,22	5,24
СОТ «Лесной»	0,53	0,16	0,01	3,3	0,69	5,34
парк за Саймой	0,60	0,15	0,06	4,0	0,75	4,33
пос. Дорожный	0,40	0,09	0,03	4,4	0,49	4,87
мкр. «Александрия»	0,68	0,16	0,04	4,3	0,84	6,09
пос. Снежный	0,86	0,19	0,05	4,5	1,05	4,50
парк пос. Гидростроитель	0,57	0,15	0,03	3,80	0,72	3,32
парк пос. Госснаб	0,68	0,22	0,04	3,09	0,90	3,67
сквер «Старожилов»	0,95	0,22	0,12	4,31	1,17	6,64
пос. Таежный	0,38	0,13	0,03	2,92	0,51	3,99
Контроль (пос. Барсово)	0,67	0,29	0,12	2,31	0,96	0,76

Максимальная концентрация Pb в хвое превышает контрольное значение в 8,3-8,7 раза.

Ряд убывания содержания свинца в хвое сосны других парковых зон выглядит следующим образом:

мкр. «Александрия»> СОТ «Лесной» > пос. Федоровский > СОТ «Виктория» > пос. Дорожный > пос. Снежный > парк за Саймой > пос. Таежный > парк пос. Госснаб > парк пос. Гидростроитель.

Анализ содержания биологически активных веществ показал, что варьирование каротиноидов было в диапазоне от 0,01-0,12 мг/г сухой массы (в 12 раз). Содержание хлорофилла *a* колебалось в диапазоне от 0,16-0,95 мг/г (в 5,9 раз). Значения концентрации хлорофилла *b* менялись в диапазоне 0,06-0,22 мг/г (в 3,7 раза). Соотношение содержания хлорофиллов *a* / *b* варьировало от 2,0-4,5 мг/г (в 2,3 раза).

Выявлена средняя положительная корреляционная зависимость между показателем содержания Pb и показателем соотношения хлорофилл *a*/хлорофилл *b* ($r=0,50$) и слабая отрицательная корреляционная зависимость между показателем содержания Pb и каротиноидов ($r = -0,17$).

Таким образом, в результате проведенных исследований нами было установлено, что:

1. Хвоя сосны обыкновенной лесопарковых зон г. Сургута, его окрестностей и Сургутского района накапливает значительное количество Pb.

2. Обнаружено превышение содержания подвижных форм Pb в центральных районах города по сравнению с контрольным значением в 8,3-8,7 раза, что свидетельствует о высокой антропогенной нагрузке на исследованных территориях. Большой уровень загрязнения установлен в пригородной части города (мкр. «Александрия»), где активно ведется строительство и находится важная транспортная развязка с дорогами на железнодорожный вокзал и на аэропорт. В других районах и пригородных зонах содержание свинца ниже, но также превышает контрольные значения.

3. Выявлено преимущественное отрицательное воздействие Pb на пигментный аппарат *Pinus sylvestris*, выраженное в увеличении соотношения хлорофилл *a* / хлорофилл *b* и изменении доли каротиноидов. Изменение содержания каротиноидов в ответ на загрязнение тяжелыми металлами объясняется их защитной функцией от стрессового воздействия на пигментный аппарат.

4. Выявленное повышенное содержание хлорофилла *a* в наиболее загрязненном микрорайоне указывает на адаптацию пигментного аппарата сосны обыкновенной к транспортному загрязнению.

Литература:

1. Илькун, Г. М. Загрязнители атмосферы и растения. Киев: Наукова думка, 1978. – 246 с.
2. Судачкова, Н. Е. Биохимические индикаторы стрессового состояния древесных растений / Н. Е. Судачкова, И. В. Шеин, Л. И. Романова. – Новосибирск: Наука, 1997. – 176 с.
3. ГОСТ 30178-96 Сырье и продукты пищевые. Атомно-абсорбционный метод определения токсичных элементов. Межгосударственный совет по стандартизации, метрологии и сертификации. Минск. – 1996. – 11 с.
4. Малый практикум по физиологии растений / под ред.: А. Т. Мокроносов. – Изд. 9-е, перераб. и доп . – М. : Изд-во МГУ, 1994 . – 183 с.

Uspenskiy B.V.
Professor, Doctor of Sciences on geology and mineralogy, University of Kazan, Kazan, Russia, E-mail: borvadus@rambler.ru

OIL AND BITUMEN POTENTIAL FORECAST FOR PERMIAN DEPOSITS IN THE SOUTH-EAST SLOPE OF THE SOUTH-TATARIAN ARCH

Identification of natural reservoirs in Permian deposits in the south-east of the Republic of Tatarstan is of both scientific and practical interest. First: The natural reservoirs can contain accumulations of natural bitumen, second - high-viscosity oils, which has been confirmed by the drilling data in Sulinskaya (Tatarstan), Kulbayevskaya, Chatbashevskaya (Bashkortostan) and other areas. Gas shows [3,7] are also known.

Among the Early Permian natural reservoirs, of greatest worth are those that are timed to the upper part of Sakmarsky deposits represented by extensive development zones of reservoir rock formed as a result of karsting, leaching, fracturing and other processes of the kind.

The test results of over 1800 structural well profiles over 69 areas show that the Sakmarsky deposits have been penetrated coring in just a narrow interval (stage floor) at the Assel stage top (OMG) boundary. The available geological and geophysical data does not make it possible to definitely single out reservoir rock development zones (according to core descriptions, these zones can be mapped only fragmentarily).

To clarify tectonic and geodynamic aspects of oil and bitumen content in Early Permian deposits, the existing ideas about the role of geodynamic processes in the formation of natural reservoirs, oil accumulations and NB.

The analysis of structure forming morphology and history has shown a definite influence of the internal basement structure over the same of the sedimentary mantle.

Paleogeographic conditions within Early Permian period. as compared with Late Carboniferous period, assisted the forming of absolutely different, by their material composition, reservoir rocks and cap rocks. The cap rocks in the foundation part of Bashkortostan and south-east Tatarstan are represented by anhydrites, gypsums, rock salts, absent in the sediments of Carboniferous and Devonian systems.

The anhydrite reservoir properties are poor and can be found on the basis of down-hole logging solely by fractures that develop a vein-type reservoir. Dominating among carbonates, forming the reservoir rocks of the oil- and bitumen- bearing part in the deposit profile in question, are dolomites: Micro-crystal, micro-grained, laminated oolite, condensed, organogenous and relict, sulfated to various degrees, limy, laminated clayish, with various forms of recrystallization, stylolitization and metasomatosis.

Therefore, when identifying and mapping the natural reservoirs in Early Permian (Sakmarsky) carbonate rock masses, we should by guided by the following criteria: The thickness of Sakmarsky stage and its lithologic composition, contemporary structural and paleogeomorphologic position of eroded Sakmarsky surfaces and water, oil and bitumen shows revealed while drilling wells of various purposes.

Multiple research jobs carried out by production and scientific enterprises in Tatarstan and Bashkortostan in Early Permian (Sakmarsky and Kungursky) deposits have shown a wide expansion of naphthides characterized by a significant range of phase states - from gaseous to solid. They are contained in carbonate and anhydrite reservoirs. The Irensky age sediments formed with anhydrites, gypsums, rock salts with laminated dolomites serve as a regional fluid stop.

The Early Permian deposits are most interesting for oil prospecting purposes within the limits of the South Tatarian Saddle and the Blagoveshchenskaya Depression (Bashkortostan), where they occur at shallow depths. In the South Tatarian Saddle region, vast oil and gas shows have been identified: Shpakovsko-Miyakinskaya, Kyraklinskaya, Barangulovskaya, Kulbaevskaya and others, and within the Blagoveshchenskaya Depression - Urmanskaya, Zhukovskaya and Ibraguimovskaya [2,168]. Only the western part of the Kulbaevskaya zone wedges in the territory of Tatarstan. In some of them, oil influxes have taken place and pilot operation of oil wells have been effected. The said Early Permian oil showing zone locations seem to have a link with graben-type troughs, horst-like uplifts and fault-side bars. Accordingly, they gravitate towards the Paleozoic oil accumulation zones.

Most important criteria of identifying and predicting oil accumulation zones are tectonic dislocations - faults, high-fractured zones. Diastrophic alterations in the sedimentary mantle and crystalline foundation stimulate intense crossflows of hydrocarbon-bearing fluids, which can lead to both formation and destruction of oil and gas reservoirs.

Explorations made over the recent years in most prospective areas in the extreme south-east of Tatarstan as well as in the adjacent lands in Bashkortostan have given grounds to raise again the issue of Early Permian carbonate oil reservoirs significance as of possible production sources. Such an estimation is based [1,17] upon the following provisions:

- the profile inconformity (partial, with Carbonic and Devonian oil reservoirs) makes it possible to explore a certain part of the Early Permian oil reservoirs by development drilling for underlying zones;
- physical and chemical properties of the oils are close to those of coal;
- reduction in capital investment due to developed oil field infrastructures.

Operations to raise efficiency and economically paying oil prospecting in overlaying horizons of "old" oil producing regions must include:

- revision and reorientation of geological and geophysical well data to reveal NRs;
- detection and layout on the basis of superficial and acro-space data;
- detecting traps by detailed geophysical jobs and paleogeomorphologic analysis;
- location of key areas (intersection of obvious traps and possible HC migration paths);
- target drilling on the basis of all available and systematized geological and geophysical data.

Literature.

1. Concept of the searches for hydrocarbon raw material in the insufficiently studied complexes Of tatarstana/OF M.YA. Borovskiy, B.V. Uspenski, Mukhametshin, F.S. Gilyazova // The insufficiently studied oil and gas-bearing complexes of the European part of Russia (forecast of oil and gas-bearing capacity and prospect for mastery) - M.: VNIGNI (All-Union Petroleum Scientific Research Institute of Geological Exploration), 1997. - 16-17.

2. Uspenski B.V., Valeeva I.F. /Geology of the layers of natural bitumens // Kazan: publishing house OOO "pF "type metal" - 2008. 347 s.

3. Khannanov M.T. /The gas-bearing capacity of the Permian deposits Of tatarstana: Author's Abst. Cand. dissertation… - Ufa, 2002. - 23 s.

The paper was supported by the RFBR (grant №13-05-97039).

Геолого-минералогические науки

Попов М.П.
канд. геол.мин. наук, ст. научный сотрудник ИГГ УрО РАН
popovm1@yandex.ru

УРАЛЬСКАЯ ХРИЗОБЕРИЛЛ-ИЗУМРУДОНОСНАЯ ПРОВИНЦИЯ

До настоящего времени нет единого определения Уральской изумрудоносной провинции. В наиболее широком понимании положение Уральской самоцветной (в том числе и изумрудоносной) провинции определяется приуроченностью к Восточно-Уральской металлогенической зоне, простирающейся в меридиональном направлении в пределах Среднего и Южного Урала на расстоянии более 1000км.

При более детальном металлогеническом районировании в пределах Восточной Уральской металлогенической зоны выделяются две субмеридиональные редкометальные зоны: Мурзинско-Адамовско-Мугоджарская и Шадринско-Троицко-Джетыгаринская - являющиеся бериллоносными и, следовательно, потенциально изумрудоносными субпровинциями.

Первая зона охватывает главный пояс гранитных интрузий Восточно-Уральского поднятия и протягивается на расстояние до 1300км. Вторая располагается в зауральском поднятии и изучена только в своей южной части на интервале 250-300 км, северная её часть перекрыта мощным чехлом юрских отложений.

Структурные особенности этих зон обусловлены их расположением в области контакта жестких блоков региональных поднятий с эвгеосинклинальными зонами, выполненными нижнепалеозойскими породами метаморфического вулканогенно-осадочного комплекса. Область сочленения этих структур характеризуется возникновением крупных разломов (тектонических швов), зон рассланцевания, широким проявлением гранитоидного магматизма.

Одним из определяющих факторов локализации берилл - изумрудных и хризоберилловых месторождений является их размещение в породах вулканогенно-осадочного комплекса по региональным разломам протяженных поясов альпинотипных гипербазитов.

Берилловая специализация зон обусловлена широким развитием коллизионных гранитов, возраст которых 250-300млн. лет, обогащенных бериллием, танталом, литием, цезием, вольфрамом.

В Мурзинско-Адамовско-Мугоджарской редкометальной зоне выделено восемь бериллоносных районов: Мурзинско-Адуйский, Шилово-Коневский, Челябинский, Кочкарский, Джабык-Карагайский, Суундукский, Адамовский и Катасунский.

Наибольшими перспективами обладает Мурзинско-Адуйский изумрудоносный район, где сосредоточены все промышленные месторождения изумруда, александрита и хризоберилла. Район приурочен к зоне сочленения структур второго порядка – Мурзинско-Адуйского антиклинория с Толмачевско-Асбестовским синклинорием. Определяющим в положении района является Адуйско-Мурзинский гранитный плутон, общая длина которого в меридиональном направлении составляет около 150-180км. Возраст плутона оценивается в интервале 250-260 млн. лет [8, 16]. Изумрудоносные объекты локализуются в её восточном экзоконтакте в метаморфизованных, грейзенизованных гипербазитах Баженовского комплекса. Ширина изумрудоносной полосы не превышает 4-5км и конкретно определяется границами зон Мурзинского и Сусанского разломов. В связи с линейно-вытянутой конфигурацией площади, часть территории Мурзинско-Адуйского района называется Уральской Изумрудоносной полосой, в пределах которой расположены крупнейшие в России месторождения бериллиевых руд и ювелирных камней: изумруда, александрита и фенакита.

Перспективы Шадринско-Троицко-Джетыгаринской редкометальной зоны менее перспективны. В ней выделены бериллоносные районы и были выявлены следующие проявления изумрудоносной минерализации: Дрожиловское и Смирновское. На первом из них проведены поисково-оценочные работы [7, 9], а на южном фланге второго проведены поисковые работы [5, 49]. Оба проявления приурочены к западному борту Тургайского прогиба и расположены в пределах Октябрьско-Денисовского мегантиклинория, входящего в состав Зауральского поднятия. Дрожиловское проявление находится в надинтрузивной зоне "слепого" гранитного Бисембаевского батолита верхнепалеозойских гранитов с кровлей на глубине 400-500м Смирновское проявление располагается в пределах контактового ореола Кзылтуского массива верхпалеозойских лейкогранитов [5, 49].

Во всех бериллоносных районах условно можно выделить изумрудоносные поля, протяженность которых составляет 10-20км при ширине от 1 до 3-4км.

В пределах Мурзинско-Адамовско-Мугоджарской редкометальной зоны выделяются следующие изумрудоносные рудные поля: Салдинское, Нейвинское, Соколовское, Северное, Центральное, Южное, Газетинское.

В пределах Шадринско-Троицко-Джетыгаринской редкометальной зоны можно выделить Аятское рудное поле.

Салдинское рудное поле находится в 15км на северо-восток от г. Н-Салда (Свердловская обл.) и расположено в пределах западного экзоконтакта Гаевского гранитного массива с Талицким серпентинитовым массивом. На его территории были обнаружены несколько мест находок изумрудной минерализации в пределах Медведёвского пегматитового поля [2, 7].

Нейвинское рудное поле расположено к югу от Салдинского и находится около п.Нейво-Шайтанский (Свердловская обл.). Оно вмещает три изумрудных проявления: Глинское, Верхнее-Сусанское и Копь Успенского. Протяженность рудного поля 25км. На всех месторождениях были проведены поисковые и поисково-оценочные работы на изумруды [6, 4].

Наиболее перспективным в данном рудном поле является Глинское месторождение, где изумрудная и хризоберилловая минерализация локализована во флогопитовых жилах среди тальк-актинолитовых, тальк-тремолитовых и тальк-карбонатных сланцев. Возраст бериллсодержащих слюдитов (227.6±7.2млн. лет) оказался значительно моложе двуслюдяных гранитов, в которых она обнаружена [1, 143].

Соколовско рудное поле имеет дугообразную форму и приурочено к участку сопряжения Мурзинского, Адуйского и Соколовского гранитных массивов. Территориально оно расположено севернее г. Реж (Свердловская обл.), его границы с Нейвинским и Северным условны. Протяженность рудного поля составляет 32-35км. В рудном поле поисковые работы на изумруд выполнены только частично в его северной части [9, 6]. Были изучены линейно-вытянутые магнитные аномалии, установленные ранее. Были найдены единичные изумруды низкого качества.

Северное рудное поле прослеживается от Малорефтинского бериллиевого рудопроявления на севере до южного окончания Малышевского выступа гранитов Адуйского массива. Бериллиевое оруденение фиксируется в крайней западной полосе ультрабазитов, примыкающих к контакту с гранитами. Промышленных месторождений изумруда в пределах Северного рудного поля не выявлено, только в северной части его находится Малорефтинское проявление берилла, залегающее в габброидах близ их контакта с гранитами. Проявление представлено кварц-плагиоклазовыми жилами с бериллом. В 7.5 км к югу от него расположено Шамейское изумрудно-берилловое проявление [10, 22].

Наиболее доступным является проявление "71 км", расположенное на одноименном километре тракта Екатеринбург-Реж. Бериллиевая минерализация установлена в апогипербазитовых слюдитовых и плагиоклазитовых жилах. Возраст флогопитовых слюдитов данного проявления определён как 187.3±1.9 млн. лет [1, 143].

Центральное рудное поле протягивается на 25км от месторождения Шаг на севере (р-н п. им. Малышева, Свердловская обл.) до Красноармейского (р-н г. Асбест, Свердловская обл.) на юге при ширине 1-2км. Традиционное название данной территории – Уральские Изумрудные копи, т.к. в этом районе находятся всемирно известные изумрудные и изумрудно-александритовые месторождения: Мариинское (Малышевское), Троицкое (Первомайское), Люблинское (им. Крупской), Сретенское

(Свердловское) и Черемшанское. Морфология поля обусловлена Малышевским и Черемшанским выступами гранитов Адуйского плутона. Мариинское месторождение самое известное и крупное в России. Оно расположено в метаморфогенной толще, состоящей из амфиболитов, тальк-актинолитовых и тальковых сланцев. Будины гипербазитов рассечены слюдитовыми жилами, содержащими александрит-изумрудоносную минерализацию. Рудная зона месторождения имеет южное склонение под углом 50°. По простиранию она прослежена на 1100 м (горизонт −120 м), а на глубину разведана до 360-500 метров [4, 9]. Возраст слюдитов составляет 206.6±1.4 млн. лет [1, 143]. В настоящий момент только на Мариинском месторождении ведутся работы по добыче камнесамоцветного сырья (изумруд, александрит, фенакит). Остальные месторождения и проявления отработаны или законсервированы после поисково-оценочных работ [10, 27].

Южное рудное поле прослеживается от Красноармейского месторожденияна севере до выкливания на современной поверхности южного выступа Каменского массива (р-н г. Заречный, Свердловская обл.). Поле имеет дугообразную форму в соответствии с формой контакта с гранитами, его протяженность составляет около 36км. В пределах южного поля не выявлено месторождений изумрудов, в пределах него обнаружены изумрудно-берилловые проявления Грязновские вершины, Каменское, Копи Кузнецова. На всех объектах в 1983-1984гг. проведены поисковые работы, но окончательно перспективы проявлений не были определены [10, 32].

Наиболее известные Копи Кузнецова (Заречное проявление зелёного берилла) локализовано в зоне интенсивно метаморфизованных и гидротермально проработанных пород, представленных хлоритовыми, серицит-флогопит-хлоритовыми сланцами. С запада зона ограничена полосой выходов лейкократовых двуслюдяных гранитов Каменского массива. Изумрудно-берилловая минерализация установлена в серицит-флогопит-хлоритовых и кварц-полевошпатовых жилах, возраст которых 204.0±27 млн. лет [1, 143].

Газетинское рудное поле расположено в северной части Шилово-Коневского мегаантиклинория (п. Газета, Свердловская обл.). В пределах поля обнаружены тела серпентинитов, на контакте с которыми выявлены три зоны развития флогопитовых слюдитов. Макроскопически видимая минерализация слюдитовых комплексов представлена кварцем, апатитом, хризобериллом, маргаритом, фенакитом, турмалином. В шлиховых пробах были диагностированы гранат (цаворит) и рубин [3, 51].

В Шадринско-Троицко-Джетыгаринской редкометальной зоне можно выделить *Аятское рудное поле* в пределах которого расположены Дрожиловское и Смирновское проявления изумруда, описанные выше.

Литература

1. Бидный А.С., Бакшеев И.А., Попов М.П. Rb-Sr систематика бериллсодержащих слюдитов в восточном экзоконтакте Мурзинско-Адуйского гранитного комплекса (Урал). //Литосфера, 2011. № 6, С.141-145.
2. Гальцин Ю.П. Поисковые работы на изумруд в пределах Нижнее-Салдинской и Шилово-Коневской площадей. Отчет Центральной партии за 1995-1999г. // Фонды ФГУП "Уралкварцсамоцветы".- Екатеринбург, 2000г.
3. Гальцин Ю.П., Жернаков В.И. Новое рудопроявление самоцветной минерализации – южное продолжение Уральских изумрудных копей //Уральская летняя минералогическая школа. Екатеринбург 2000. С. 46-52.
4. Золотухин Ф.Ф., Жернаков В.И., Попов М.П. Геология и закономерности распределения драгоценных камней Малышевского месторождения (Уральские Изумрудные копи) //Уральская минералогическая школа-2004. Екатеринбург, УГГГА, 2004. 75с.
5. Ивлев А.И., Шестак Г.И. Зауральский изумрудоносный пояс. // Уральский горный журнал, №2(8), 1999, С.49-56.
6. Кокоулин Ю.С., Петровская Л.П. Отчет по поисковым и поисково-оценочным работам на изумруды, проведенным в пределах Нейво-Шайтанского участка в 1978-1980гг. // Фонды ПО "Уралкварцсамоцветы".- Свердловск, 1980г.
7. Кухарь Н.С., Сухоруков В.К. и др. Геологический отчет партии №4 о геологоразведочных работах 1972 года на изумруды в пределах Дрожиловского рудопроявления. // Фонды ВШПО. – п. Балканы, 1973г.
8. Попов В.С., Богатов В.И., Петрова А.Ю., Беляцкий Б.В. Возраст и возможные источники гранитов Мурзинско-Адуйского блока, Средний Урал: Rb-Sr и Sm-Nd изотопные данные. Литосфера, 2003г. №4, С. 3-18.
9. Пугин В.А., Гальцин Ю.П. Отчет о результатах поисковых работ на изумруды в пределах Режевской площади 1984-1988 годах. // Фонды УТГУ. 1988г.
10. Рудаков А.И. Отчет по теме: "Составление сводного кадастра месторождений и проявлений изумруда Уральской изумрудоносной полосы". // Фонды ФГУП "Уралкварцсамоцветы".- Екатеринбург, 2001г.

Краснощекова Л.А.[1], Черданцева Д.А.[2], Меркулов В.П.[3]

[1]Кандидат геолого-минералогических наук, доцент Томского политехнического университета, *krasnl@yandex.ru*

[2]Аспирант Томского политехнического университета, *dannia@tpu.ru*

[3]Кандидат геолого-минералогических наук, доцент Томского политехнического университета, *merkulovvp@hw.tpu.ru*

ВЕЩЕСТВЕСТВЕННЫЙ СОСТАВ ОТЛОЖЕНИЙ ВЕРХНЕЮРСКИХ ПЛАСТОВ КАЗАНСКОГО МЕСТОРОЖДЕНИЯ УГЛЕВОДОРОДОВ (ТОМСКАЯ ОБЛАСТЬ)

Казанское нефтегазоконденсатное месторождение расположено в южной части Томской области, где наиболее перспективным на углеводороды является верхнеюрский нефтегазоносный комплекс (пласты $Ю_1^1$ и $Ю_1^2$). Авторами изучались отложения пластов по одной из опорных скважин Казанского месторождения (глубина отбора керна 2481,3-2511,2 м) с описанием минералогических и структурно-текстурных особенностей образцов и шлифов.

Выделение типов текстур и слоистости образцов керна по изучаемой скважине проводилось по [1; 2; 3], наиболее часто встречаемые текстурные разновидности приведены на рис.1.

Типизации текстурных особенностей пород песчаных коллекторов пластов позволила определить их фациальную принадлежность. В разрезе была выделена переходная обстановка осадконакопления, характеризующаяся сменой континентальных фаций на бассейновые. Так, в изучаемой скважине континентальные отложения представлены алевролитами и тонкозернистыми песчаникам озерной подгруппы макрофации отложений открытых озерных водоемов. Накопление же средне-мелкозернистых песчаников, с хорошей сортировкой материала и повышенным содержанием карбоната, происходило в бассейне (обширном пресноводном внутриконтинентальном водоеме с выровненным дном и глубинами до первых десятков метров). К этой группе относится макрофация отложений, наиболее удаленной от побережья части бассейна.

Параллельно с описанием текстурных характеристик образцов керна в шлифах пород изучались их литологические особенности с установлением минералого-петрографического состава песчаников и алевролитов пласта, содержания и состава цементирующего материала, взаимоотношений между зёрнами и цементом, вторичных преобразований исследуемых образцов.

Отложения продуктивной части пластов представлены средне-мелкозернистыми светло-серыми песчаниками с тонкими прослоями алевритистого и глинистого материала.

Геолого-минералогические науки

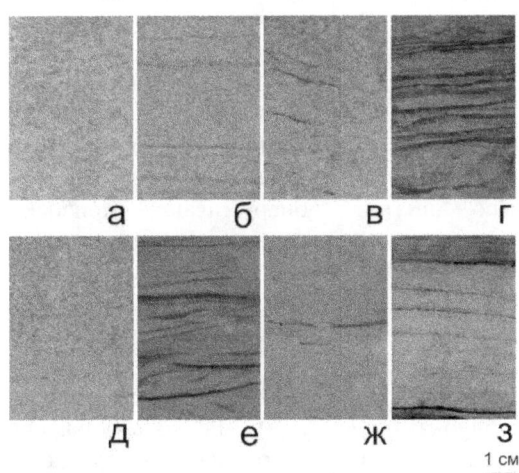

Рис. 1. Типизация текстур пластов $Ю_1^1$ и $Ю_1^2$ (фрагменты):
а) однородная массивная; б) неравномерная горизонтальная слоистость с включениями углистого материала; в) неяснослоистая с углистыми включениями; г) пологоволнистая непараллельная сильносмещенная слоистость; д) градационная слоистость; е) косоволнистая слоистость, обусловлена наличием углисто-глинистых включений; ж) неяснослоистая с горизонтальными включениями углистого вещества и стяжениями пирита; з) пологоволнистая слоистость с углистыми включениями

Песчаники сложены зёрнами кварца (60-75%) и полевых шпатов (включая калишпаты и плагиоклазы – до 15-25%), реже встречаются обломки кварцитов, микрокварцитов, метаандезитов, метабазальтов, метагранитов и пегматитов, глинистых, глинисто-гидрослюдистых, серицит- и кварц-серицитовых сланцев (до 10-15%).

По классификации В.Н. Шванова (1987) породы по составу относятся к мезомиктовым, в меньшей степени к олигомиктовым разностям (рис. 2).

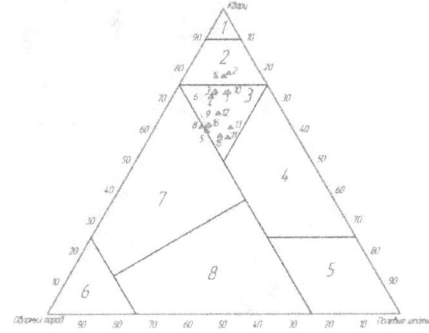

Рис. 2. Классификационная диаграмма песчаных пород (Шванов, 1987 г.):
1 - кварцевые, 2 - олигомиктовые,
3 - мезомиктовые, 4 - аркозовые,
5 - полевошпатовые аркозовые песчаники, 6 - собственно граувакки,
7 - кварцевые граувакки,
8 - полевошпатовые граувакки.

Цветными треугольниками на диаграмме обозначены изучаемые образцы

Обломочный материал в шлифах угловатой, полуугловатой, полуокатанной и окатанной формы. Песчаники преимущественно хорошо сортированные. Компетентные обломки представлены слюдами с преобладанием мусковита (до 3-5%), который частично переходит в гидромусковит или замещается хлоритом. В качестве акцессорных минералов встречается турмалин, циркон, эпидот.

Субизометричные зерна кварца имеют признаки катаклаза, что выражается в растрескивании обломков. В ряде участков фиксируется плотное прилегание терригенных зёрен кварца друг с другом или с полевыми шпатами и их частичное взаимное растворение с возникновением конформных и инкорпорационных структур зерновых контактов. Наряду с растворением под давлением, фиксируются явления регенерации зёрен кварцевым, в меньшей степени полевошпатовым цементом.

Зерна калиевых полевых шпатов обнаруживают признаки гравитационного растворения, в меньшей степени катаклаза, часто корродируются кальцитовым цементом. Вторичное развитие пелитового агрегата по калиевым полевым шпатам отмечается локально. Фрагментарно наблюдаются области выщелачивания в полевых шпатах с образованием зерновой пористости (рис. 3).

Обломки пород в песчаниках имеют преимущественно изометричную, угловатую или полуокатанную форму. Редко в обломках фиксируются пиритовые вкрапленники и линзы сидеритового материала.

Цемент песчаных пород (5-30%) пленочный, поровый закрытого и открытого типа глинистый, глинисто-гидрослюдистый, каолинитовый, хлоритовый; коррозионный, базальный карбонатный.

В центральных частях порового пространства выделяется хорошо раскристаллизованный каолинит виде червеобразных сростков, таким он сохраняется в порово-закрытом пространстве между зернами кварца и полевых шпатов (рис. 4). Встречается совместное сосуществование каолинитовых сростков и крупных пакетообразных выделений хлорита с каолинитом.

 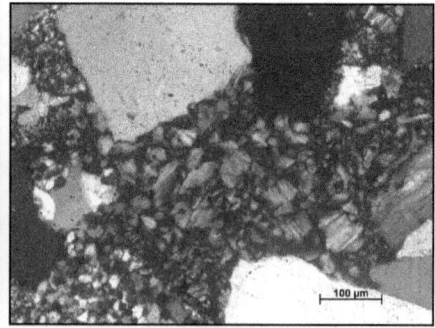

Рис. 3. Поры выщелачивания в обломочном материале. С анализатором

Рис. 4. Раскристаллизация агрегатов каолинита в поровом пространстве. С анализатором.

К каолинитовым порам часто приурочены выделения красно-бурого и буровато-черного захороненного органического вещества, в том числе в виде сплошной массы и выделений между пакетами каолинита (рис. 5).

Коррозионный карбонатный цемент встречается в виде пятен и развивается по терригенному материалу, или отмечается в поровом пространстве, формируя порово-закрытый, порово-базальный или базальный цемент (рис. 6).

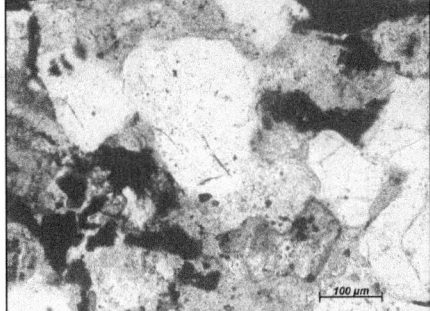 

Рис. 5. Выделения битумоидов в поровом пространстве пород. Без анализатора

Рис. 6. Коррозия и замещение терригенного материала карбонатным веществом С анализатором

В породах часто наблюдаются тонкие прослои углистого, глинистого и сидеритового материала. Сгустки захороненного органического вещества от красно-бурого до чёрного цвета, иногда в виде включений детрита, встречаются в шлифах повсеместно и подчёркивают микрослоистость образцов.

По результатам исследования пород установлены преобладающие стадиальные и наложенные (эпигенетические) процессы, влияющие на фильтрационно-емкостные свойства нефтеносных отложений пластов $Ю_1^1$ и $Ю_1^2$ Казанского месторождения. Поровое выщелачивание, каолинитизация, механическая деформация (катаклаз) позволяет увеличивать пористость и возможные пути для миграции УВ, в то время как процессы уплотнения (конформизм, инкорпорация), карбонатизация уменьшают поровое пространство и проницаемость коллекторов.

Список литературы:

1. Алексеев В.П. Атлас фаций юрских терригенных отложений (угленосные толщи Северной Евразии). – Екатеринбург: Изд-во УГГУ, 2007. – 209 с.

2. Ботвинкина Л.Н. Методическое руководство по изучению слоистости. – М.: Наука, 1965. – 259 с.

3. Ботвинкина Л.Н. Слоистость осадочных пород. – М.: Изд-во АН СССР, 1962. – 542 с.

Spirina Marina
Ph.D. in History
Interregional Institute of Economics and Law with
the Interparliamentary Assembly of EurAsEC
(St. Petersburg); e-mail: mus931@inbox.ru

TRADITIONAL APPLIED ART AS THE FOUNTAINHEAD OF DESIGN

Today the term "design" in the theoretical and practical aspects is increasingly replacing other concepts ("decorative art", "arts and crafts", "traditional art"). Most authors advocate the thesis that, although the design had been appeared not so long ago (in the beginning of XX century), it is the future, but applied arts are going in the past. "In essence, decorative-applied art, once recognized as self-sufficient sphere of culture, has given way to the new projecting structures of a developing society, because the importance of ideological and public relations of man and his environment, in former times hidden in the works and the ideas of applied art, acquired its true scale"[3, 11]. The authors of a number of design textbooks are absolutely convinced that the design is "the most sought-after, the most widespread and the most "influential of the arts", while forgetting about the primary source of design that are traditional crafts.

Most researchers do not deny that the design nucleation occurs in the interior of such important, self-sufficient phenomenon of artistic culture, as traditional art, but forget about it when exploring different aspects of the phenomenon. Anciently man himself created objects surrounding him. And this process is not interrupted at the moment, although its scope somewhat narrowed. Household items, as well as items with which people decorate the interiors of residential, public and industrial buildings partially made with hand art work, rightfully occupy an exclusive place in the aesthetic sphere of human habitation and relate to the traditional arts and crafts. Design as an artistic and technical design begins to present formally inside the various kinds of arts and crafts from the XVIII century.

Peasants-masters need to be recognized like the first artist-designers, they are the real creators of what later became known as the folk, household and production art. For all the similarities of peasant "production" with a modern design researchers must clearly distinguish the traditional peasant or urban craft culture of the past and the modern design, constantly bearing in mind that the peasant applied art is the source of design. It was in the course of evolution of this art a new form of project activities emerged in the second half of the XIX century. "Design has become a phenomenon of the artistic culture of the XX century. He quickly burst into our lives and has become one of the most popular and influential forms of art-project activities" [2, 5]. The term has got the exact wording not immediately. Vladimir Mayakovsky at the World

Exhibition in Paris in 1925 noted that the artists in Russia are carriers of advanced ideas in this kind of projecting.

The traditional arts and crafts from the very beginning and to this day retain the integrative character. It combines very different disciplines and areas of human activity (art, science, economy, education, spiritual culture, advertising, design). They are developed within the applied art and later (at different times) formed as independent kinds of human activities. Contemporary design is coming out of traditional art analogously. Design acts as a branch of this art, inheriting a number of features from it. The earliest masters have made significant efforts and spent many centuries for developing such forms of objects that meet the aesthetic needs of the social strata and take into account the properties of the materials from which they are made. Such forms had been created in accordance with the guiding principle of traditional art (the unity of beauty and favour). Anatoly Lunacharsky very accurately called material culture as "a culture, dressed in a thing".

Gradually the projecting of art objects more and more removed from the process of materialization idea by the artist of applied art. The learning of projecting becomes the main content of the education of the artist, while the making of the designed product is transferred to the master-executor (the master-artist).

Education of designers in Russia can be attributed to Peter the Great's time, when it was still associated with the manufacture of household items. It is assumed that it was a relatively short period of training of the most highly qualified traditional art's master-artists, masters of a new type, differing from the artisans of ancient Russia [4, 123]. The art industry begins to put forward its own conditions of production of household items. In art industry a need for an engineer emerges, that is an engineer who also would have the art knowledge. In fact, the work of such a professional is considered as a special form of creative activity whose aim was to determine the formal qualities of industrial products. Today prevailing view is that in this period "traditional artistic and industrial profession (potters, furniture makers, shoemakers, goldsmiths) turned in a relatively isolated group of "applied art' masters", who supports the main strike force (designers of industrial and graphic guilds)"[3, 11].

Gradually a new profession of industrial art artist — designer — has been formed. In Russia for a long time the terms "commercial art" and "technical aesthetics" were using instead of the term "design". Mass production of goods, the development of technology and the economy have made radical changes in social structure and social conditions of people's lives. New materials and the techniques of manufacturing products were mastering, but the turning to the historical experience of the traditional arts and crafts is also preserved. It took different forms: as giving some external similarities with hand-made things, which were seen as the ideal, and as the mechanical connection of various historical styles. As a phenomenon that is in its infancy, the design is in a constant search and seems to not completely sever the umbilical cord that connects it with the traditional arts and crafts, from which he was born. An example is the "People's Design", which appeared during the 1960s. In the dwelling of that time people feel uncomfortable and sometimes even embarrassing. Then many residents of dwellings-"boxes" reshaped such dwelling in their own way, sometimes without regard to its original functional and aesthetic principles, sometimes professionals designers were dejected. Most of these "natural" designers turned to subjects of traditional folk arts and amateur creativity. It should be borne in mind that in 1960-1980s the process of mutual influence of folk and professional arts and crafts was continuing. Traditional folk art has served a kind of school of excellence for all employees and the self-taught, working in this field. The world of forms, methods of processing materials in folk art was unusually rich and diverse, folk tradition lay in its base. That's why mode of life of our contemporaries has undergone changes; handicrafts began to enter into new homes, among them was miniature lacquer painting, woodworks, Khokhloma and Gorodets painting, straw and bark weaving, woven goods, carpets, lace and many more else. The task of traditional arts and crafts became to imbue vivid emotions into the abstract space.

Now it is well known that a person considers its objective environment not only as a tool for functional processes, but also as the individual sphere; it needs and associated with features and originality of the personality. Design, do not abandon family ties with the traditional arts and crafts and do not forget about them, so meets human needs. This design is manifested in modern interiors of different nature.

K.A. Makarov once argued that decorative art can never be replaced by design, because it has its own function, another nature of forming, and that this position is highly relevant today, when the boundaries of art blurred; some omnivorous dominated in artistic activity, and in theory manifests blur criteria [1]. Traditional applied art continues to maintain its position as vital society phenomenon that is closely knit with other components and form with them socium's life-support system. We can assume the art and design are those kinds of creative activity, where the process of objectifying ideas usually is carried out of the materials given by the very nature; and the person exists in the nature, preserving his own integrity with the world.

Literature list

1. *Makarov K.A.* From the creative heritage. Unrecognized genius (sculptor Dmitry Tsaplin). Decorative arts in the culture time. M.: Research Institute of the Russian Academy of Arts, 1998. 158 p., ill.

2. *Mikhailov S.M., Kuleeva L.M.* Design Basics. Moscow Union of Designers, 2002.

3. *Minervin G.B., Shimko V.T., Efimov A.V., Yermolaev A.P. and others*. Design. Key provisions. Kinds of design. Features of design projection. Masters and theorists. Illustrated Glossary. M.: Architecture-C, 2004.

4. *Pronina I.A.* Decorative arts at the Academy of Fine Arts: From the history of Russian art school XVIII — first half of XIX century. M.: Visual Arts, 1983.

Мареев И.В., Кулакова Н.В., Самыкина И.А., Руденко А.А., Бородулина Е.В.

ФГБУ «НИИ фармакологии им. Е.Д. Гольдберга» СО РАМН, Россия, 634028, г.Томск, проспект Ленина, д.3 E-mail: igor.mareev@pharmso.ru

ИСПОЛЬЗОВАНИЕ НПВС В КОРРЕКЦИИ ЭНДОТЕЛИАЛЬНОЙ ДИСФУНКЦИИ У ПАЦИЕНТОВ С АРТЕРИАЛЬНОЙ ГИПЕРТЕНЗИЕЙ

С позиций современных знаний артериальная гипертензия (АГ) представляет собой сложнейший комплекс целого ряда тесно взаимодействующих и трансформирующихся во времени факторов [2, 15; 4, 81; 5, 4], при этом основным условием ее стабилизации и прогрессирования выступает дисфункция эндотелия (ДЭ). Механизм участия эндотелия в возникновении АГ многогранен и связан не только с нарушением его вазомоторной функции, но и с инициацией развития воспалительной реакции, окислительного стресса, ремоделирования сосудистой стенки и протромбогенного статуса, причем каждое из обозначенных звеньев может служить инициирующим фактором формирующейся ДЭ, а также вносить существенный вклад в ее стабилизацию и способствовать прогрессированию патологии [3, 40; 1, 81; 6, 208]. Стандартная гипотензивная терапия преимущественно направлена на оптимизацию вазомоторной функции эндотелия, практически не затрагивая иных механизмов поддержания ДЭ.

Целью исследования явилось изучение эффектов нестероидных противовоспалительных средств в коррекции эндотелиальной дисфункции у пациентов с артериальной гипертензией.

Материал и методы исследования В исследовании приняло участие 30 мужчин в возрасте от 31 до 69 лет (средний возраст 55,00±1,85 года) с верифицированной на основе рекомендаций ВНОК артериальной гипертензии, получавшие не менее 1 месяца стандартную гипотензивную терапию, подписавшие форму информированного согласия и методом слепой рандомизации разделенные на 2 группы. Пациенты 1-ой группы, наряду с антигипертензивной терапией получали ацетилсалициловую кислоту (кардиомагнил, «NYCOMED DANMARK, ApS») в дозе 150 мг однократно в сутки в обед. Пациентам 2-ой группы, помимо стандартной гипотензивной терапии, назначался целекоксиб (целебрекс, «SEARLE division of Monsanto pls») в дозе 200 мг в сутки. Продолжительность исследования составила 2 недели активной терапии. В группу контроля вошли 15 здоровых волонтеров в возрасте от 25 до 45 лет (средний возраст 38,92±1,64) без признаков сердечно-сосудистой патологии.

Активность воспалительной реакции оценивали по концентрации sICAM-1 и С реактивного белка, динамике содержания в сыворотке крови ряда цитокинов: ИЛ-1β, ИЛ-6, ИЛ-8 и ФНО-α, о вазомоторной функции эндотелия судили по азот-продуцирующей способности и концентрации эндотелина-1, Об эндотелий-зависимой вазоделатации судили по результатам манжеточной пробы, при которой плечевую артерию лоцировали ультразвуковым датчиком «PHILIPS EN VISOR C» в продольном сечении на 2-15 см выше локтевого сгиба. Контроль эффективности гипотензивной терапии осуществляли при помощи СМАД.. Статистическая обработка полученных в ходе исследования результатов осуществлялась стандартными методами. Количественные показатели выражались в виде среднего ± стандартная ошибка среднего (М±м). При p<0,05 все различия статистических тестов считали достоверными.

Результаты Первичное обследование пациентов с АГ, выявило наличие активности воспалительной реакции, о чем свидетельствовало достоверное повышение уровней sICAM-1 и СРБ относительно контрольной группы в 1,6 и 2,2 раза соответственно (таблица 1). Средний уровень концентрации ИЛ-6 превышал контрольные значения в 1,9 раза (p<0,01). Поскольку ИЛ-6 является регулятором острофазного ответа иммунной системы, а увеличение его продукции сопровождает течение хронических воспалительных процессов, то наблюдаемая ситуация вполне закономерна. Повышенный уровень молекул межклеточной адгезии и С-реактивного белка, свидетельствовал о недостаточной эффективности стандартных схем лечения АГ в отношении ликвидации воспалительной реакции, несмотря на достижение целевых значений АД.

Таблица 1

Активность воспалительного процесса у пациентов с АГ в сравнении со значениями в группе контроля (M±m)

Показатель	До лечения	Контроль
ИЛ-1β	1,83±0,13	1,49±0,09
ИЛ- 6	5,56±0,48*	2,86±0,10
ИЛ- 8	2,60±0,44	2,16±0,21
ФНО- α	1,56±0,20	1,25±0,06
sICAM-1	261,54±9,53*	166,00±8,43
СРБ	381,88±32,54*	175,00±10,25
* - p<0,01 по сравнению с группой контроля		

Поскольку ИЛ-6 является регулятором острофазного ответа иммунной системы, а увеличение его продукции сопровождает течение хронических воспалительных процессов, то наблюдаемая ситуация вполне закономерна. Повышенный уровень молекул межклеточной адгезии и С-реактивного белка, свидетельствовал о недостаточной эффективности стандартных схем лечения АГ в отношении ликвидации воспалительной реакции, несмотря на достижение целевых значений АД.

Исходная оценка характеристик ЭЗВД, как достоверного диагностического критерия ДЭ, выявила существенное снижение величины показателя относительно значений в контрольной группе, при некотором уменьшении концентрации конечных метаболитов NO и выраженном повышении концентрации ЭТ-1 в сыворотке крови (рис.1).

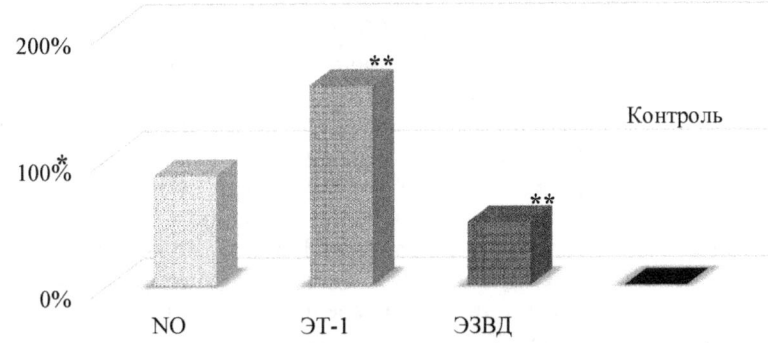

* - р < 0,05 по сравнению с контрольной группой
** - р < 0,01 по сравнению с контрольной группой

Рис. 1.Продукция вазоактивных субстанций у пациентов с АГ в сравнении с контрольными значениями

Отсутствию резко выраженных нарушений продукции оксида азота у пациентов с АГ видимо способствовала предшествующая гипотензивная терапия, так как большинство препаратов, включенных в состав стандартных схем, способствуют восстановлению его биодоступности. Однако данные ультразвуковой оценки эндотелийзависимой вазодилатации отражают недостаточную продукцию вазодилататоров, в ответ на диагностическую пробу. В тоже время повышенный уровень ЭТ-1, как основного контрагента оксида азота, может свидетельствовать о преобладании вазоконстрикторных влияний даже на фоне терапии АГ.

Включение нестероидных противовоспалительных средств (НПВС) в состав комбинированной терапии АГ приводило к достоверному снижению концентрации СРБ на 26,68% - в группе целекоксиба и на 32,03% - в группе АСК . Уровень sICAM-1 у получавших ингибитор ЦОГ-2 на момент завершения исследования был ниже исходного на 16,03%, при этом в группе АСК существенной динамики обозначенного показателя отмечено не было. В то же время, зарегистрировано статистически значимое снижение концентрации большинства оцениваемых цитокинов. Так в группе АСК, концентрация ИЛ-1β, ИЛ-6 и ИЛ-8 снижалась на 26%, 30% и 39% соответственно, по сравнению с исходными значениями. Регистрация уровней ИЛ-1β, ИЛ-6 на фоне применения целекоксиба выявила их снижение относительно исходного уровня на 22% и 25% соответственно, уменьшение концентрации ИЛ-8 составило 8%, продукция ФНО-α подавлялась, более чем на 20% от исходного уровня.

В исследовании оценивали концентрацию ключевых вазоактивных факторов, оксид азота и основной его контрагент – эндотелин-1. О действии препаратов оцениваемой группы на вазомоторную функцию судили по динамике показателя ЭЗВД. Среднегрупповые концентрации NO в ходе проведенной терапии ингибиторами ЦОГ-1 и ЦОГ-2 имели тенденцию к повышению, при этом определяемые уровни превышали исходные на 6,80% (p>0,05) и 9,24% (p<0,05) соответственно, свидетельствуя в пользу восстановления биодоступности вазодилататора. Наблюдение за динамикой концентрации эндотелина-1, учитывая повышенный его уровень у 30% пациентов, выявило наличие однонаправленных изменений, характеризующихся уменьшением генерации вазоконстриктора под влиянием НПВС. В пользу позитивного влияния НПВС на сниженную в 100% случаев вазомоторную функцию эндотелия, свидетельствует динамика средних показателей ЭЗВД. По завершению двухнедельной терапии НПВС различных классов селективности ее значения повышались в 1,3 раза (p>0,05), что являлось следствием восстановления адекватной продукции вазоактивных субстанций (рисунок 2). На фоне проводимых вариантов терапии значимой динамики уровня АД, требующей коррекции дозы препаратов, не зарегистрировано.

Рис. 2.Значения показателя ЭЗВД в процессе сравниваемых вариантов терапии

Таким образом, у пациентов с артериальной гипертензией на фоне адекватной гипотензивной терапии в 100% случаев присутствуют инструментально-лабораторные критерии эндотелиальной дисфункции (снижение ЭЗВД, уровня оксида азота и увеличение концентрации эндотелина-1) на фоне повышения уровней воспалительных маркеров (СРБ, молекул адгезии, ИЛ-6). Дополнение комплексной терапии артериальной гипертензии, приемом нестероидных противовоспалительных средств различной селективности, на фоне выраженной противовоспалительной активности обеспечивала уменьшение степени выраженности эндотелиальной дисфункции.

Литература

1. Абрагамович, О.О. Механизмы развития дисфункции эндотелия и её роль в патогенезе ишемической болезни сердца / О. О. Абрагамович, А. Ф. Файник, О. В. Нечай [и др] [Текст] // Украинский кардиологический журнал. – 2007. – № 4. – С. 81–87.

2. Григоричева, Е.А. Суррогатные маркеры атеросклероза у пациентов с артериальной гипертензией I-II степеней [Текст] / Е.А. Григоричева, Э.Г. Волкова // Кардиоваскулярная терапия и профилактика. – 2009. – Т. 8. – № 1. – С. 15–19.

3. Задионченко, В.С. Возможности коррекции оксидативного стресса и эндотелиальной дисфункции у больных инфарктом миокарда в сочетании с сахарным диабетом 2 типа ингибитором ангиотензинпревращающего фермента [Текст] / В.С. Задионченко и др. // Российский кардиологический журнал. – 2008. – № 5. – С. 40–45.

4. Игитова, М.Б. Роль системного воспаления в развитии кардиоваскулярной и акушерской патологии [Текст] /М.Б. Игитова, Е.В. Воробьева, И.В. Осипова, Н.П. Гольцова // Кардиоваскулярная терапия и профилактика. – 2009. – Т. 8. – № 1. – С. 81–87.

5. Оганов, Р.Г. Несбывшиеся надежды и парадоксы профилактической кардиологии [Текст] / Р.Г. Оганов// Кардиоваскулярная терапия и профилактика. – 2009. – Т. 8. – № 7. – С. 4–9.

6. Яковлев, В.М. Метаболический синдром и сосудистый эндотелий / В.М. Яковлев, А.В. Ягода. – Ставрополь: 2008. – 208 с.

Вязьмин А.Я., Клюшников О.В., Подкорытов Ю.М.
1) д.м.н., профессор, зав.кафедрой ортопедической стоматологии;
2) к.м.н., ассистент кафедры ортопедической стоматологии;
3) к.м.н., доцент кафедры ортопедической стоматологии Иркутского государственного медицинского университета
E: mail - klush.stom@mail.ru

ПРОБЛЕМЫ ПРИ ИЗГОТОВЛЕНИИ КОМБИНИРОВАННЫХ КОНСТРУКЦИЙ ЗУБНЫХ ПРОТЕЗОВ

Для пациентов основной целью протезирования является восстановление жевательной функции и эстетики. Изготовленный по индивидуальному плану лечения комбинированный зубной протез существенно влияет на улучшение качества жизни пациента. Эти лечебно-профилактические мероприятия направлены на адекватное диагнозу восстановление и длительную стабилизацию формы и функции. При этом должны учитываться эстетические аспекты и динамика жевательной функции.

Профессионально изготовленные, сложные конструкции комбинированных зубных протезов на протяжении длительного времени хорошо зарекомендовали себя для восстановления зубного ряда и жевательной функции. С точки зрения эстетики и гигиены пародонта они также дают удовлетворительный результат. Изготовленные из высококачественных сплавов, они биосовместимы, стабильны, устойчивы к деформации, редко ломаются и хорошо поддаются ремонту. Необходимым условием является достаточное количество опорных зубов. При отсутствии этих предпосылок желаемый и ожидаемый пациентом комфорт в полости рта будет ограничен. Комбинированный протез применяется, когда имеются показания для частичного съемного протеза, и пациент желает иметь незаметное, бескламмерное соединение. Для большинства пациентов очень важен как хороший эстетичный вид зубного протеза, так и его удобное и надежное положение. При этом восстановление жевательной функции представляется ему естественным, само собой разумеющимся явлением. Кроме того, пациенты хотят, чтобы наличие зубного протеза было совсем незаметно для окружающих.

Протезы опирающегося типа являются эффективными конструкциями, замещающими дефекты зубных рядов. Замковые крепления представляют собой альтернативу кламмерной фиксации съемных протезов. Бесспорным преимуществом аттачменов является их эстетичность – отсутствие видимых удерживающих элементов на опорных зубах. При использовании замковых креплений удержание съемной части протеза на протезном ложе осуществляется более надежно, чем при кламмерной фиксации. Замковое соединение обеспечивает более физиологическое функциональное взаимодействие частей комбинированного протеза путём уменьшения горизонтальной нагрузки на опорные зубы, поскольку приложение вектора жевательной нагрузки смещается от окклюзионной поверхности – при кламмерном креплении, к шейке зуба – при использовании аттачмена. В зависимости от способа передачи жевательной нагрузки, аттачмены разделяют на жесткие, шарнирные, ротационные и аттачмены, имеющие свободу движений в пределах податливости слизистой оболочки протезного ложа.

Для пациентов основной целью протезирования является восстановление жевательной функции и эстетики. Изготовленный по индивидуальному плану лечения съемный зубной протез существенно влияет на улучшение качества жизни пациента. Эти лечебно-профилактические мероприятия направлены на, адекватное диагнозу, восстановление и длительную стабилизацию формы и функции. При этом должны учитываться эстетические аспекты и динамика жевательной функции. Зубной протез соответствует этим высоким требованиям тогда, когда наблюдаются: восстановленная жевательная функция; прочная фиксация, легкое введение и выведение; эстетичный вид; безупречная фонетика; минимальное давление на ткань в психологически приемлемых границах; хорошая гигиена, простой уход; безупречное, точное техническое исполнение; биологически совместимые материалы; гарантия хорошей функциональности.

Целью настоящей статьи является анализ клинических обстоятельств, влияющих на выбор аттачмена. Мы не ставим перед собой задачу рассмотрения всех замковых креплений представленных сегодня на рынке. С точки зрения решения клинических задач, выбор метода фиксации съёмной части протеза начинается с анализа ситуации для ответа на вопрос, – какую функцию должно выполнять замковое крепление? Основными клиническими факторами, влияющим на выбор типа аттачмена, являются: топография дефектов зубных рядов, количество оставшихся зубов в полости рта, подвижность зубов, податливость слизистой оболочки протезного ложа.

Современное развитие производства замковых креплений представляет поистине неограниченные возможности для их выбора. В настоящее время появилось значительное количество замковых креплений со стабильной фиксацией с применением принципов возможной активации или сменой матрицы с различной жесткостью (жесткая, нормально защелкивающая матрица, мягкая).

Рассмотрим влияние клинических обстоятельств на выбор аттачмена на примере наиболее распространённых замковых креплений, т.е. определим тип аттачмена, а не его конкретную конструкцию

Топография дефекта зубного ряда существенно влияет на выбор аттачмена. При дефектах зубных рядов 1 класса рекомендуется применять аттачмены, обеспечивающие подвижность съёмной части комбинированного протеза в одной плоскости. Этим требованиям отвечают шарнирные замковые крепления.

При дефектах 2 класса и асимметричных дефектах 1 класса показано применение аттачменов, имеющих подвижность в нескольких направлениях – ротационных, или шарнирных. Применение этих конструкций требует увеличения количества опорных зубов, что позволяет обеспечить выполнение протезом функции противодействия горизонтальному сдвигу. Фиксация аттачмена на одном зубе приводит к концентрации нагрузки в одной точке и увеличению подвижности опоры.

Для лечения включённых дефектов зубных рядов 3 класса показано применение жёстких аттачменов. При замещении дефектов зубных рядов 4 класса широко применяется балочная система фиксации съёмных протезов

Количество оставшихся зубов в полости рта и жёсткость аттачмена находятся в обратной зависимости. Чем больше зубов присутствует в полости рта – тем более жёстким может быть аттачмен. Уменьшение количества зубов предполагает большую свободу движений конструкции.

Наибольшие трудности при определении качества взаимодействия съемной и несъемной частей протеза представляет вариант патологической подвижности оставшихся зубов и чрезмерной податливости слизистой оболочки протезного ложа в области седла бюгельного протеза. Заболевания пародонта сопровождаются ослаблением опорной функции зубов, наличием дефектов и деформаций зубных рядов, вторичным снижением прикуса. В этом случае рекомендации по выбору метода фиксации съёмной конструкции протеза носят дискуссионный характер.

Применение шарнирных или ротационных аттачменов, особенно при наличии концевых дефектов зубных рядов, перераспределение жевательной нагрузки с пародонта опорных зубов на слизистую оболочку и альвеолярный отросток, приводит к форсированной атрофии костной ткани в области протезного ложа Вследствие этого происходит нарушение непрерывности окклюзионной поверхности зубного ряда, возникновение перегрузки опорных зубов. Основной задачей реабилитации больного пародонтитом является не только замещение дефектов зубных рядов, но и шинирование оставшихся зубов. При объединении зубов в единый блок, их подвижность уменьшается, что способствует адекватному реагированию на горизонтальную нагрузку, возникающую вследствие смещения седловидной части протеза.

Несмотря на кажущуюся парадоксальность, мы, в своей клинической практике, в этих случаях, используем соединение частей комбинированного протеза с помощью жесткого аттачмена. Это решение позволяет избежать дисбаланса, возникающего за счёт податливости слизистой оболочки, подвижности зубов и смещения конструкции. Наши пятилетние наблюдения показывают, что при подвижности зубов II – III степени, стабилизация зубных рядов достаточно эффективно обеспечивается шинированием оставшихся зубов несъёмными конструкциями зубных протезов, соединёнными со съёмной частью жёсткими аттачменами. С нашей точки зрения, подвижность зубов III степени в сочетании с их недостаточным количеством является противопоказанием к применению аттачменов, тем более жёстких.

Чем более выражена податливость слизистой оболочки полости рта, тем большую свободу движений съёмного протеза должен обеспечивать аттачмен. Это положение продиктовано необходимостью нивелировать экскурсию седловидной части протеза, влияющую на устойчивость опорных зубов. В значительной мере негативные последствия повышенной податливости слизистой оболочки удаётся компенсировать повышением компрессии в момент получения оттиска. При этом, в зависимости от топографии дефекта, уровень компрессии должен быть различен. При замещении дефектов зубных рядов I – II класса, рекомендуется получать компрессионные оттиски с помощью индивидуальных ложек силиконовыми массами. Возможно применение двухслойных оттисков с использованием силиконовых масс. При включённых дефектах зубных рядов III – IV класса допустимо применение оттисков эластичными массами. В случае восполнения дефектов IV класса, методика получения оттиска зависит от величины дефекта и степени податливости слизистой оболочки.

Исходная клиническая ситуация в полости рта пациента диктует применение различных типов аттачменов. Конструкция жёсткого аттачмена предусматривает создание на опорной искусственной коронке окклюзионного уступа, параллельной контактирующей поверхности, пришеечного уступа и направляющего канала. Репродукции каркасов несъёмной части протеза моделируются фрезерным или моделировочным воском. С целью создания ложа для аттачмена, восковые репродукции фрезеруются. Установку направляющего элемента (патрицы) производят в параллелометре. После получения металлической отливки фрезеруют элементы замкового сочленения и наносят эстетическое покрытие из керамики.

Несъёмные элементы комбинированных конструкций устанавливают на модели и получают огнеупорную модель. Из воска моделируют съёмную часть протеза. Каркас съёмной части комбинированного протеза в области аттачмена облицован керамикой, что позволяет скрыть элементы замкового соединения.

Пассивные удерживающие элементы, применяемые в жестких аттачменах, не требуют усилия для разъединения частей комбинированного протеза. Удерживающее действие таких элементов чисто ретенционное, поэтому снятие съёмной части протеза не приводит к отрицательному действию на зуб, несущий удерживающий элемент.

Устойчивость опорных зубов возрастает. Конструкция работает как единое целое, согласуя подвижность зубов и экскурсию съемной части, возникающую в результате податливости слизистой оболочки полости рта. К достоинствам жёстких аттачменов следует отнести: эстетичность, надёжность фиксации и неподвижность съёмной части протеза. Наложение и снятие съёмной части протеза не приводит к перегрузке опорных зубов. Жёсткие аттачмены обеспечивают длительную устойчивость окклюзионных поверхностей отдельных частей протеза. К недостаткам этого типа замковых креплений относятся: отсутствие амортизационной функции, сложность технологического исполнения и достаточно высокую стоимость. Решение о выборе жесткой или шарнирной соединительной схемы в ситуации концевого дефекта следует принимать по совокупности клинических параметров, учитывающих топографию опор, нагружаемость опорных зубов и длину концевого седла. Если можно увеличить количество опорных зубов, привлечь их к реализации опорной функции и укоротить искусственный зубной ряд съёмной части протеза, то возможно применение жесткого соединительного элемента.

Применение шарнирного аттачмена достаточно ограничено и показано при замещении симметричных дефектов зубных рядов 1-го класса. Кроме того, их применение ограничено требованием размещения аттачменов в полости рта параллельно саггитальной срединной линии. При этом аттачмены смещаются от середины альвеолярного отростка в язычную сторону. На сегодняшний день достаточно большое распространение получил шарнирный внутрикоронковый аттачмен. Его применение не требует обязательного покрытия опорного зуба коронкой. Он обеспечивает экскурсию протеза во всех плоскостях в пределах эластичности пружины, встроенной в корпус аттачмена.

Шарнирный аттачмен может использоваться в комбинации с цельнолитой коронкой на опорном зубе. В этом случае матричный элемент устанавливается в восковой композиции коронки и вместе с ней отливается из металла. Шарнирные внутрикоронковые аттачмены отличаются эстетичностью, возможностью обеспечения экскурсии съёмной части протеза и уменьшенной нагрузкой на опорные зубы. Они не требуют обязательного покрытия опорного зуба коронкой, обеспечивают реализацию амортизационной функции и предусматривают многовариантность соединения с базисом протеза. К их недостаткам можно отнести сложность технологического исполнения, высокую стоимость и вынужденную необходимость препарирования, в ряде случаев, интактных зубов.

В ситуации включённо – концевых дефектов, обеспечивающие свободу движений в пределах податливости слизистой оболочки балочные системы, являются достаточно эффективными, особенно в прогностическом плане. Способ соединения несъемной и съемной частей определяется количеством оставшихся зубов. Чем меньше зубов включается в конструкцию, тем большую свободу перемещения должна иметь съёмная часть протеза.

К достоинствам аттачменов, обеспечивающих свободу движений в пределах податливости слизистой оболочки полости рта относятся: эстетичность, надёжность фиксации конструкции, возможность обеспечения экскурсии протеза и относительно низкая стоимость. Недостатками этих креплений являются: возможная избыточная свобода движения съёмной части протеза, недостаточная гигиена в области опорных зубов и сложность технологического исполнения.

Гарантированный успех лечения с применением комбинированных конструкций протезов возможен не только в результате правильного выбора аттачмена, но и грамотного технического исполнения.

Основные правила выбора аттачменов: нагружать можно орган, способный выдержать нагрузку; функция аттачмена должна соответствовать клинической картине; аттачмен не должен концентрировать нагрузку на отдельном участке протезного ложа.

Кооперация врача и техника – важнейшая предпосылка реализации плана лечения на лабораторном этапе. Как правило, в распоряжении зубного техника находится только модель, вследствие чего может возникнуть непонимание и неприятие предлагаемого врачом решения. Попытки изменения запланированной конструкции на лабораторном этапе программирует неудачу. В то же время, принятое врачом решение не всегда реализуемо, например, из-за недостатка места. Тесное сотрудничество врача и техника, в котором принимается во внимание клиническая ситуация и технологические критерии выполнимости, является залогом успешного лечения.

Клюшникова М.О., Клюшникова О.Н., Клюшникова А.О.
1) К.м.н., ассистент кафедры терапевтической стоматологии
2) К.м.н., ассистент кафедры стоматологии детского возраста
3) Студентка пятого курса стоматологического факультета
Иркутский государственный медицинский университет

ЛЕЧЕНИЕ ХРОНИЧЕСКОГО РЕЦИДИВИРУЮЩЕГО АФТОЗНОГО СТОМАТИТА

Актуальность: Хронический рецидивирующий афтозный стоматит (ХРАС) является довольно распространенным заболеванием слизистой оболочки полости рта. Распространенность его составляет от 10 до 40 % в различных возрастных группах населения. При этом за последние 10 – 15 лет отмечается выраженная тенденция к увеличению числа больных рецидивирующим афтозным стоматитом. Все чаще заболевание возникает у молодых людей и в тяжелой форме, что также определяет значимость данного заболевания как медицинской проблемы.

Этиология и патогенез данного заболевания полностью не выяснены. Окончательно не установлено, какие факторы являются доминирующими, а какие предрасполагающими. Различают следующие теории возникновения афтозного стоматита: психогенная, инфекционно-аллергическая, наследственно предрасположенности, иммунная и афтозный стоматит как проявление других общесоматических заболеваний. Наиболее современной и научно обоснованной является иммунная теория, в соответствии с которой развитие афт связывается с нарушениями клеточного и гуморального иммунитета, как местного, так и общего.

Перед врачами-стоматологами все чаще встает вопрос в выборе лекарственных средств для лечения эрозивно-язвенных поражений слизистой оболочки полости рта. Данные препараты должны обладать антисептическим, обезболивающим, иммуномодулирующим действием, а также способствовать быстрой эпитализации элементов поражения. Всеми этими свойствами обладает медицинский озон. Это средство является дешевым и способно заменить целый комплекс препаратов.

Цель: изучение эффективности применения медицинского озона при лечении хронического рецидивирующего афтозного стоматита.

Материал и методы исследования: в стоматологической клинике ГБОУ ВПО ИГМУ было обследовано десять человек с диагнозом хронический рецидивирующий афтозный стоматит, с помощью клинических методов обследования. Все пациенты были поделены на две группы: основную – 5 человек и контрольную – 5 человек. В основной группе для лечения хронического афтозного стоматита применялось озонированное оливковое масло в виде аппликаций на слизистую оболочку полости рта 2 - 3 раза в день по 20 мин. В контрольной группе проводили комплексное лечение без использования озонотерапии: полоскание полости рта 0,06% раствором хлоргексидина биглюконата, аппликации 5% взвеси анестезина на глицерине, аппликации трипсина, применение мази Солкосерила

Результаты: Все пациенты основной группы отмечали снижение болевых ощущений сразу после применения озонированного оливкового масла. На следующий день наблюдалось очищение элементов поражения от фибринозного налета и уменьшение гиперемии вокруг эрозий, тогда как в контрольной группе явления воспаления оставались достаточно выраженными. Эпителизация элементов поражения происходила на 3 - 4 сутки применения озонированного масла в основной группе. Во второй группе, где применялся комплекс препаратов: уменьшение воспаления наблюдалось на 3-4 день, а эпителизация – на 6-7 день.

Заключение: Сокращение сроков лечения, выраженный обезболивающий эффект, возможность использования самостоятельно в домашних условиях, возможность длительного применения указывают на высокую эффективность озонированного масла «Озонид» в лечении ХРАС. А также делает лечение ХРАС более доступным и удобным для пациента и врача.

Список литературы

1. Епишев В.А. Рецедивирующий афтозный стоматит// М. Медицина.- 1968.- 72с.
2. Лукиных Л.М. Заболевания слизистой оболочки полости рта//М. Медпресс.- 2000.- 367с.
3. Ламонт Р.Дж., Берне Р.А., ЛантцМ.С., Лебланк Д.Дж. Микробиология и иммунология для стоматологов: пер. с англ. под ред. В.К. Леонтьева. – М.: Практическая медицина, 2010. – 504 с.

Абдрахманов А.Р.
соискатель кафедры дерматовенерологии, ГБОУ ВПО «Казанский Государственный медицинский университет» Минздрава РФ
kazanderma@yandex.ru

НОВЫЕ ВОЗМОЖНОСТИ ЛЕЧЕНИЯ ХРОНИЧЕСКИХ УРЕТРИТОВ, АССОЦИИРОВАННЫХ С ГОНОКОККОВОЙ ИНФЕКЦИЕЙ

Актуальность. Современные представления о патологии тканей показывают, что приоритетная роль в развитии воспалительных тканево-трофических нарушений принадлежит, прежде всего, расстройствам тканевого кровообращения и, в частности, системы микроциркуляции.[1,79]. Существующие представления, касающиеся частной патологии тканей, свидетельствуют о приоритетной роли нарушений тканевого кровообращения в развитии воспалительной, а в последующем и дистрофической реакции тканей. [2,93]. Расстройства функции микроциркуляторного русла обуславливает локальный спазм микрососудов, значительное повышение вязкости крови, замедление кровотока и циркуляции межтканевой жидкости, что приводит к формированию в тканях локального венозно-интерстициально-лимфатического застоя. [3,204].

Объем и методы исследования. В связи с вышеизложенным нами предлагается оптимизированная методика лечения хронических уретритов, ассоциированных с гонококковой инфекцией, применением локальной вакуум-градиентной терапии в сочетании с антибактериальным лечением. Теоретическим обоснованием применения нашего метода являются результаты исследования, подтверждающие, что действие локальной вакуум-терапии на тканевые участки существенно увеличивает разность градиентов гидростатического давления в подлежащих сосудах, что приводит к возрастанию конвенционного потока жидкости и метаболизма в зоне микроциркуляции. Нарастание концентрационных градиентов кислорода и диоксида углерода способствует увеличению скорости обмена веществ, в том числе и лекарственных препаратов, на участке воздействия. [4,30].

Практическая методика такой терапии заключается в следующем: стеклянный цилиндр герметично приставляется к лобковому сочленению. Помещенный в барокамеру половой член находится под воздействием давления, которое меньше атмосферного на 150-300 мм ртутного столба. Таким образом, кровь, насыщенная лекарственными средствами, попадает в ткани, находящиеся под значительно меньшим атмосферным давлением. Снижение атмосферного давления в минибарокамере вызывает усиление артериального кровотока к половому члену и уретре. При этом происходит интенсивная диффузия лекарственных средств из крови в ткани.[4,45].

Верификация диагноза гонококковой инфекции базировалась на результатах лабораторных исследований с помощью микроскопического исследования биопроб из уретры, окрашенных по методу Грама и молекулярно-биологическими методами, направленными на обнаружение специфических фрагментов ДНК или РНК Neisseria gonorrhoeae.

В исследовательской работе были сформированы 2 группы пациентов: основная (30 пациентов), где применялись комбинированное лечение применением антибиотика и вакуум-градиентной терапии, и группа сравнения (30 пациентов) с использованием только антибиотикотерапии.

Этиотропное лечение в обеих группах проводили согласно клиническим рекомендациям Российского общества дерматовенерологов и косметологов (Москва, 2012): цефтриаксон 250 мг однократно внутримышечно [5,32].

Топический диагноз степени поражения тканей уретры определялся методом оптиковолоконной видеоуретроскопии эндоскопом фирмы RZ производства Германии по специально разработанной ранее нами шкале, определяющей состояние уретры по 13 основным параметрам, каждый из которых имеет 5 оценочных значений качества: максимальные – 4 балла, минимальные – 0 баллов. Соответственно, чем большим количеством баллов оценивается, тем лучше состояние уретры[6,80].

Оценочные критерии были следующие:
«отличное» - до 52 баллов.
«хорошее» - до 39 баллов.
«удовлетворительное» - до 26 баллов.
«неудовлетворительное» - до 13 баллов.

Полученные результаты. Результаты проведенного исследования показали следующее:
Этиологическое излечение в основной группе наблюдалось у всех 30 пациентов, что составило 100%. В группе сравнения при контрольном исследовании после лечения гонококк определялся у 2 пациентов, при этом этиологическое излечение составило 94,8%.

В основной группе состояние уретры до лечения оценивалось в 19,5±0,2 балла как «удовлетворительное». Через 2 недели после окончания лечения отмечалось значительное его улучшение (39,5±0,1 балла) - «хорошее». Через 1 месяц после окончания лечения достигла уровня 41,4±0,3 балла - «хорошее».

В группе сравнения состояние уретры до лечения оценивалось в 19,8±0,5 балла как «удовлетворительное». Через 2 недели после окончания лечения отмечалось улучшение (23,5±0,4 балла) - «удовлетворительное».

Через 1 месяц после окончания лечения достигла уровня 25,3±0,1 балла - «удовлетворительное».

Вывод: Комбинированная вакуум-градиентная терапия в сочетании с антибактериальной терапией хронических уретритов приводит к более выраженному клиническому эффекту, что делает его одним из востребованных методов лечения в клинической практике.

Литература

1. Горизонтова М.П. Микроциркуляция при стрессе. Патофизиологическая и экспериментальная терапия. 1980, №3, с. 79-84.
2. Топорова С.Г. Реакции лимфатических сосудов брыжейки крыс на действие тималина //Здравоохранение Таджикистана, 2012, №5, с 93-94//
3. Шапошников Р.В., Дементьева Н.В. Сосудистые поражения кожи. СПб,: Медицина, 2010, 204 с.
4. Михайличенко П.П. Вакуум-терапия в косметологии. Практическое руководство для врачей – СПб,: Наука и техника, 2007, 304 с.
5. Ведение больных инфекциями, передаваемыми половым путем, и урогенитальными инфекциями. Клинические рекомендации. М. 2012;112 с.
6. Абдрахманов Р.М., Халилов Б.В. Цифровые эндоскопические технологии в ведении больных с инфекциями, передаваемыми половым путем. Казань: «Отечество», 2011. – 136 с.

Порат-Офир К., Дергачев В., Белкин А., Фрейнд Г.Г., Кацнельсон М.Д., Лицын С.Н., Шэхам-Диаманд Й.

К. Порат-Офир - аспирант кафедры электронных систем Тель-Авивского Университета
Дергачев В. - аспирант кафедры молекулярной биологии и биотехнологии Тель-Авивского Университета
Белкин А. - аспирант кафедры патологической анатомии с секционным курсом Пермской государственной медицинской академии им. ак. Е.А. Вагнера
Фрейнд Г.Г. - профессор, заведующая кафедрой патологической анатомии с секционным курсом Пермской государственной медицинской академии им. ак. Е.А. Вагнера
Кацнельсон М.Д. - профессор кафедры металлорежущих станков и инструментов Пермского национального исследовательского политехнического университета
Лицын С.Н. - профессор кафедры электронных систем Тель-Авивского Университета
Й. Шэхам-Диаманд - профессор, заведующий кафедрой физической электроники Тель-Авивского Университета

ЗНАЧЕНИЕ ХРОНОАМПЕРОМЕТРИЧЕСКОГО МЕТОДА С ПРИМЕНЕНИЕМ НАНОТЕХНОЛОГИЧЕСКИХ БИОЧИПОВ В ДИАГНОСТИКЕ ОПУХОЛЕЙ ТОЛСТОЙ КИШКИ

Рак толстой кишки занимает четвертое место в структуре смертности от злокачественных новообразований и второе место по показателю запущенности (до 75% случаев диагностируется на III – IV стадиях) в развитых странах. Выявление рака толстой кишки на ранних стадиях существенно влияет на прогноз заболевания, морфологическое исследование биоптатов является ведущим методом диагностики. В настоящее время все большее значение в диагностике новообразований приобретают методы, сочетающие морфологию и микроэлектронику. Вследствие высокой чувствительности и широкого линейного диапазона интенсивно исследуются электрохимические биосенсоры, в основе которых лежат амперометрические датчики [1:1887]. Посредством амперометрических биосенсоров разрабатываются методы выявления опухолей различных локализаций [2:1257]. В настоящее время кишечная щелочная фосфатаза (ЩФ) рассматривается как важный маркер дифференцировки кишечного эпителия [6:487-492;7:3371-3376;8:671].Во многих низкодифференцированных клеточных линиях колоректального рака уровень экспрессии ЩФ очень низок, почти отсутствует, а ее активность составляет лишь <0,0001 ед./мг белка, тогда как в здоровой дифференцированной клетке кишечного эпителия активность может достигать >0,7 ед./мг белка [3:175;4:1032]. Кроме того, морфологические исследования с использованием гистохимических и иммуногистохимических методов, основанных на сравнении уровня экспрессии ЩФ в нормальных и злокачественных тканях толстой кишки на модели перевиваемых опухолей, выявили резкое падение экспрессии ЩФ в опухолевой ткани [5:14]. До сих пор не проводилось непосредственное исследование содержания ЩФ с помощью электрохимического метода в биоптатах рака прямой кишки.

Цель исследования - провести амперометрическое измерения активности ЩФ в биоптатах толстой кишки (опухоли и неизмененной слизистой оболочки кишки), сопоставить результаты морфологического и электрохимического методов исследования.

Материалы и методы. Результаты. Исследовали биоптаты опухолей и здоровой слизистой оболочки от 72 пациентов, полученные при проведении эндоскопического исследования толстой кишки на базе Пермского краевого онкологического диспансера. Перед началом измерений биоптаты объёмом 2 мм³ промывали фосфатным буфером и исследовали электрохимически уровень ЩФ. Образцы тканей опухоли и слизистой оболочки толстой кишки помещали в лунки чипов с фосфатным буфером. Каждый из чипов представляет из себя трехэлектродную ячейку, состоящую из рабочего электрода, противоэлектрода и электрода сравнения. Электроды чипов были изготовлены методом трафаретной печати. Субстратом для ЩФ служил 1-нафтил фосфат, продукт химической реакции (1-нафтол) обладает электрохимической активностью, т.е. при заданном напряжении генерирует

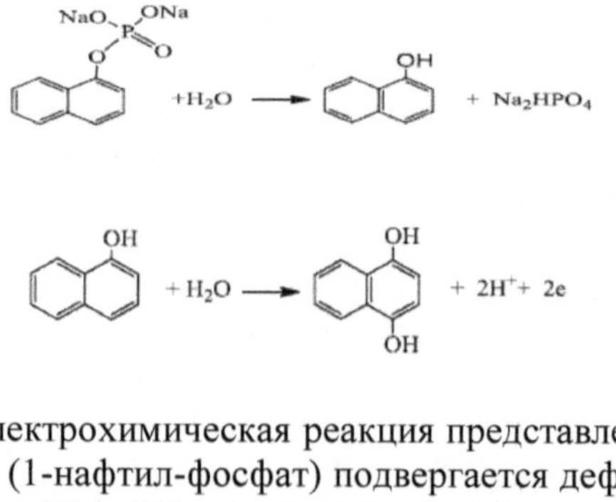

электрический ток. Электрохимическая реакция представлена ниже:

Рисунок 1. Субстрат (1-нафтил-фосфат) подвергается дефосфорилированию под действием ЩФ. Образовавшийся 1-нафтол окисляется на электроде с потенциалом 0,3 В, создавая ток.

Контрольное измерение проводили в каждом исследовании (в лунку одного из чипов вместо биоптата добавляли ЩФ, полученную из слизистой оболочки тонкой кишки быка (Sigma, UK). Хроноамперометрию проводили в восьмиканальном высокочувствительном портативном потенциостате «PalmSens» (фирма «PalmInstrumentsBV», Нидерланды), оборудованном восьмиканальным мультиплексором, дающим возможность одновременно проводить измерения в восьми электрохимических ячейках. Вследствие высокого содержания ЩФ в биоптатах здоровой слизистой оболочки толстой кишки регистрировался сигнал тока, который значительно отличается от силы тока, наблюдаемого при исследовании биоптатов опухолей:

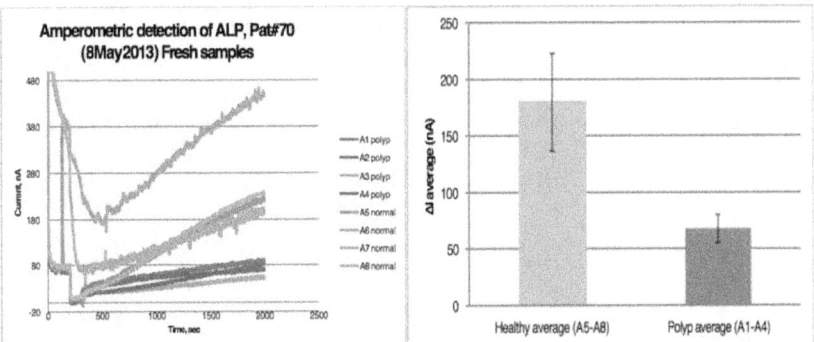

Рисунок 2-3. Результаты хроноамперометрического исследования образцов аденокарциномы и неизмененной слизистой оболочки толстой кишки. Средний сигнал тока и стандартное отклонение, полученные спустя 1700 с после добавления субстрата (1-нафтил фосфата). Неизмененная слизистая оболочка: 180,5 нА, опухоль: 68,6 нА.

В целях подтверждения результатов, полученных с помощью биосенсора, было проведено гистологическое исследование образцов, окрашенных гематоксилином и эозином. Установлена корреляция между содержанием щелочной фосфатазы и морфологической картиной исследованных образцов опухолей (аденокарциномы) и неизмененной слизистой оболочки. Амперометрический метод можно использовать для исследования активности щелочной фосфатазы в биоптатах опухолей и здоровой слизистой оболочки толстой кишки.

Работа выполнена при финансовой поддержке Правительства Пермского края.

Список литературы

1. J. Wang, *Biosens. Bioelectron.*, **21:** 1887 2006.
2. D. Dan, X. Xiaoxing, W. Shengfu, and Z. Aidong, *Talanta*, **71:** 1257 2007.
3. Y. Paitan, I. Biran, N. Shechter, D. Biran, J. Rishpon, and E. Z. Ron, *Anal. Biochem.*, **335:** 175 2004.
4. J. R. Gum, W. K. Kam, J. C. Byrd, J. W. Hicks, M. H. Sleisenger, and Y. S. Kim, *J. Biol. Chem.*, **262**, 1032 1997.
5. A. Giatromanolaki, E. Sivridis, E. Maltezos, and M. I. Koukourakis, *Semin. Oncol.*, **29:** 14 2002.
6. Christudoss P., Selvakumar R., Pulimood A.B., Fleming J.J., Mathew G. *Asian Pacific Journal of cancer prevention* **13**: 487-492 2012.
7. Tsai C.Y., Chen Y.H., Chien Y.W., Huang W.H., Lin S.H. *World Journal of Gastroenterology* **16(27)**: 3371-3376 2010.
8. Wang Q., Zhou Y., Rychahou P., Liu C., Weiss H.L., Evers B.M.. *Cell Death and Disease* **4:** 671 2013.

Губанова А.Б., Фрейнд Г.Г.

Губанова А.Б.- аспирант кафедры патологической анатомии с секционным курсом ПГМА им. ак. Е.А. Вагнера Минздрава России

Фрейнд Г.Г.- профессор, заведующая кафедрой патологической анатомии с секционным курсом Пермской государственной медицинской академии им. ак. Е.А. Вагнера

ЦИТОЛОГИЧЕСКАЯ ОЦЕНКА УЗЛОВЫХ ОБРАЗОВАНИЙ ЩИТОВИДНОЙ ЖЕЛЕЗЫ В ЙОД-ДЕФИЦИТНОМ РЕГИОНЕ

Узловые образования являются частой патологией щитовидной железы (ЩЖ). Их распространенность варьирует от 4-7% в областях с достаточным уровнем йода до 7-20 % в регионах, эндемичных по зобу [1:40;]. Термином «узловые заболевания» обозначают узловой коллоидный зоб, аденомы, «псевдоузлы» при хроническом аутоиммунном тиреоидите (АИТ), различные морфологические варианты рака щитовидной железы (РЩЖ) [1:40;6:13;]. Доброкачественные опухоли в структуре заболеваний ЩЖ составляют 12-30%[1:22;3:42;4:14;]. Распространенность рака в структуре очаговых поражений ЩЖ составляет 5-7% [1:42;6:13;]. В последние годы в практику активно внедряется тонкоигольная аспирационная биопсия (ТАБ) с последующим цитологическим исследованием.

Цель работы – оценить чувствительность и специфичность цитологического метода в дифференциальной диагностике узловых образований щитовидной железы по материлам ТАБ на основании анализа последующего гистологического исследования операционного материала.

Материал и методы. Результаты. Проанализированы результаты ТАБ ЩЖ 942 больных (814 женщин и 128 мужчин) в возрасте от 15 до 80 лет. При цитологическом исследовании материала выделены 4 диагностические категории: 1- доброкачественные изменения; 2- злокачественные изменения 3- изменения, подозрительные на злокачественные;4- недостаточный для исследования материал. Данные ТАБ сопоставили с результатами послеоперационного гистологического исследования. В результате сопоставления был выявлен процент совпадений и расхождений цитологического и гистологического диагнозов, причины несовпадений, оценена роль предположительного цитологического диагноза в диагностике патологии щитовидной железы. По результатам ТАБ доброкачественные изменения были выявлены у 695 (73%) больных, среди них у 673 был диагностирован зоб, в 22 наблюдениях - аутоиммунный тиреоидит. Злокачественные изменения были выявлены у 75 пациентов (7%). Изменения, подозрительные на злокачественность, составили 114 (12%), недостаточный для исследования материал – в 58 случаях. 237 больных (25,2%) из 942 с узловыми образованиями в ЩЖ были прооперированы. У 55 (23,2%) были выявлены доброкачественные изменения, в 182 (76,8%) случаях – злокачественные изменения. В группу с доброкачественными изменениями вошли 37 (15,8%) больных с цитологическими заключениями «фолликулярный зоб». При гистологическом исследовании в этой группе были обнаружены: зоб – 12 (29,7%), АИТ – 2 (5,4%), фолликулярная аденома (ФА) – 8 (21,6%), рак щитовидной железы (РЩЖ) - 15 (40,5%). При анализе цитологического материала нечетко выраженные признаки злокачественности в 15 случаях не позволили установить наличие рака, в 7 случаях рак был обнаружен в одном из узлов многоузлового зоба, что свидетельствует о том, что при пункции материал получен из узла, не содержащего атипических клеток; в 4 случаях гистологически верифицирована микрокарцинома. Группа злокачественных изменений составила 75 (32,2%), при гистологическом исследовании диагноз рака ЩЖ подтвердился у всех пациентов (100%). Группа больных с изменениями, подозрительными на злокачественность, которые трактовались как фолликулярная опухоль, составила 112 (51,9 %). При гистологическом исследовании у 90 (80%) больных подтверждено наличие различных вариантов рака, в 16 (13,6%) гистологически была верифицирована фолликулярная аденома. Выделение данной группы свидетельствует об ограниченных возможностях ТАБ в диагностике некоторых новообразований ЩЖ. Цитологически не всегда удаётся дифференцировать фолликулярную аденому и фолликулярный рак, а также фолликулярный вариант папиллярного рака. Несомненные критерии злокачественности – прорастание опухоли в капсулу и инвазию в сосуды - при цитологическом исследовании определить невозможно. Выраженная фолликулярная пролиферация при гиперклеточном зобе явилась причиной ошибочной диагностики фолликулярной опухоли у 6 (6,4%) больных с зобом. Сходство цитограммы зоба и фолликулярной опухоли явилось причиной неадекватной трактовки материала. Недостаточный для исследования материал 14 (5,9%) пациентов был обусловлен пункцией кистозно измененных узлов, которые содержали жидкость темно-коричневого цвета, в препаратах при этом обнаруживались макрофаги, гемосидерофаги, клеточный детрит, кристаллы холестерина. При гистологическом исследовании операционного материала в этих случаях выявлены рак- 2 (1,1%) ,зоб- 7 (50%),аденома- 5 (35,7%). При сопоставлении результатов цитологического и гистологического исследований совпадение диагнозов составило 193 (86,1%), расхождений 31 (13,9%). В 14 (%) цитологический диагноз не был установлен ввиду неинформативности материала. Показатель чувствительности (результативности) составил 66%. В 13 (34 %) случаях диагноз зоб цитологически не был установлен. Гистологически было верифицировано 35 фолликулярных аденом, из них цитологический диагноз оказался правильным в 16 случаях (45 %). Чувствительность для ФА составила 66%, в 8 случаях аденома не была распознана. Диагноз рака цитологически был установлен правильно у 165 (90%) из 182 больных с злокачественными опухолями. В 75 случаях диагноз был выставлен в утвердительно, а в 90 наблюдениях при цитологическом исследовании изменения были расценены как «фолликулярная опухоль». Показатель чувствительности для РЩЖ составил 91%.

Заключение.

Чувствительность ТАБ с последующим цитологическим исследованием в диагностике доброкачественных поражений ЩЖ составляет 66%, в диагностике рака ЩЖ – 91%.Процент совпадений цитологического и гистологического диагнозов составил 86,1% Расхождения цитологического и гистологического диагнозов наблюдали у 13,9%) больных. Причинами расхождений диагнозов, а также неточной формулировки цитологического заключения в случаях рака ЩЖ являются недостаточное количество материала при пункции доминантных узлов, неинформативность мазка, нечеткость цитологической картины. Диагноз «фолликулярная опухоль» является доминирующим у больных при цитологическом исследовании и служит обоснованием для оперативного лечения. В данной группе РЩЖ диагностирован в 80%. , цитологический диагноз фолликулярной аденомы был подтвержден в 13,6 % наблюдений.

Список литературы

1. Гринёва Е.Н. Тонкоигольная аспирационная биопсия // Врач для диагноза.-2008.-№6. –С 40-45.
2. Гринёва Е.Н. , Малахова Т.В., Цой У.А. Диагностика и лечение кистозно-измененных узлов щитовидной железы // Проблемы эндокринологии.-2008.-Т.54-№ 6.С 12-16.
3. Долгов В.В., Шабалова И.П., Гитель Е.П., Шилин Д.Е. Лабораторная диагностика заболеваний щитовидной железы. - Тверь: «Триада», 2002.- 98 с.
4. Кондратьева Т.Т., Павловская А.И. , Врублевская Е.А. Морфологическая диагностика узловых образований щитовидной железы.// Практическая онкология.-2007.-№ 1.-Т.8,-С 9-16.
5. Трошина Е.А., Мазунина Н.В., Абесадзе И.А. Фолликулярная неоплазия щитовидной железы (лекция) // Проблемы эндокринологии.-2006.-Т.52-№ 1.С 22-25.
6. Фадеев В.В. Узловые образования щитовидной железы. Международные алгоритмы и отечественная клиническая практика //Лечащий врач. - 2002. - №7. - С. 12-16.

Oladipo M.O.[1], Bobylev P.V.[1], Ohije L.D.[2]
[1]Department of Ecology and Environmental Protection, National Metallurgical Academy of Ukraine. Ukraine
[2]Department of Geophysics, National Minning University, Ukraine

THE USE OF GEOGRAPHIC INFORMATION SYSTEM FOR PRE-ASSESSMENT PREPARATION OF A LOTIC WETLAND HEALTH ASSESSMENT: OJO CREEK, NIGERIA

Viewing the earth from space has become essential to comprehend the cumulative influence of human activities on its natural resource base. Mapping programme (Google earth) and Geographic Information System is a computer system that synthesizes, analyses, and display many different types of geographic data in an understandable form.

The study area, Ojo creek is part of Badagry lagoon with latitude 6° 26° N, and Longitude 3° 12° E along the coastal wetland areas of Lagos State, Nigeria. The water body is bordered by heavily built residence areas and market. It is also close to the State University.

The materials and methods used to carry out this experiment includes, Compaq NX 6310 Laptop PC, (1.83 GHZ, 504Mb Ram, 60 Gigabytes HDD, Operating system: Microsoft Windowa XP Professional), Microsoft Encarta Atlas, an electronic encyclopaedia alongside with the mapping programme (Google earth mapping software), and Physical maps of Lagos State Waterways (source: Department of Geography, Lagos State University).

A close study of the physical map of Lagos State Waterways was undertaken and the study area clearly pinpointed. Microsoft Encarta, with an atlas and several cartographic tools including GPS location capability was then accessed for physical maps of Nigeria and further, Lagos. The encyclopaedia map was then use compared with the physical men and a very good locational correlation was noticed. Using the Geographical Positioning System for Ojo on the electronic map, we then activate the mapping programme (Google Earth) and using its latitude/longitude grid pattern, figure 1, located Ojo on a real time streaming satellite picture of Lagos State. The study area was subsequently delineated on the satellite map and its boundaries fixed by coloured virtual pins which are also part of the earth programme. The distances between the points of the test polygon and diagonally within the polygon were determined using the ruler function, figure2, coordinates of the polygon extents were determined and recorded, figure 3.

The results for the GIS coordinates obtained for Ojo creek on the mapping programme shows the locations, represented by yellow placement. The map illustrates how GIS can combine and clearly display many kinds of information for a given geographic area.

The test polygon was subsequently delineated on the satellite map and its boundaries fixed by colour virtual pins which are also part of the Earth programme. The distances between the points of the test polygon were from coordinates 1 to 2: 1.59km, from coordinates 2 to 3: 1.18km, from coordinates 3 to 4: 0.97km, and from 1 to 3: 0.98km respectively. The coordinates of the test polygon were coordinates 1: 6° 26' 38.39" N, 3° 12' 17.62" E; coordinates 2: 6° 27' 22.26" N, 3° 12' 45.79" E; coordinates 3: 6° 26' 57.06" N, 3° 11' 50.38" E, coordinates 4: 6° 27' 22.72" N, 3° 12' 07.75" E, using the ruler function.

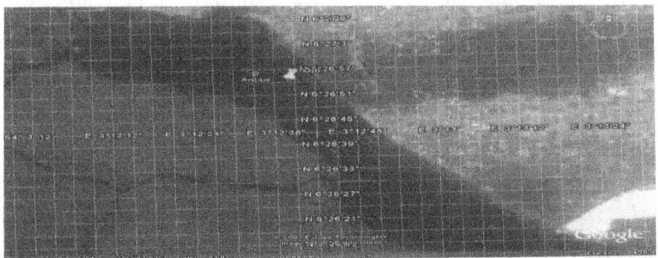

Figure 1: Showing Ojo Creek close up with grid pattern

Figure 2: Showing Ojo creek.

Figure 3: Showing Delineation of Polygon.

By utilizing Geographical Information System mapping technique, a change of designated areas can be monitored and mapped for specific research and analysis.

Reference:
Adamus, P.R. (1983): A method for wetland functional assessment, Vol.1. Report FHWAIP-82-23. US. Department of Commerce, National Technical Information Service, Washington D.C. 53pp.
Wilkie, D.S., and Finn, J.T. (1996): Remote Sensing Imagery for Natural Resources Monitoring. Columbia University Press, New York. 295pp.

Федотова М.Г.
кандидат экономических наук, доцент кафедры иностранных языков №1 РЭУ имени Г.В. Плеханова
Столярова Е.В.
кандидат филологических наук, старший преподаватель кафедры иностранных языков №1 РЭУ имени Г.В. Плеханова

РЕАЛИЗАЦИЯ КОММУНИКАТИВНОГО ПОДХОДА В ОБУЧЕНИИ ИНОСТРАННОМУ ЯЗЫКУ СТУДЕНТОВ ОБЩЕЭКОНОМИЧЕСКОГО ФАКУЛЬТЕТА

Как известно, целью коммуникативно-ориентированного обучения будущих специалистов иностранному языку является формирование коммуникативной компетенции обучаемых, т.е. формирование способности решать языковыми средствами коммуникативные задачи в конкретных формах и ситуациях общения. В общелингвистическом смысле коммуникативная способность есть не что иное, как способность порождать и понимать целостные речевые произведения – дискурсы или тексты. С этих позиций ситуация коммуникативно-ориентируемого обучения может рассматриваться как «ситуация учебного общения» [1; 3], в которой ее участники преподаватель и студенты решают свои специфические задачи по обучению восприятия и порождения дискурсных (текстовых) образований на изучаемом языке.

При таком подходе сам дискурс выступает в такой ситуации как единица обучения речевой деятельности в своем комплексном представлении в виде совокупности ее составляющих, будь то продуктивных – говорение, письмо, рецептивных – слушание, чтение, или сложных – перевод, информационная переработка текста (составление рефератов, аннотаций, конспектов). В таком понимании дискурс в ситуации учебного общения или учебный дискурс трактуется достаточно широко как все, что говорится и пишется в рамках обозначенной ситуации. Поэтому можно говорить, что в каждом виде речевой деятельности коммуникативная компетенция, в конечном счете, формируется на уровне дискурсного образования. Дискурс как комплексный языковой знак более рельефно представляет связь формы и функций, свою принадлежность к социально-культурной ситуации, информационной наполненности.

Модель учебного общения, адекватная модели реальной коммуникации, может быть разработана на основе коммуникативной ситуации как взаимодействия субъектов мышления и познания, столкновения их интересов, мотивов, систем ценностей и мировоззрений. А вербальный продукт такого взаимодействия должен получить фиксированное, «выпуклое» выражение в действиях самих участников в учебном дискурсе, интегрирующем языковые средства.

Осознавая роль учебного дискурса в успешности решения методических задач, а также учитывая значимость речевого продукта как полноценной единицы коммуникации, ряд исследователей ведут поиски возможных путей вплетения этой интерактивной единицы в ситуацию учебного общения, но зачастую связывают их либо с необходимостью описания в учебных пособия только средств формальной связи, либо устанавливают корреляции с особым видом интерактивных упражнений, включающих подробное описание каждого интерактивного шага одного из участников общения в едином речевом акте.

Опираясь на коммуникативно-деятельностную парадигму общения, можно утверждать, что проблема активного овладения языковыми средствами должна решаться путем создания единой модели коммуникации в учебной ситуации, в основании которой будет положена модель типового учебного дискурсного конструкта с его системными взаимосвязями как в плане отработки действий обучаемого по овладению семантико-грамматической и прагматической структурами самого дискурса, так и в плане выработки в области преподавания категории «коммуникативная компетенция» отражающей набор и условия успешной, согласованной коммуникации.

Истинная коммуникация начинается только там, где знания готовых форм оказывается недостаточно, чтобы выразить всю сложность движения человеческой мысли, с присущей субъекту индивидуальностью и неповторимостью. Невозможно овладеть языком как полноценным средством коммуникации, если сохраняется приоритет формы, так как между формой и содержанием существует тесная взаимосвязь, и когда следуют установке воссоздания заданного образца, мысль теряет присущие ей оттенки и нить развития, отражающие специфику сознания человека. Взгляд на учебную деятельность с коммуникативно-функциональных позиций наводит на мысль о том, что обучение, направленное на заучивание готовых форм, препятствует процессу «сотворения» и выражения мысли. То, что в определенных ситуациях владение арсеналом заученных форм достаточно для выражения мыслей, можно объяснить скорее тем, что многие знания имеют привычные, ритуальные (рутинные или обыденные) формы выражения, которые извлекаются из памяти в виде коротких отрезков речи. Действительно, в речи немало стандартного и стереотипного, но то, что выходит на уровень истинной коммуникации в том понимании, как было указано выше, сопровождается поиском средств вербализации мысли как в плане лексического наполнения, так и в плане ее грамматического оформления.

Дискурс как вербальный продукт мыслительного содержания, объединяет в себе все три аспекта гносеологического треугольника – субъект, реальность и язык. В процессе коммуникации партнеры по общению, выражая определенные мысли, не просто подбирают некую объективированную форму для реализации замысла, но сам замысел при этом уточняется и конкретизируется. В акте речи, как подмечает Е.С. Кубрякова [2, 40], рождается нечто новое: сообщение, материализовавшее мысль, демонстрирует единство найденной формы и воплощенного в ней содержания, обогащенного именно потому, что оно наконец-то нашло языковое выражение и может стать достоянием другого.

Дискурс в коммуникативной ситуации учебного общения соответствует интерактивному взаимодействию, т.е ситуацию максимально приближенную к той в которой студенты будут пользоваться языком в реальной жизни.

Обосновывая связь категорий **субъект – коммуникативная ситуация - дискурс** следует отметить, что в смысловом и формальном аспекте дискурс отражает реальную ситуацию: референтно-предметную и коммуникативную, в которой помимо условий протекания общения, на первый план выступает система ориентационных ценностей индивида. Применительно к учебно-речевой деятельности как модели профессиональной коммуникации, эту взаимосвязь можно конкретизировать и обозначить как определенную взаимосвязь компонентов учебной ситуации общения: **обучаемый - обучающий - коммуникативная ситуация - учебный дискурс (вербальный продукт профессионально-ориентированной деятельности).**

Опираясь на идеи коммуникативной лингвистики и психолингвистики, следует подчеркнуть, что модель учебного общения, адекватная коммуникативной модели в ситуации профессионального общения на иностранном языке, в целом, может быть разработана на основе единой модели учебного общения, в основе которой лежит учебный дискурс и взаимосвязанная **с ним система упражнений.**

Такая модель коммуникации успешно применяется на кафедре иностранных языков №1 Российского Экономического Университета имени Г.В. Плеханова при обучении английскому языку студентов общеэкономического факультета. На первом курсе ставится задача формирования у студентов коммуникативной компетенции, которая позволит пользоваться иностранным языком в различных областях профессиональной деятельности. В процессе обучения происходит дальнейшее формирование речевых умений устного и письменного общения на иностранном языке, умений принимать участие в беседе и выражать обширный реестр коммуникативных намерений, соблюдая правила речевого этикета, а также умений воспринимать информацию на слух. Программа обучения характеризуется наличием разнообразной тематики предлагаемых занятий: Личность и внешность человека, Путешествия и туризм, Работа и отдых, Языки и национальная культура, Культуры стран изучаемого языка, Образование и образовательные системы, Дизайн, Наука и техника, Современные тенденции, Мода, Искусство, Средства массовой информации, Реклама и т.д. На втором и третьем курсе обучение направлено на выработку навыков практически свободного общения на профессиональном уровне.

Упражнения являются органической частью обучения на основе дискурса/текста, и закономерным является соответствие их характера структуре коммуникации. Успех обучения во многом зависит от того, насколько в ходе выполнения упражнений обучаемые овладевают этим текстом, учатся общаться на профессиональные темы на уроке, отталкиваясь от модели, заложенной в тексте и постепенно "освобождаясь" от нее, приобретают свободу выражения собственных мыслей.

Помимо упражнений, представленных в учебных пособиях, при обучении студентов общеэкономического факультета разработаны и используются на уроках управляемые творческие упражнения дискуссии/обсуждения на профессиональные темы. Темы дискуссии могут быть различными, затрагивать обозначенные темы определенного раздела учебника, а также выходить за ее рамки.

Важным для подобного вида упражнений является:

- интеграция в обсуждении блока языкового материала, соответствующего этапу обучения, и соотносящаяся с определенным разделом учебника;
- демонстрация в высказываниях преподавателя как способ предъявления языкового материала и побуждающий фактор высказываний обучаемых;
- коррекция ошибок путем переспроса или мгновенной коррекции, чтобы избежать создания барьера в коммуникации обучаемых и соответствия естественному общению;
- канва развития мысли соответствует модели вербального выражения замысла;

- обобщение преподавателем или по заданию преподавателя одним из обучаемых различных точек зрения студентов, фиксирование и выделение спорных вопросов, дальнейшее обсуждение самых значимых из них;
- приведение примеров из бизнеса, мнений гуру по данному вопросу как стимулирующий фактор высказываний и коммуникативной деятельности обучаемых.

Именно творческие упражнения дискуссии/обсуждения позволяют выработать механизм структурирования текста, формирования и формулирования мысли в иноязычном профессиональном общении. Они могут быть основаны на серии взаимосвязанных вопросов в пределах одной или нескольких взаимосвязанных тем, и эти вопросы, будучи предельно универсальными, (могут быть обращены к любому студенту), предполагают неординарный (поскольку апеллирует к личности и мнению), и ответ личностно-специфичен, но формально (с точки зрения грамматики), а также семантически (с точки зрения использования языкового материала) запрограммированный ответ, в свою очередь инициирующий дискуссию. В данном виде упражнений как составной части дискурса отражена также реакция преподавателя и студентов, поскольку именно адекватная реакция собеседника отличает текст-диалог от традиционных вопросно-ответных упражнений. Теория и практика обучения английскому языку на общеэкономическом факультете подводят нас к выводу о том, что дискурс в коммуникативной ситуации учебного общения позволяет студентам успешно усваивать механизмы речетворчества и использования изучаемого лексического материала, и дискуссии/обсуждения как творческий вид упражнений являются эффективным способом коммуникативного обучения профессиональному общению.

ЛИТЕРАТУРА

1. *Леонтьев А.А.* Педагогическое общение. - М.: Знание, 1979. - 185 с.
2. *Кубрякова Е.С.* Номинативный аспект речевой деятельности. - М.: Наука, 1986.-150 с.
3. *Кудрявцева Т.С.* Понятие дидактической и методической адекватности учебных текстов. //Проблемы функционирования языка.-М.:ИЯ АН СССР, 1987. с.57-61.

Шалева Л.Б.
доцент, к.п.н., ФГБОУ ОГУ
ludmila_shaleva@mail.ru

К ПРОБЛЕМЕ МАТЕМАТИЧЕСКОЙ ПОДГОТОВКИ УЧИТЕЛЯ НАЧАЛЬНЫХ КЛАССОВ

Вопросы о качестве математической подготовки педагогов для начальной и средней школы актуален всегда. В связи с внедрением ФГОС третьего поколения в высшую школу и новых Федеральных государственных образовательных стандартов в начальную, острота проблем подготовки учителя не стала меньшей. На сегодня их условно можно разделить на предметные (традиционные, знаниевые) и связанные с формированием профессиональных компетенций через учебный предмет. Многолетний опыт работы со студентами–заочниками, учителями начальной школы, анализ текущей успеваемости, итоговой государственной аттестации, отзывы работодателей свидетельствуют о том, что в целом выпускники владеют запасом теоретических знаний, необходимых для обоснования начального курса математики, изучаемого младшими школьниками. Обзор публикаций по проблеме [1,32-40;2,103-106;4,3-8] показывает, что по ряду специальных компетенций в предмете «Математика» у учителей достаточно высок уровень знаний и умений для теоретического обоснования изучаемого в начальной школе материала (речь идет о студентах, имеющих среднее профессиональное педагогическое образование). Они показывают неплохие результаты выполнения ряда заданий, связанных с изучением основных разделов школьной математики (процент выполнения от 80 до 90). К ним можно отнести: «Арифметические действия над натуральными и рациональными числами» (действия над натуральными числами, обыкновенными дробями, в том числе свойства арифметических действий для рационализации вычислений), «Работа с данными» (использование информации, представленной на диаграммах для проверки правильности утверждений), «Прямая и обратная пропорциональные зависимости» (решение задач с пропорциональными величинами путем приведения их к единице и оценки их возможного решения в начальной школе), «Площадь фигуры» (формальное использование формул периметра и площади прямоугольника) и некоторые другие.

Однако при изучении основных понятий школьного курса математики, на теоретическое изложение которых в вузовском курсе математики отводится достаточное время, студенты испытывают затруднения и показывают слабые знания. Приведем некоторые примеры. По окончании рассмотрения темы «Элементы теории множеств», которая лежит в основе теоретико-множественного подхода к понятию целого неотрицательного числа, была проведена контрольная работа, включающая как базовые, так и достаточно серьезные задачи на проверку (с использованием диаграмм Эйлера-Венна) и доказательство дистрибутивных законов пересечения и объединения множеств относительно друг друга. С предложенной работой справилось большинство студентов (эта тема рассматривалась и в курсе теоретических основ изучения математики в педагогическом колледже). На курсовом экзамене были предложены несложные задачи из темы на установление верности равенства (включения) множеств, способов проверки, изменения равенства (включения) в случае его неверности. Эти задания проверяли профессиональную математическую подготовку учителей и их умения найти путь, способ, необходимую информацию для решения задания (студенту разрешалось использовать лекции, учебники), что необходимо учителю для формирования умения учиться у школьников[3].

К сожалению, с заданиями такого вида большинство студентов не справилось. Полученные результаты свидетельствуют прежде всего о формальных знаниях выпускников, об отсутствии ясных теоретико-множественных представлений, что усложняет целостное восприятие целого ряда содержательно-методических разделов курса математики, в том числе линию изучения рациональных и действительных чисел, свойств числовых множеств, линию изучения алгебраического материала, элементов комбинаторики и др.

Учитель, преподающий математику в 1-4 классах, должен знать ответы на возможные вопросы учеников: А есть ли числа между дробями 1/6 и 1/5? Сколько чисел располагается между этими дробями? Можно ли решить уравнение вида $3x-5=0$; $x+2=0$? Постановка таких вопросов младшими школьниками, осваивающими математику в соответствии с ФГОС второго поколения, вполне возможна, и учитель должен быть готов на них ответить.

Литература

1. Бодряков В.Ю. Об одной насущной проблеме математического педагогического образования учителей // Математика в школе. 2013. №7.

2. Денищева Л.О., Камаев П.М. О подготовке учителя начальных классов к обучению математике // Начальная школа. 2013. №3.

3. Федеральный государственный образовательный стандарт начального общего образования. М., 2010.

4. Чашанов М.А. Математика - Российский бренд. Как его сохранить? Математика в школе. 2013. №4.

Суховей А. И., Суховей Л. В.
преподаватель высшей категории ГБОУ СПО Новосибирской области «Новосибирский радиотехнический колледж», suhovey2001@mail.ru;
преподаватель первой категории ГБОУ СПО Новосибирской области «Новосибирский радиотехнический колледж», suhovey2001@mail.ru

РОЛЬ ТЕХНИЧЕСКОГО ТВОРЧЕСТВА В ФОРМИРОВАНИИ ОБЩЕЙ И ПРОФЕССИОНАЛЬНОЙ КОМПЕТЕНТНОСТИ БУДУЩИХ СПЕЦИАЛИСТОВ В ОБЛАСТИ РАДИОЭЛЕКТРОНИКИ

Одной из основных тенденций современного образования является введение компетентностного подхода к обучению, обусловленное изменениями требований к подготовке конкурентоспособного выпускника.

Компетентностный подход предполагает такую организацию учебного процесса, которая обеспечивает развитие у студента способностей решать различной сложности профессиональные задачи: находить, анализировать, обрабатывать полученные сведения, адекватно передавать необходимую информацию, успешно взаимодействовать с окружающими людьми, работать в группе, владеть механизмами планирования, анализа, критической рефлексии, самооценки собственной деятельности в нестандартных ситуациях или в условиях неопределенности, владеть эвристическими методами и приемами решения возникших проблем. Можно сказать, что компетентностный подход является усилением практического, прикладного характера образования.

В результате обучения студент должен приобрести определенные компетенции. **Компетенции**, по определению А. В. Хуторского, - это «совокупность взаимосвязанных качеств личности (знаний, умений, навыков, способов деятельности), необходимых для того, чтобы продуктивно действовать в социуме», а **компетентность** – «владение человека соответствующей компетенцией, включая его личностное отношение к ней и предмету деятельности» [4].

Таким образом, направленность современного образования связана с формированием общих и предметных компетенций выпускника, с его функциональной грамотностью. Выпускник должен владеть не только информированностью в различных областях науки, но и современным мышлением, умением принимать решения в различных жизненных ситуациях, строить гармоничные отношения с окружающим миром, адаптироваться к новым условиям, быть коммуникабельным.

Система подготовки современного специалиста в области радиоэлектроники, на наш взгляд, не должна ограничиваться рамками учебного процесса.

Большую роль в расширении кругозора учащихся по специальности, в обогащении их практического профессионального опыта, в формировании самостоятельности выбора решений и творческого профессионального мышления мы отводим совместному техническому творчеству студентов с преподавателями.

В Новосибирском радиотехническом колледже подготовка специалистов в области радиоэлектроники ведется по трем специальностям в соответствии с ФГОС СПО: 210413 Радиоаппаратостроение, 210414 Техническое обслуживание и ремонт радиоэлектронной техники (по отраслям), 210420 Техническая эксплуатация транспортного радиоэлектронного оборудования (по видам транспорта).

Техническое творчество, которым студенты колледжа занимаются во внеурочное время, способствует формированию у них следующих **общих** (ОК) и **профессиональных** (ПК) компетенций: **ОК** - проявлять устойчивый интерес к будущей профессии; организовывать собственную деятельность, выбирать типовые методы и способы выполнения профессиональных задач, оценивать их эффективность и качество; принимать решения в стандартных и нестандартных ситуациях и нести за них ответственность; осуществлять поиск и использование информации, необходимой для эффективного выполнения профессиональных задач, профессионального и личностного развития; работать в коллективе и команде и др.; **ПК** – выполнять сборку, монтаж, настройку и регулировку радиотехнических систем, устройств и блоков, проводить их испытания, определять причины неполадок и др. [2; 3; 4].

Студенты колледжа под нашим руководством моделируют и изготавливают радиоэлектронные устройства различного назначения, например, **радиоэлектронный тир**, назначение которого – своей красочностью и интерактивностью привлекать внимание потенциальных абитуриентов во время проведения дней открытых дверей, ярмарок профессий, различных встреч со школьниками; **светомузыкальная установка** для оснащения актового зала колледжа, **стенды по радиоэлектронике** для проведения лабораторных занятий по специальным дисциплинам и др.

Все стадии работы (общее планирование и планирование отдельных этапов, моделирование радиоэлектронной схемы устройства, изготовление и монтаж печатных плат и устройства в целом, настройка изделия и др.) осуществляются студентами совместно с преподавателями, руководящими техническим творчеством. Считаем очень важным, чтобы преподаватель предоставлял учащимся самостоятельность в выборе решений, сдерживал себя от навязывания собственного видения, внося корректировки только в случае крайней необходимости.

Таким образом, с помощью технического творчества мы решаем одновременно как минимум две задачи: первая – педагогическая - связана с воспитанием различных личностных и профессиональных качеств учащихся, вторая – на первый взгляд, чисто прагматическая – оснащение колледжа, привлечение абитуриентов и т. п. На самом деле, и вторая, прагматическая, задача починена педагогической, так как студенты, выполняя и презентуя данные проекты, осознают значимость для общества своей будущей профессии, учатся общаться и работать в коллективе и т. д., то есть овладевают, наряду с профессиональными, и общими компетенциями, в том числе социальными.

Огромную значимость для социализации учащихся имеет презентация результатов их технического творчества во «внешнем мире». Это выступления на студенческих научно-практических конференциях, форумах, круглых столах, участие в выставках и конкурсах технического творчества, конкурсах студенческих проектов и т. п. Опыт участия в таких мероприятиях, несомненно, значительно обогащает студентов: способствует формированию навыков публичного выступления, расширяет их кругозор, позволяет ощутить значимость своей будущей профессии и пережить состояние собственного успеха.

Таким образом, занятия техническим творчеством являются гармоничным дополнением теоретических, практических и лабораторных занятий, предусмотренных учебным планом подготовки специалистов в области радиоэлектроники.

Литература

1. Федеральный государственный образовательный стандарт среднего профессионального образования по специальности 210413 Радиоаппаратостроение от 25.01.2010 № 72 [Электронный ресурс]. URL: http://www.edu.ru/db-mon/mo/Data/d_10/prm72-1.pdf (дата обращения: 14.12.2013).
2. Федеральный государственный образовательный стандарт среднего профессионального образования по специальности 210420 Техническая эксплуатация транспортного радиоэлектронного оборудования (по видам транспорта) от 05.04.2010 № 270 [Электронный ресурс]. URL: http://www.edu.ru/db-mon/mo/Data/d_10/prm270-1.pdf (дата обращения: 14.12.2013).
3. Федеральный государственный образовательный стандарт среднего профессионального образования по специальности 210414 Техническое обслуживание и ремонт радиоэлектронной техники (по отраслям) от 25.02.2010 № 148 [Электронный ресурс]. URL: http://www.edu.ru/db-mon/mo/Data/d_10/prm148-1.pdf (дата обращения: 14.12.2013).
4. Хуторской А. В. Ключевые компетенции и образовательные стандарты: докл. на отд. философии образования и теории педагогики РАО (23 апр., 2002) // Центр «Эйдос» [Электронный ресурс]. URL: http://www.eidos.ru/journal/2002/0423.htm (дата обращения: 07.08.2012).

Ленская Е.В.
аспирант
Российский государственный университет
физической культуры, спорта, молодежи и туризма (ГЦОЛИФК)
г. Москва, Российская Федерация
LenaL.LEV@gmail.com

ПРИНЦИПЫ ПОДГОТОВКИ НАЧИНАЮЩИХ ТАНЦОРОВ В СПОРТИВНЫХ ТАНЦАХ

Данная статья посвящена работе со спортсменами в спортивных танцах на начальном этапе их подготовки. Каждый тренер, несмотря на общие подходы к обучению, разрабатывает свою индивидуальную методику и от того, насколько грамотно построена работа педагога, насколько правильно он разделил технические умения на более и менее сложные по освоению и исполнению для начинающего танцора, на первичные и вторичные (с точки зрения последовательности их освоения), зависит успешность дальнейшего спортивного совершенствования спортсмена на протяжении его дальнейшей карьеры [2, с. 92].

Подготовка спортсмена-танцора представляет собой сложный педагогический процесс, осуществляемый на основе ряда закономерностей, принципов как общепедагогических, так и характерных только для физического воспитания и спортивной тренировки.

Ниже мы рассмотрим общепедагогические принципы физического воспитания [3, с. 85] в их проекции на процесс спортивного совершенствования юного танцора в спортивных бальных танцах.

Принципы сознательности и активности

Принцип сознательности и активности базируется на устойчивом интересе детей к танцам. В процессе становления танцора ребенок является не объектом, а субъектом деятельности, что возможно при условии наличия у него адекватных мотивов к занятиям спортом, связанных не только с формой, но и с содержанием занятий. Желание стать лучше, чем был, больше знать и уметь побуждает маленького танцора быть активным, охотно включаться в совместную с тренером работу. Сознательное отношение формируется благодаря увеличению у детей объема знаний о спорте вообще, о спортивных танцах, о закономерностях тренировочного процесса и о ценности физического воспитания. По мере взросления ученики получают возможность самостоятельно расширять свой кругозор, используя литературу, материалы интернета, посещая различные уроки и семинары.

Принцип наглядности

В основе принципа лежит закон единства логического мышления и чувственного восприятия. Для детей особенно важно получать информацию при помощи различных органов чувств: тренер объясняет и описывает, показывает, предлагает попробовать, демонстрирует видео, использует в работе тренажеры и вспомогательные предметы, то есть создает запас разнообразных чувственных впечатлений у учащегося, которые тот сможет синтезировать в целостную картину действия, фигуры или танца. Детское восприятие со временем становится более сложным, приобретая способности дифференцировать поступающую извне информацию, целенаправленно наблюдать, анализировать, для чего преподаватель предлагает специальные задания и при необходимости оказывает помощь.

Принципы индивидуальной доступности и успешности

Принцип доступности предполагает учет возможностей каждого ребенка при определении величины предлагаемой нагрузки. Под доступными нагрузками понимают оптимальные по величине нагрузки, выполнимые, но не слишком легкие. Однако некоторые задания могут быть достаточно сложными и ориентировать спортсмена на так называемую зону ближайшего развития [1, с. 180]. Доступность предлагаемого для изучения материала предполагает также физическую готовность танцора к исполнению тех или иных действий танца, к формированию и удержанию рабочей позы в танце.

Правильно подобранные упражнения и их объем призваны обеспечить развитие и спортивный рост ученика, избегая при этом возможных негативных последствий.

При работе с начинающими детьми в рамках массового спорта наряду с принципом доступности уместно выделить принцип успешности, предусматривающий такую скорость индивидуального спортивного роста, при которой ребенок сможет чувствовать себя успешным во время тренировок и соревнований, не терять интереса к занятиям, веры в себя и желания танцевать.

Принципы систематичности и прогрессирования

Принцип систематичности предполагает рассмотрение каждого отдельного занятия с детьми не изолированно, а в контексте всего учебно-тренировочного процесса. Любая тренировка в таком случае, как звено единой цепи, является логическим продолжением предыдущей и началом следующей. Локальная задача одного занятия будет определена с учетом задач ближайших занятий и цели, поставленной перед разделом или курсом. Регулярные занятия танцами приносят большую пользу, чем эпизодические, поэтому совершенствование мастерства юных спортсменов возможно при грамотно составленном графике тренировок и соблюдении спортсменом тренировочного режима. В соответствии с принципом прогрессирования, знания и умения, приобретаемые танцорами на занятиях, призваны служить прочной базой для дальнейшего совершенствования в избранном виде спорта. Этот принцип предполагает постановку перед детьми новых, все более трудных заданий, постепенное увеличение объема и интенсивности физических нагрузок. При этом переход к более сложным действиям и фигурам танца должен происходить по мере закрепления навыков выполнения уже изученных, а увеличение объема нагрузок — по мере адаптации организма к физическим нагрузкам. Следует помнить, что для достижения положительного эффекта от тренировок педагогу необходимо также учитывать доступность предлагаемого на занятиях материала.

Деятельность тренера, работающего с начинающими танцорами, достигает намеченной цели, когда педагогическая практика согласуется с общеметодическими принципами воспитания. Вот почему так важно выстраивать работу в соответствии с данными закономерностями.

Список использованной литературы

1. Выготский, Л.С. Мышление и речь / Л. С. Выготский. - Изд. 5-е, испр. – М.: Лабиринт, 1999. - 352 с.
2. Ленская, Е.В. Одиночное танцевание как этап подготовки начинающих спортсменов в спортивных танцах / Е.В. Ленская, М.В. Сахарова // Ученые записки университета им. П.Ф. Лесгафта. – 2013. – № 9 (103). – С. 91-94.
3. Матвеев, Л.П. Теория и методика физической культуры (общие основы теории и методики физического воспитания; теоретико-методические аспекты спорта и профессионально-прикладных форм физической культуры): учебник для ин-тов физ. культуры / Л.П. Матвеев. — М.: Физкультура и спорт, 1991. — 543 с.

Рындак В.Г.
доктор пед. наук, профессор
Елисеева Д.С.
аспирант
ФГБОУ ВПО «Оренбургский государственный педагогический университет»

МОНИТОРИНГ СФОРМИРОВАННОСТИ ПОЗНАВАТЕЛЬНЫХ УНИВЕРСАЛЬНЫХ УЧЕБНЫХ ДЕЙСТВИЙ МЛАДШЕГО ШКОЛЬНИКА КАК ПЕДАГОГИЧЕСКАЯ ПРОБЛЕМА

В условиях введения ФГОС – II одной из основных задач, стоящих перед педагогическим сообществом является не только формирование и последующее развитие, но и оценка уровня сформированности универсальных учебных действий, которые обеспечивают формирование у младшего школьника «умения учиться».

Уточним, что ряд исследователей утверждает, что развивать или формировать *действия* невозможно, их можно только выполнять [12, с. 13]. По мнению А.В. Хуторского, развиваться могут только умения осуществления действий, соответствующие навыки или способности [12, с. 13].

Однако, если рассматривать, например, феномен познавательных универсальных действий не в узко психологическом смысле как «структурную единицу деятельности субъекта, воплощающую осознаваемую им цель», а как *способность* субъекта к организации учебно-познавательной деятельности, к познавательному развитию, которое рассматривается как формирование у учащихся научной картины мира, развитие способности управлять своей познавательной и интеллектуальной деятельностью, овладение методологией познания, стратегиями и способами познания и учения, развитие репрезентативного, символического логического и творческого мышления, продуктивного воображения, произвольных памяти и внимания, рефлексии [11, с. 7], то можно утверждать о возможности формирования и, следовательно, определения уровня сформированности познавательных универсальных учебных действий младшего школьника.

В контексте ФГОС-II планируемые результаты освоения основной образовательной программы начального общего образования являются одним из важнейших механизмов реализации требований Стандарта к результатам обучающихся, освоивших основную образовательную программу.

В рамках ФГОС – II планируемые результаты приводятся в блоках «Выпускник научится» и «Выпускник получит возможность научиться».

Блок «Выпускник научится» ориентирует пользователя в том, какой уровень освоения опорного материала ожидается от выпускников. Блок «Выпускник получит возможность научиться» описывает цели, «характеризующие систему учебных действий в отношении знаний, умений и навыков, расширяющих и углубляющих систему опорного учебного материала» [7, с. 35].

Рассмотрим планируемые результаты формирования познавательных универсальных действий младшего школьника более подробно, выделив в них вслед за авторами ФГОС – II (А. Г. Асмолов, Г. В. Бурменская) два блока.

Итак, в сфере познавательных универсальных действий выпускник начальной школы **научится** осуществлять поиск необходимой информации для выполнения учебных заданий с использованием учебной литературы и открытого информационного пространства. Более того, ученик научится осуществлять запись выборочной информации об окружающем мире и о себе самом, в том числе с помощью инструментов ИКТ [7, с. 39 - 40].

В рамках познавательных универсальных действий блок «Выпускник научится» также включает использование знаково-символических средств; построение сообщений в устной и письменной форме; ориентацию в разнообразных способах решения задач; овладение основами смыслового чтения; выделение существенной информацию из сообщений разных видов. Закончив курс начального общего образования, ученик овладеет основными логическими операциями. Ученик научится анализировать объекты с выделением существенных и несущественных признаков; научится осуществлять синтез, сравнение, сериацию и классификацию; устанавливать причинно-следственные связи в изучаемом круге явлений; строить рассуждения в форме связи простых суждений об объекте; обобщать; осуществлять подведение под понятие на основе распознавания объектов, выделения существенных признаков и их синтеза; устанавливать аналогии. Более того, ученик овладеет рядом общих приёмов решения задач [7, с. 39 - 40].

Выпускник начальной школы **получит возможность** в полной мере овладеть ИКТ – компетенцией и научится строить логическое рассуждение, а также произвольно и осознанно владеть общими приёмами решения задач [7, с. 40].

Заметим, что достижение планируемых результатов группы «Выпускник научится» в отличие от результатов блока «Выпускник получит возможность научиться» выносится на итоговую оценку, которая может осуществляться как в ходе освоения данной программы (с помощью накопительной оценки или портфеля достижений), так и по итогам её освоения (с помощью итоговой работы).

Таким образом, необходимость мониторинга результатов освоения познавательных универсальных действий делает актуальной проблему определения уровней сформированности познавательных учебных действий.

Анализ психолого - педагогической литературы показывает, что большинство исследователей (В.П. Беспалько, Г.В. Репкина, Е.В. Заика, Н.Ф. Талызина) в качестве основания для определения уровней сформированности учебных действий используют такие диагностические признаки, как самостоятельность и осознанность выполнения действия, а также возможность его адекватного переноса из известной, типичной ситуации в новую, неизвестную.

Самостоятельность определяется как «способность личности к деятельности, совершаемой без вмешательства со стороны» [5, с. 303]. Самостоятельность выполнения универсального учебного действия предполагает определенный уровень самостоятельности учащегося во всех его структурных компонентах: от постановки проблемы до осуществления контроля, самоконтроля и коррекции с диалектическим переходом от выполнения простейших видов работы к более сложным, носящим поисковый характер.

Сознательность или осознанность действия проявляется в способности правильно понимать и оценивать окружающую действительность, осмысливать собственные действия и их результаты в соответствии с целями и мотивами учения. Сознательность выполнения учебного действия характеризуется также осознанием ответственности за учебные достижения, активностью и самостоятельностью при усвоении и применении знаний.

Под переносом исследователями (Н.А. Менчинской, Д.Н. Богоявленским) понимается использование учащимися имеющихся знаний и приемов умственной деятельности новые условия [2, с. 131].

Сформированные познавательные универсальные учебные действия являются компонентом учебно-позавательной компетентности. В связи с этим интерес представляют уровни обучения или уровни усвоения, предложенные В.П. Беспалько [1].

Понимая под уровнем усвоения или уровнем обучения – способность учащегося выполнять некоторые целенаправленные действия для решения определенного класса задач [1, с. 45], В.П. Беспалько выделяет четыре уровня обучения в зависимости от качественных особенностей посильных для выполнения учеником дидактических задач: уровень знакомства, уровень репродукции, уровень умений, уровень трансформации.

Для осуществления уровня знакомства все возможности для принятия решения должны быть представлены во внешнем плане, чтобы учащийся мог оперировать наглядно-образным или наглядно-действенным мышлением.

На уровне репродукции преобладает вербальное мышление, которое дает учащемуся возможность «осуществлять словесное описание действия с объектом изучения, анализировать различные действия и их вербальные исходы» [1, с. 47].

Уровень умений предполагает способность учащихся «применять усвоенную информацию в практической сфере для решения некоторого класса задач и получения субъектно-новой информации» [1, с. 48]. Таким образом, данный уровень характеризуется решением задач на основе ранее усвоенного образца.

На уровне трансформации становится возможным решение любого класса задач за счет переноса усвоенных умений и ориентировки в новых ситуациях с последующей выработкой в процессе деятельности принципиально новой программы принятия решений и действий [1, с. 48].

Г.В. Репкина, Е.В. Заика выделяют шесть уровней сформированности учебных действий. Первый уровень характеризуется отсутствием учебных действий как целостных единиц деятельности. Отличительная особенность второго уровня – выполнение учебных действий в сотрудничестве с учителем. На третьем уровне учащийся неадекватно переносит учебные действия. Четвертый уровень характеризуется адекватным переносом учебных действий из знакомой ситуации в незнакомую в сотрудничестве с учителем. На пятом уровне учащийся способен самостоятельно строить учебные цели, а на шестом обобщать учебные действия, проявляя творческое отношение к способам действия [9, с. 26 - 27].

Опираясь на теорию В.П. Беспалько и на уровни сформированности учебных действий, выделенные Г.В. Репкиной и Е.В. Заикой, мы выделим пять уровней сформированности познавательных универсальных учебных действий младшего школьника: недопустимый уровень, уровень понимания, репродуктивный, продуктивный и творческий уровни, диагностические признаки которых представлены в таблице 1.

Таблица 1.
Диагностические признаки уровней сформированности познавательных универсальных учебных действий младшего школьника

Уровень	Название уровня	Основные диагностические признаки
1	Творческий	Учащийся свободно и осознанно выполняет действие в известной сфере деятельности, но в непредвиденных ситуациях. Учащийся создает новые правила, алгоритмы действий на основе развернутого, тщательного анализа условий познавательной задачи и ранее усвоенных способов деятельности.

		Обобщение ПУУД на основе выполнения общих принципов построения новых способов действий и выведение нового способа для каждой конкретной задачи [4, с. 172]. Действие учащегося автоматизировано, свернуто и безошибочно.
2	Продуктивный	Учащийся использует приобретенные умения в нетиповых ситуациях, адекватно перенося ПУУД на новые виды задач. Учащийся самостоятельно обнаруживает несоответствие между условиями задачи и имеющимися способами её решения, при этом правильно изменяя способ решения познавательной задачи в сотрудничестве с учителем.
3	Репродуктивный	Учащийся выполняет каждую операцию в составе ПУУД в сотрудничестве с учителем, опираясь на подсказку (требуются разъяснения для установления связи отдельных операций и условий задачи) или намек, действует по образцу, подражая действиям учителя или сверстников. Учащийся неадекватно переносит ПУУД на новые виды задач. При изменении условий задачи учащийся не может самостоятельно внести коррективы в действие.
4	Понимание	Отсутствие ПУУД как целостных единиц: учащийся знаком с данным действием, но выполняет лишь отдельные операции, не планируя и не контролируя свои действия. Учащийся полностью копирует действия учителя. Учебная задача подменяется задачей заучивания и воспроизведения.
5	Недопустимый	Учащийся совершенно не владеет ПУУД. Отсутствует опыт учебно-познавательной деятельности. Отсутствует осознание содержания учебных действий. Неспособность дать отчет о них ни самостоятельно, ни с помощью учителя. Навыки приобретаются с трудом и являются крайне неустойчивыми [9, с. 27].

Таким образом, нами представлена общая модель оценки уровней сформированности познавательных универсальных учебных действий младшего школьника. Однако познавательные универсальные учебные действия представляют собой сложную, целостную систему, каждый компонент которой требует индивидуального подхода к отбору критериальных признаков сформированности в соответствии с особенностями того или иного вида познавательных универсальных учебных действий младшего школьника.

Рассмотрим подробнее критериальные признаки сформированности познавательных универсальных учебных действий младшего школьника на примере логических действий.

Итак, обучение в начальной школе направлено в первую очередь на развитие мышление учащихся через формирование универсальных логических действий, которые имеют наиболее общий характер и направлены на установление связей и отношений в любой области знаний. Сформированные логические действия определяют характер логического мышления, т. е. «способность и умение учащихся проводить как простые логические действия, так и составные логические операции» [8].

Таким образом, универсальные логические действия младшего школьника представлены в рамках ФГОС – II в виде важнейших умственных операций. А именно: анализ, синтез, сравнение, сериация, классификация, подведение под понятия, выведение следствий и установление причинно – следственных связей, построение логической цепи рассуждений с привлечением доказательной базы, а также выдвижение гипотез и их обоснование.

Универсальные логические действия являются в начальной школе как средством, так и целью обучения. Если изначально содержание таких учебных предметов как математика, русский язык, окружающий мир направлено на формирование у младших школьников элементарных навыков анализа, синтеза, классификации и т.д., то впоследствии данные логические действия становятся важным компонентом в овладении более сложными познавательными действиями. Например, постановка и решение творческих и проектных задач, смысловое чтение невозможны без анализа, синтеза, обобщения, классификации, сериации и т.д.

Дадим краткую характеристику каждому из представленных универсальных учебных логических действий.

Под **анализом** в психологии понимается мысленное расчленение чего-либо на части или мысленное выделение отдельных свойств предмета [6, с. 317].

Синтез – умственная операция, противоположная анализу. Таким образом, синтез – это мысленное соединение частей предметов или явлений в одно целое, а также мысленное сочетание отдельных их свойств [6, с. 317]. Значение анализа и синтеза в процессе мышления сложно недооценивать, так как именно эти два процесса, будучи всегда связанными с другими мыслительными действиями, непременно присутствуют при решении относительно сложной умственной задачи.

Еще одним логическим действием, без которого невозможно полноценное успешное обучение в начальной школе, является **сравнение**. Сравнение основано на установлении сходства и различия между предметами реального мира.

Абстракция – это мысленное отвлечение от каких-либо частей или свойств предмета для выделения его существенных признаков [6, с. 218]. Благодаря явлению абстракции становится возможным выделение части предмета или его свойства из всего потока воспринимаемой нами информации. Абстракция также используется при образовании и усвоении новых понятий, так как понятие – это ни что иное, как отражение существенных признаков, общих для класса предметов или явлений. Более того, без абстракции невозможно образование и усвоение абстрактных понятий, являющихся основанием абстрактного мышления.

Конкретизация – это представление чего-либо единичного, что соответствует тому или иному понятию или общему положению. Конкретизация по своей сущности противоположна абстракции и направлена на восприятие и представление предметов во всем многообразии их свойств, признаков и в тесном сочетании одних признаков с другими. Конкретизация, являясь по существу примером или иллюстрацией чего-либо, имеет особое значение для младшего школьника, который только начинает осваивать основы учебно-познавательной деятельности и научные понятия. Известно, что, конкретизируя общее понятие, младшие школьники лучше понимают его.

С умственными операциями анализа, синтеза, абстракции и конкретизации тесно связаны такие логические действия, как обобщение, доказательство, подведение под понятие, а также аналогии.

Обобщение определяется как генерализация и выведение общности для целого ряда или класса единичных объектов на основе выделения сущностной связи.

Подведение под понятие – это распознавание объектов, выделение существенных признаков и их синтез.

Аналогия является умозаключением, в котором на основе сходства предметов или элементов в одном отношении делается вывод об их сходстве в другом отношении. Способность рассуждать по аналогии рассматривается в качестве одной из основных операций, определяющих общий фактор интеллекта [8].

Доказательство – установление причинно-следственных связей, построение логической цепи рассуждений.

Сериация заключается в упорядочении объектов по изменяющимся признакам [8].

Классификация предполагает выбор оснований и критериев для отнесения объектов к определенной группе. Также как и сериация, классификация является необходимым условием понятия числа. Отметим значение овладения действием классификации в процессе обучения. Начинаясь с непосредственного образования классов объектов, классификация обеспечивает постепенный переход к решению задач на сериацию и классификацию одновременно с последующим переходом от одних средств изображения к другим, например к схемам или таблицам. А это в свою очередь необходимое условие овладения знаково-символическими универсальными действиями, без которых невозможно представить современный процесс обучения и познания, когда информация все чаще представляется сжато, компактно в виде схем, диаграмм, таблиц, графиков.

Уточним, что логические действия являются по форме умственными действиями, т. е. действиями во внутреннем плане, без опоры на внешние средства [2, с. 126]. В связи с этим представляется целесообразным отбор в качестве критериев сформированности логических действий свойств умственных действий, предложенных П.Я. Гальпериным [3]. Согласно теории поэтапного формирования умственных действий, показателями сформированности умственного действия являются его следующие свойства: разумность, обобщенность, сознательность, критичность.

В работах Н.Ф. Талызиной и П.Я Гальперина *разумность* определяется как ориентировка учащихся на всю систему объективных существенных признаков и отношений [3, с. 178; 10, с. 161]. Под *обобщенностью* понимается возможность применять действие в диапазоне обстоятельств, при которых действие должно быть успешно выполнено [3, с. 177]. Это также способность субъекта выделять существенные отношения действия из многообразия тех конкретных условий, в которых ему приходиться действовать [3, с. 178]. *Сознательность* или осознанность действия П.Я. Гальперин определил, как возможность человека дать словесный отчет о своем действии [3, с. 178]. *Критичность* действия - это критичность по отношению к избранным критериям, это сопоставление критериев с действительностью, по отношению к которой они взяты [3, с. 179].

Таким образом, критериальные признаки сформированности универсальных логических действий младшего школьника представлены в таблице 2.

Таблица 2.

Характеристика критериальных признаков сформированности логических универсальных учебных действий младшего школьника

Критерии	Уровни	
	творческий	продуктивный
1	2	3
— разумность — обобщенность — сознательность — критичность	Из множества отношений между вещами и обстоятельствами учащийся самостоятельно выбирает те признаки и отношения, которые существенны для выполнения этого действия. Действие успешно выполняется при широком диапазоне обстоятельств. Учащийся всегда правильно аргументирует свои действия. Учащийся не просто применяет избранные критерии к самому действию, но и оценивает сами критерии, понимая, на каком основании они были отобраны им.	В большинстве случаев учащийся успешно справляется с задачей выбора тех признаков и отношений, которые существенны для выполнения данного действия. Учащийся успешно выполняет действия в непредвиденных обстоятельствах в рамках изученной проблемы и стремится к адекватному переносу действия из знакомой ситуации в полностью незнакомую. Учащийся правильно аргументирует свои действия. Учащийся, как правило, понимает, на каком основании им были выбраны те или иные критерии для выполнения действия. Однако возможны затруднения, которые решаются учащимся самостоятельно.

Продолжение Таблицы 2.

Уровни		
репродуктивный 4	понимание 5	недопустимый 6
Учащийся успешно справляется с задачей выбора признаков и отношений, существенных для данного действия, только при помощи учителя, его намека или подсказки. Диапазон обстоятельств, в которых действие может быть выполнено успешно, ограничен типичной, знакомой ситуацией. Перенос действия из знакомой ситуации в незнакомую является неадекватным. Часто учащийся затрудняется дать правильную аргументацию своим действиям. В этом случае ему необходима опора или помощь учителя. Учащийся применяет выбранные им критерии, не оценивая их, действуя по заранее известному алгоритму.	Отсутствие познавательных универсальных учебных действий как целостных единиц; учащийся знаком с данным действием, но выполняет лишь отдельные операции, не планируя и не контролируя свои действия. Учащийся полностью копирует действия учителя. Учебная задача подменяется задачей заучивания и воспроизведения.	Учащийся совершенно не владеет познавательными универсальными учебными действиями. Отсутствует опыт учебно-познавательной деятельности.

Список литературы

1. Беспалько, В.П. Программированное обучение (дидактические основы). / В.П. Беспалько. – М: «Высшая школа», 1970. – 300 с.
2. Возрастная и педагогическая психология: учебно-методический комплекс в 2 частях. Часть 1: учебное пособие по возрастной и педагогической психологии / О.В. Кузьменкова, М.М. Елфимова, М.Н. Олекс и др.; под ред. О.В. Кузьменковой. –Оренбург: Изд-во ОГПУ, 2005. – 288 с.
3. Гальперин, П.Я. Лекции по психологии: Учебное пособие для студентов ВУЗов / П.Я. Гальперин. – М.: Книжный дом «Университет»: Высшая школа, 2002. – 400 с.
4. Давыдова, И. Н.; Смирных, О. В. Универсальные учебные действия: управление формированием / И.Н. Давыдова, О.В. Смирных // Народное образование. – 2012. – № 1. С. 172.
5. Коджаспирова, Г.М.; Коджаспиров, А.Ю. Словарь по педагогике / Г.М. Коджаспирова, А.Ю. Коджаспиров. – Москва: ИКЦ «МарТ»; Ростов н/Д: Издательский центр «МарТ», 2005. – 448 с.
6. Маклаков, А.Г. Общая психология: Учебник для вузов / А.Г. Маклаков. – СПБ.: Питер, 2008. – 583 с.
7. Примерная основная образовательная программа образовательного учреждения. Начальная школа / сост. Е. С. Савинов. – М: Просвещение, 2011. – 204 с.
8. Разработка модели программы развития универсальных учебных действий // [Электронный ресурс] http://www.standart.edu.ru/attachment.aspx?id=126
9. Репкина, Г. В.; Заика, Е. В. Оценка уровня сформированности учебной деятельности. В помощь учителю начальных классов / Г.В. Репкина, Е.В. Заика. – Томск: «Пеленг», 1993. – 61 с.
10. Талызина Н.Ф. Формирование познавательной деятельности младших школьников: Кн. для учителя / Н.Ф. Талызина. – М.: Просвещение, 1988. – 175 с.
11. Формирование универсальных учебных действий в основной школе. От действия к мысли. Система заданий: пособие для учителя / [А. Г. Асмолов, Г. В. Бурменская, И. А. Володарская]; под ред. А. Г. Асмолова. – М.: Просвещение, 2011. – 159 с.
12. Хуторской, А.В. Педагогические основания диагностики и оценки компетентностных результатов обучения / А.В. Хуторской // Известия Волгоградского государственного педагогического университета . – 2013. – № 5 (80) . С. 7-15

Шарипова Э.Ф.
кандидат педагогических наук, старший преподаватель кафедры Технологии и предпринимательства и методики преподавания Технологии и предпринимательства ФГБОУ ВПО «Челябинского государственного педагогического университета»
г. Челябинск

ПРОДУКТИВНЫЕ ПЕДАГОГИЧЕСКИЕ ТЕХНОЛОГИИ В ПОДГОТОВКЕ БАКАЛАВРОВ ПЕДАГОГИЧЕСКОГО ОБРАЗОВАНИЯ

На сегодняшний день внимание к продуктивным педагогическим технологиям в практике вузовского преподавания неуклонно возрастает. Тому есть две основные причины. Первая связана с объективной потребностью общества в профессионалах определенного типа. Как отмечает А.А. Востриков, если в индустриальном обществе производительный труд в основном базировался на массовых репродуктивных технологиях, то в постиндустриальном обществе преобладающие виды производительного труда основываются на информации и продуктивной, творческой деятельности [1, 6]. Доля профессий, требующих от специалиста умения оперировать большими объемами информации, решать нетиповые профессиональные задачи, оперативно реагировать на изменяющиеся условия превышает, по подсчетам специалистов, 50% всего рынка труда, и педагогические профессии, несомненно, относятся к их числу.

Вторая причина носит нормативный характер и напрямую связана с первой. Это утверждение новых стандартов и становление компетентностного подхода в образовании. Перевод результатов образования на язык компетенций предопределил изменения в подходах к процессу получения этих результатов. Ключевое различие – в необходимости формирования опыта деятельности не как средства совершенствования знаний, умений и навыков, но как самостоятельного компонента компетенции.

Продуктивное обучение понимается как личностно-ориентированная деятельность, направленная на получение практических результатов, ценных для самообразования в процессе становления личности [1, 8]. Анализ существующих публикаций на данную тему показывает, что продуктивные технологии не основаны на специфических методах и средствах, характерных только для данного вида технологий. Они представляют собой такую комбинацию уже известных методов, форм и средств обучения, которая обеспечивает приращение личного опыта студента.

Традиционные для вуза формы обучения, такие как лекция и семинар в их классических формах предполагают пассивное восприятие или репродуктивное воспроизведение информации. Такой подход не позволяет выйти за пределы компонента «Знать», и не обеспечивает формирования у студентов готовности к самообразованию.

Решить эту проблему позволяет применение методов и форм в которых активность студента сопоставима с активность преподавателя и получение знаний и умений становится результатом активной мыслительной, познавательной и преобразовательной деятельности. К их числу можно отнести следующие группы методов: проблемные методы, кейс методы, деловые игры, дискуссии и т.д. [2, 22]. Остановимся подробнее на некоторых из них.

Проблемные методы. Проблемные методы позволяют студенту пройти в познании путь, аналогичный пути ученого: приобретение знаний и усвоение научного стиля мышления через разрешение познавательных противоречий. Данный метод достаточно гибкий, имеет различные вариации от демонстрационного решения проблемы преподавателем до полностью самостоятельной работы студента от постановки проблемы до ее решения. Реализация этого метода возможна на лекциях, как в виде проблемной лекции, лекции-открытия, так и в виде отдельных вставок – бесед; при составлении практических заданий и т.д. В полной мере проблемный метод реализуется в ходе работы над курсовыми и дипломными проектами.

Кейс-метод или метод решения конкретных ситуаций. Данный метод основан на анализе конкретных профессиональных ситуаций. Его применение предполагает:

– подготовленный в письменном виде пример реальной ситуации из практики бизнеса, или смоделированный под реальные условия кейс;

– самостоятельное изучение и обсуждение ситуации студентами;

– совместное обсуждение ситуации в аудитории под руководством преподавателя;

– следование принципу "процесс обсуждения важнее самого решения".

Кейс метод может служить дополнением лекционного курса, содержанием лабораторных и семинарских заданий, выступать в качестве задания на самостоятельную работу.

Деловые имитационные игры. Деловые игры представляют собой форму воссоздания содержания будущей профессиональной деятельности специалиста, а также моделирования таких профессиональных и личностных ситуаций, которые характерны для конкретной профессиональной деятельности. Это достаточно эффективный способ формирования опыта профессиональной деятельности в управляемых условиях.

Дискуссии. Их можно рассматривать как разновидность проблемных методов. В подготовки будущих учителей можно выделить две основные области применения дискуссий: это формирование научного стиля мышления и формирование навыков принятия коллективных решений в условиях конфликта интересов.

Данный список можно продолжать достаточно долго. Следует, однако, отметить, что при всех достоинствах продуктивных методов их общим недостатком является трудоемкость и большие затраты времени. Для того, чтобы их применение стало возможным, необходимо значительно сократить временные затраты на процесс репродуктивной передачи и усвоения знаний, без которого процесс образования невозможен. Достичь этого позволяет интегративный подход в изучении дисциплин, преемственность в подготовке специалистов и активное применение информационных технологий, позволяющие уплотнить информационный поток за счет использования различный каналов восприятия и обеспечить передачу учебной информации иными способами, нежели конспектирование.

Соответствие или несоответствие метода идее продуктивного обучения определяется степенью активности и самостоятельности учебной деятельности студента в рамках данного метода. При отборе методов для построения процесса продуктивного обучения важно ответить на вопрос: «Какой субъективно ценный опыт приобретает студент в данном виде деятельности?»

Отвечая на этот вопрос, стоит обратиться к трудам В.В. Краевского, И.Я. Лернера и М.Н. Скаткина. Рассматриая вопрос содержания образования они выделили в нем четыре структурных элемента

– опыт познавательной деятельности, фиксируемый в форме ее результатов – знаний;

– опыт репродуктивной деятельности, фиксируемый в форме способов ее осуществления – умений и навыков;

– опыта творческой деятельности – в форме умений принимать нестандартные решения в проблемных ситуациях;

– опыта осуществления эмоционально-ценностных отношений – в форме личностных ориентаций [2, 12].

С внедрением компетентностного подхода актуальность данной структуры только возросла. Следует, однако, заметить, что в профессиональной подготовке содержание образования не может исчерпываться данными компонентами и должно включать в себя опыт профессиональной деятельности, как сочетание всех четырех компонентов на содержании конкретной профессии.

Таким образом, применение продуктивных технологий при подготовке бакалавров педагогического образования предполагает как формирование компонентов компетенций «знать» и «уметь» через активную, самостоятельную познавательную и преобразовательную деятельность, так и формирование компонента «владеть» как результата применения знаний и умений в реальной профессиональной деятельности или приближенных к ней условиях. Продуктивные образовательные технологии в высшем образовании – обязательное условие реализации требований стандарта и обеспечения профессиональной мобильности и адаптивности выпускников.

Список литературы

1. Востриков А. А. Теоретические основания технологии и методики продуктивной педагогики в начальной школе [Текст]: монография / Востриков Андрей Андреевич. – Томск: Изд-во Том. ун-та 1999. – 320с.

2. Скаткин М. Н. Содержание общего среднего образования [Текст]: Проблемы и перспективы / Скаткин М. Н., Краевский В. В.. — М.:Знание, 1981. – 96с.

3. Современные образовательные технологии в вузе [Текст]: справочник / автор - составитель канд. ист. наук, доц. О.Н. Хохлова. – Тверь: Твер. гос. ун-т, 2011. – 44с.

Педагогические науки

Ничипоренко Л.К.
канд. пед. наук, ассистент кафедры дошкольной педагогики РГПУ
им. А.И. Герцена
mail-to-lida@mail.ru

ОРГАНИЗАЦИЯ НАУЧНО-ИССЛЕДОВАТЕЛЬСКОЙ ДЕЯТЕЛЬНОСТИ ТВОРЧЕСКОГО СОДРУЖЕСТВА ПРЕПОДАВАТЕЛЕЙ, СТУДЕНТОВ И МАГИСТРАНТОВ В НАУЧНОЙ ЛАБОРАТОРИИ НА БАЗЕ МУЗЕЙНОЙ КОЛЛЕКЦИИ

Истоки зарождения научной лаборатории как научно-исследовательской деятельности преподавателей, студентов и магистрантов кафедры дошкольной педагогики Герценовского университета стоит искать в истории Фребелевских курсов и первого в России педагогического института дошкольного образования (ПИДО).

В педагогическом институте дошкольного образования были представлены все основные системы дошкольного воспитания: системы Ф. Фребеля, М. Монтессори, Е.И. Тихеевой, американский детский сад. Еще в 1918-19 гг. в институте были организованы кабинеты при всех основных кафедрах. В 1921 году был создан единый кабинет, иллюстрирующий все системы и педагогические течения в области дошкольного образования. Педагоги в этом кабинете подбирали литературу, диапозитивы, дидактический материал, фотоснимки, детские работы. В 1923 году произошло объединение Музея «Дошкольная жизнь ребенка» и музея института, заведование которым было поручено К.М. Лепилову. В Музее работало 14 кружков и курсы для практических работников.

После вхождения ПИДО в состав ЛГПИ им. А.И. Герцена в 1927-1928 гг. на кафедре велась работа в двух научные кружках: по методике природоведения (рук. О.П. Кончаева) и по гигиене детского возраста (рук. проф. Л.И. Чулицкая). В 1935 г. На кафедре дошкольной педагогики работало 4 научных кружка, где аспиранты кафедры обсуждали свои исследования. С 1936 по 1941 гг. кафедра дошкольной педагогики входила в состав Академии коммунистического воспитания им. Н.К. Крупской. Студенты вели активную работу в городском методическом кабинете по распространению передовых идей и внедрения их в практику детских садов.

В послевоенные годы на кафедре была возобновлена работа студенческих научных кружков и СНО, в которых изучались вопросы семейного воспитания, нравственного воспитания в детском саду, педагогическое наследие А.С. Макаренко и др. По результатам работы СНО организовывались студенческие конференции, где обсуждались наиболее интересные доклады.

В разные периоды развития кафедры неотъемлемой частью ее работы всегда оставалась студенческая наука.

На сегодняшний день одним из направлений исследований в рамках СНО становится работа в лаборатории на базе музейной коллекции Ф. Фребеля и М.Монтессори. Музей кафедры выполняет функцию «научной лаборатории». Студенты работают с коллекциями аутентичных материалов в рамках спецкурсов и факультативов, написания выпускных квалификационных работ, магистерских диссертаций.

В основу педагогической работы положены принципы личностно-ориентированного образования. Т.е. в процессе такого обучения создаются условия для развития не только профессиональных, но и личностных качеств, важных в процессе становления будущего педагога. У студента появляется возможность проявить свою индивидуальность, реализовать свои возможности в наиболее предпочитаемых видах деятельности, выбрать форму выполнения задания.

Идеи Монтессори-педагогики легли в основу актуального сегодня педагогического сопровождения дошкольника. Итальянский педагог разработала систему поддержки проявлений ребенка, инициирования его деятельности. Взрослый выступает в роли помощника, который лишь помогает ребенку справиться с заданием самостоятельно.

Воспитание ребенка в системе Ф. Фребеля также во многом созвучно с идеями педагогического сопровождения. Среди педагогических принципов особое внимание на себя обращают следующие:

• педагогический процесс должен обеспечить раскрытие сущности ребенка, то есть его природных инстинктов и задатков;

• педагогический процесс должен обеспечить самораскрытие в ребенке его духовных и физических сил, поэтому воспитание должно быть свободным.

Таким образом, мы подводим студентов к понимаю того, что педагоги второй половины XIX и начала XX века рассматривали ребенка как субъекта детских видов деятельности, говорили об детских интересах как основе для организации педагогического процесса.

Итак, после посещения музея кафедры будущие педагоги воспринимают «привычные» для них игры и «игрушки» по-новому, как авторские пособия с многолетней историей и огромным развивающим потенциалом, идеи прошлого как прогрессивные и актуальные для современного этапа развития педагогической теории и практики.

Привлечение студентов к педагогической науке начинается уже с 1 курса и продолжается на протяжении обучения в бакалавриате, магистратуре, аспирантуре.

Самоопределение, определение профессиональных ценностей будущей профессии – основные направления работы с первокурсниками. Работа ведется в течение года и начинается с экскурсии по институту детства и его кафедрам. Особое внимание уделяется мини-музею кафедры дошкольной педагогики. Экскурсии позволяют студентам приобщиться к истории своего ВУЗа, дают ощущение сопричастности к ценности общественно значимой функции развития образования и науки в обществе.

Учебный план на втором курсе бакалавриата позволяет студентам освоить начальный психолого-педагогический базис, познакомиться с историей педагогики. На основе приобретенного опыта студенты посвящают свои исследования теме «Авторские концепции Ф. Фребеля и М. Монтессори: история и современность». Студенты готовят путеводитель по музею кафедры с подробным описанием наследия великих педагогов, материал презентуется на студенческой конференции в виде (по выбору студента):

— путеводитель в традиционной форме буклета с описанием наследия великих педагогов;

— виртуальный путеводитель по музею кафедры дошкольной педагогики, содержащий фотографии, цитаты, интересные биографические факты;

— стихотворение или оды о педагогических системах Ф. Фребеля и М. Монтессори;

— театрализованное представление путеводителя.

Эксперты-аналитики, определяют глубину разработанности темы каждой подгруппой.

Студенты третьего курса осваивают такие дисциплины как методики обучения и воспитания в раннем и дошкольном возрасте, проходят первую педагогическую практику. Накопленный опыт позволяет им решать практикоориентированные педагогические задачи, проводить анализ, обобщать полученные результаты. Для данной целевой аудитории организуется работа в педагогических лабораториях.

В музее кафедры дошкольной педагогики можно провести лабораторную работу «Контрольная закупка». Студентам предлагаются аутентичные пособия Ф. Фребеля и М. Монтессори и современные пособия по данным системам. В рамках деятельности лаборатории создаются 2 группы экспертов (эксперты в области Монтессори-педагогики, эксперты по наследию Ф. Фребеля). Эксперты оценивают и сравнивают аутентичные и современные пособия авторских систем.

В результате работы в лаборатории студенты проявляют начальную профессиональную компетентность в освоении и практическом применении знаний психолого-педагогических дисциплин: в умении пользоваться диагностикой, во взаимодействии с профессионально-педагогическим сообществом, в организации развивающей среды.

Студенты старших выпускных курсов участвуют в студенческих научно-практических конференциях, форумах. Будущие бакалавры педагогики представляют доклады по результатам своих исследований.

Также участниками становятся студенты младших курсов и магистратуры, они являются активными слушателями, задают выступающим дискуссионные вопросы. Все участники во время выступления докладчиков работают в педагогических блокнотах, где фиксируют интересные факты, прозвучавшие в докладах, отражают свои научные идеи и мысли.

Магистранты первого и второго курса уже достаточно компетентны в решении педагогических задач разного характера, поэтому они являются одними из организаторов деятельности студенческого научного общества. Они участвуют во всех обозначенных мероприятиях в качестве модераторов, сопровождающих научный поиск студентов более младших курсов.

Студенческие конференции, работа в научных лабораториях, знакомство с историей РГПУ им. А.И. Герцена логично организуется в течение всего учебного года. По итогам, весной в Институте детства РГПУ им. А.И. Герцена в рамках ежегодной международной научно-практической конференции, которую организует кафедра дошкольной педагогики, проводится международный Форум молодых ученых, где студенты, магистранты, аспиранты из разных городов и стран имеют возможность представлять результаты своих научных изысканий.

В 2013 году темой форума молодых учёных стала «История педагогики как поле проблемного поиска». Такая тема организаторами форума выбрана не случайно. В 2013 году исполняется 100 лет со дня открытия первого детского сада по системе М. Монтессори в России и 150 лет со дня рождения Юлии Ивановны Фаусек (1863 – 1942). Молодые ученые представили статьи и доклады об истории становления и развития педагогической системы М. Монтессори, о современном аспекте использования наследия итальянского врача и педагога в практике современного дошкольного образования.

Все формы работы со студентами и магистрантами организованы с учётом образовательного уровня и базиса, усвоенных психолого-педагогических дисциплин, что позволяет участникам проявить себя, свои возможности своего личностного и образовательного роста.

Таким образом, происходит ориентация не только на содержательную сторону взаимодействия, но и организационную, обеспечивающую студентов любого курса обучения в университете возможностью демонстрировать свой познавательный, научно-практический интерес, пробовать себя в первых научных дискуссиях, выступлениях, отстаивать подходы и позиции, обобщать и интерпретировать, учиться позиционировать себя.

Обозначив вышеназванные формы организации и развития студенческой науки, возникает закономерные вопросы: Что даёт современному студенту ориентация его на науку? На чём основан данный процесс, какие задачи решаются?

Решение поставленных задач возможно лишь при интегрированном подходе к изучению образовательных дисциплин, с появлением качественно новых для студента умений интерпретации научных фактов, подходов, теорий с позиции основополагающих наук какой-то из специализаций обучения.

Ещё одним немаловажным аспектом, решаемых задач в организации направлений студенческой науки, является возможность общаться, взаимодействовать, контактировать, обмениваться опытом студентам с разных курсов, разных академических групп и потоков.

Именно это способствует в дальнейшем развитию контактов студентов между смежными курсами обучения, причём не только на уровне эмоционально-личностных интересов, но и интересов, связанных с образованием. Естественным образом создаётся почва для конструктивного взаимодействия, позволяющего обращаться к образовательному опыту студентов старших курсов, что ложится в основу значимых процессов взаимообучения, взаиморазвития.

Результатом организованного, целенаправленного, развивающего и развивающегося взаимодействия со студентами является определение ими исследовательских направлений и выбор проблематики для изучения.

Таким образом, сегодня происходит развитие студенческой науки научной лаборатории на базе музейной коллекции материалов Ф. Фребеля и М. Монтессори. Самоанализ начинающих исследователей в результате участия в самых разнообразных организуемых формах, позволяет определить наиболее значимые моменты работы в данном направлении для самих участников, а именно:

— ощущение эмоционального комфорта в роли исследователей, особенно важно на этапе представления результатов своего научного поиска;

— возможность разнопланового общения и взаимодействия, что позволяет развивать свою работу, видеть её со стороны;

— активизация мышления в направлении организации собственной научной деятельности;

— видение разнообразных взглядов, позиций, подходов на уже известные проблемы;

— определение актуальности собственной исследовательской проблематики, подходов, исследовательских методов;

— и, пожалуй, одно из главных, - почувствовать, что ты не одинок в начале пути в большое, необъятное, во многом непонятное пространство современной науки - педагогики.

Жевлаков Е.Г.
аспирант кафедры теории и методики факультета физической культуры
Ефремова Н.А.
магистрант факультета физической культуры
Фарбей В.В.
к.п.н., профессор кафедры физической культуры
farbey@mail.ru
Российский государственный педагогический университет
им. А.И.Герцена, Санкт-Петербург

ВЛИЯНИЕ ДЫХАТЕЛЬНЫХ УПРАЖНЕНИЙ НА КОНЕЧНЫЙ СПОРТИВНЫЙ РЕЗУЛЬТАТ В БИАТЛОНЕ

Дыхание силой

Аннотация.

В статье рассматривается система согласования режимов дыхания при беге на лыжах и стрельбе, а также устойчивость системы стрелок-оружие при различных погодных условиях, применяя комплекс дыхательных упражнений. Научное обоснование целесообразности и эффективности применения нетрадиционных средств и методов воздействия на вестибулярный и зрительный анализаторы с целью совершенствования устойчивости биатлонистов в позе изготовки для стрельбы лежа и стоя с использованием технических средств обучения (ТСО), ритмо-структурных комплексов (РСК) и тренажеров в определенной последовательности.

Ключевые слова: режим и дыхание, вестибулярный и зрительный анализаторы, дыхательные упражнения, эффективность, устойчивость, динамическое и статическое равновесие.

Устойчивость системы стрелок-оружие-мишень, поза лежки и стойки при наведении на цель.

Цель: изучение устойчивости биатлонистов в позе изготовки для стрельбы лежа и стоя с использованием пневматической и компьютерной винтовки с переходом на малокалиберное оружие (винтовка БИ-7-2 ПС). Используя три основных варианта изготовки с точно определенной зоной прицеливания и стрельбой по установкам

- слева – направо;
- точка прицеливания по центру (третья мишень установки);
- справа – налево.

Организация исследований

Каждый день утром и вечером по 40 минут мы проводили тестирование дыхательных возможностей организма в спокойном состоянии и движении. При этом использовали три режима дыхания в тренажерном зале для самостоятельной работы.

Грудное дыхание – вдох, задержка дыхания на 15, 20, 30 секунд. Выдох - 15, 20,30 секунд (продолжительность выдоха).

Брюшное дыхание - вдох, задержка дыхания на 15, 20, 30 секунд. Выдох - 15, 20,30 секунд (продолжительность выдоха).

Смешанное дыхание – вдох, выпятить живот, задержка дыхания на 15, 20, 30 секунд. Выдох, втянуть грудь как можно больше, 15, 20, 30 секунд.

Затем соединяли вестибулярный и зрительный аппараты и дыхание плюс контрольно-регистрирующая рамка (КРР). Стрельба на повышенной опоре по установкам. Последовательность стрельбы по 5 зонам интенсивности, применяя стандартные нагрузки ТСО и тренажеры в определенной последовательности:

1. кресло Барани- 3 мин;
2. дыхательная платформа – 3 мин;
3. педограф – 2 мин;
4. вертикаль – 2 мин;
5. мешки Дугласа – Хьюма - 3 мин + кислородные коктейли;
6. велоэргометр – 5 мин;
7. тредмил – 4 мин;
8. степ-тест – 4 мин (в нашей модификации - с оружием за плечами)

Динамический контроль за показателями внешнего дыхания (частота дыхания) проводили утром и вечером для оценки физического состояния биатлонистов. Частота дыхания ЖЕЛ в данном случае зависит от уровня тренированности и величины выполняемой нагрузки и достигала в отдельных случаях до 60 и более раз в минуту. Силу дыхательной мускулатуры проверяли по данным пневмотонометрии и пневмотахометрии, что позволяло измерять давление в легких при вдохе. Сила вдоха у биатлонистов составляла от 110 до 130 мм ртутного столба, сила выдоха - от 140 до 280 мм ртутного столба и более. Мощность форсированного вдоха и выдоха резко увеличивалась с увеличением скорости пробегания коротких отрезков дистанции, что обеспечивало лучшую вентиляцию легких во время стрельбы в биатлоне. Жизненная емкость легких (ЖЕЛ), которая отражает функциональные возможности системы дыхания, измеряли с помощью спирометра и рассчитывали по формуле Людвига. ЖЕЛ для биатлонистов = 40 (рост (см) + вес (кг)-4400 и биатлонисток = 40 (рост (см) + вес (кг)-3800. Повышение ЖЕЛ зависит от готовности биатлониста и указывает на высокое функциональное состояние легких.

Затем мы применяли дыхательные упражнения. Комплекс называется: «Дыхание силой» (таблица 1).

Таблица 1

Комплекс упражнений на дыхание силой.

Ранжирован-ный ряд	Дыхательные упражнения	Кол-во раз, с	Ранговый показатель, %
1.	Форсированные вдохи 1-2 с и выдохи 1-2 с.	8-10 раз	15,6
2.	Овладение навыком медленного продолжительного вдоха 8-9 с с последующим сильным форсированным выдохом 2с.	6-8 раз	12,2
3.	Подбородок опустить на грудь. Закрыть пальцем левую ноздрю – вдох и забор воздуха через правую ноздрю 6-8 с, закрыть обе ноздри и сделать паузу 4-5 с. Очень длинный выдох через левую ноздрю 6-8 с. То же - через левую ноздрю.	5-6 раз 5-6 раз	11,1
4.	Быстрый вдох носом 1-2 с и быстрый выдох также через нос 1-2 с. Задержать дыхание на 6-8 с после последнего повтора (без напряжения).	10-12 раз	10,1
5.	Спокойное дыхание ртом 20-30с.		9,0
6.	Медленный вдох носом 3-4 с, задержка дыхания 5-6 с – выдох 2-3-с через левую ноздрю. Затем выдох через правую ноздрю 2-3 с.	8-10 раз	8,2
7.	Дыхание с втягиванием воздуха через рот. Громкий вдох 4-5 с, задержка дыхания 6-8 с и выдох через нос 4-5 с.	8-10 раз	8,0
8.	Громкое дыхание с втягиванием воздуха 3-4 с, задержка дыхания 6-8 с и медленный выдох через нос 12-15 с.	8-10 раз	7,4
9.	Полный выдох 3-4 с, затем полный вдох 4-5 с, набрать воздух через нос. Задержать дыхание 7-8 с. Вдыхать и выдыхать плавно. Перед каждым вдохом – пауза 5-6с.	6-8 раз	6,9
10.	Сделать 30 вдохов-выдохов, вдыхая через нос 3-4 с, выдыхая через рот 3-4	5-6 раз	6,7

		с без напряжения.		
11.		Дыхание носом. Быстрые форсированные вдохи 1-2 с и выдохи 1-2 с, подключая дыхание через рот.	3-4 раза	4,8

Для саморегуляции частоты дыхания и концентрации внимания применяли следующие упражнения: самоприказы, техника вдохов-выдохов, положительный настрой на предстоящий выстрел.

Тремор правой руки (кол-во касаний ствола КРР) (раз)
Глазомер (с) скорость изготовки:
Л-10-12 с.
С -8-10 с.
Скорость реакции на шум зрителей (с)
Устойчивость внимания (с)
Количество точных выстрелов стоя по мишени №4 (10 выстрелов):
Л - 94 очка
С -78-80 очков
Результат при ЧСС 156-168 уд/мин:
Л -86 очков
С -72 очка
РДО
Количество точных выстрелов по установкам (очки), 4-я зона интенсивности при ЧСС 168-180 уд/мин
Л-5
С-4

Примечание:
КРР - контрольно-регистрирующая рамка;
Л - стрельба лежа;
С - стрельба стоя;
РДО - реакция на движущийся объект.

Выводы

1. Наряду с показателями быстроты, выносливости, ловкости, мышечной силы дыхательных мышц и других двигательно-координационных качеств, необходимо измерять и оценивать уровень сформированности восприятия различных видов внимания при стрельбе по установкам в различных погодных условиях, добиваться двигательной и логической памяти, мышления посредством системы специальных двигательных заданий, сопряженных с форсированным вдохом и выдохом при стрельбе в биатлоне.

2. Разработаны модельные характеристики в дыхании при управлении подготовкой квалифицированных спортсменов.

3. Нельзя раз и навсегда разработать какую-либо универсальную методику подготовки спортсменов: она всякий раз должна уточняться в связи с конкретной проблемной ситуацией. Это значит, что специалист должен владеть подходами, которые позволят ему при любых сложившихся обстоятельствах выбрать наилучшее решение для достижения поставленной цели.

4. Снятие напряжения при помощи дыхательных методик дает возможность спортсмену почувствовать выстрел, при этом переход с пневматического оружия на малокалиберное происходит безболезненно, с высоким качеством стрельбы после больших физических нагрузок.

5. Отработка техники индивидуальных вдохов-выдохов и совершенствование мобилизационной готовности к старту (аутотренинг, психомышечная тренировка) позволяет прицельно стрелять из пневматического оружия, так как пуля идет по каналу ствола медленнее и скорость вылета всего до ста сорока метров в секунду, а любые отклонения приводят к грубым ошибкам в стрельбе, особенно стоя.

Литература

1. Костюнина Л.И. (2010) «Новый взгляд на систему спортивной подготовки», *Теория и практика физической культуры,* №3.
2. Ишмухаметов М.Г. (2010) Научно-методический журнал «Физическая культура в школе» -. - №4. – с.35-36
3. Захаревич А.С. «Оздоровительно-развивающее воздействие дыхательных психотехнологий на психические состояния человека» дис. док. псих. наук: Санкт-Петербург, 2003 - 354с
4. Милодан В. А. Влияние регламентированных режимов дыхания на увеличение работоспособности в беге: автореф. дис. канд. пед. наук – Санкт-Петербург, 2008. - 23с.
5. Попов Г.И. Биомеханика – М.: Академия, 2005. – 256с.
6. ЮГб РАМАЧАРАКА Наука о дыхании индийских йогов. - книгоиздательство «Новый человек», С-Петроградъ, 1916 - 96с.
7. Фарбей В.В., Ефремова Н.А., Дьякова Л.В. Регламентированные режимы дыхания, как резервы повышения качества стрельбы в биатлоне. // Ученые записки университета имени П.Ф. Лесгафта. Научно-теоретический журнал. – 2011. - №11 (86). – с. 186-189

Iskakov I.Zh.
PhD in Law
The Center for Eurasian integration in the EurAsEC
St. Petersburg, Russia
e-mail: iiel2002@mail.ru

KAZAKHSTAN: THE FORMATION OF A NEW POLITICAL LANDSCAPE

On the vast Eurasian region social and political processes are developing, attracting the attention of many scientists and practitioners. In the twentieth century Eurasianism as an ideological concept survived some stages of formation. The first stage was represented by the scientific works of the classics of Eurasian theory Russian abroad (N.S. Trubetskoy, L.P. Karsavin, P.N. Savitsky, N.N. Alekseev, M.V. Shakhmatov, P.P. Suvchinsky, G.V. Florovsky, A. Lieven, etc.). Then there was a temporary slowdown in the further development of the idea (worked mainly G.V. Vernadsky and R.O. Jakobson) and the new revival of the theory of Eurasianism (by L.N. Gumilyov, V.V. Kozhinov, N.N. Moiseev, A.S. Panarin, etc.). The emergence of "pragmatic Eurasianism" by N.A. Nazarbayev completed the process. Now Eurasian integration process continues, it is taking on new forms, its new directions are forming. Modern practices need to be supported by new theoretical developments.

According to N.A. Nazarbayev, "Eurasianism is the idea of the XXI century. It is the idea of the future. This is a jewel in the crown of the integration processes that globalization requires today". Today, Eurasia itself has changed significantly: it has become a multiregional, diversified, "which has many qualities and a lot of different quality". When considering the political and other processes occurring in Eurasia, we can't take into account the specificity of national mentalities, cultures, political parties and actors in the political process.

Political life in the East has its own special rhythm. It is less rapid, dynamic compared with the political life inherent in modern Western society. Perhaps, therefore, the Central Asian countries, which include Kazakhstan, more slowly modernize their political systems, gradually adapting them to the challenges of our time. To some extent this is due to regional and national traditions, and complex search for a new identity after the collapse of the USSR. However, over the past 20 years, Kazakhstan has developed a new political landscape. It is distinguished by a combination of European values of democracy and the traditional values of the East, including a personification of political power, concentration of ownership in the hands of a fairly narrow ruling groups, the order of relationships within it is of the clannish nature.

Political processes in Central Asia can serve as a good illustration of the thesis in modern political science about attractive force of democratic ideas. But the process of forming a new political landscape in Eurasia, **especially** in Kazakhstan, on the whole indicates weak institutionalization of political processes.

Political competition, understood as a system of institutions, formal and informal rules and regulations, ethno- and cultural traditions, largely serves as an indicator of depth of democratization processes. Specificity of political competition reflects and expresses particular political life of society. If political leaders can publicly claim that their policy has a democratic basis and is based on democratic values, the level of political competition is an indicator of its real development. In this sense, democracy in Central Asia has a truncated character.

The main objective of this region today is aimed at implementing the strategy of economic and political development as sovereign independent states, their inclusion in the international, regional and sub-regional structures of economic, financial, military and political cooperation. This can be seen in the case of Kazakhstan, headed by N.A. Nazarbayev unchallenged for 20 years. Kazakhstan has made significant efforts; the scientific community is included in the development of state programs; the government is taking measures for their practical implementation.

Political consolidation acquired own form in these conditions. **Political consolidation acquired own form in these conditions. Special features of those being actors of Eurasian integration appeared in the course of its implementation.** Elite of Kazakhstan publicly talked about building a democratic state, but in practice is more inclined to the authoritarian model of social development, as more suitable for the Kazakh society. In the last decade of the twentieth century there was a process enhanced the formation of various political parties: Civil Party of Kazakhstan (CPK, November, 1998), the Republican People's Party of Kazakhstan (RPP, December 1998), the Agrarian Party of Kazakhstan (APK, January, 1999), the Republican political party "Otan" (RPP "Otan", January 1999), the Democratic Party of Kazakhstan "Azamat" (DPK "Azamat", March, 1999), the Democratic Party of Women of Kazakhstan (DPWK, June, 1999), etc.

Because of the specificity of political processes in Kazakhstan, a number of parties actually ceased to exist, **others** have sharply reduced their already limited capacity. The crisis in the development of centrist and pro-government parties clearly manifested. Causes of the crisis were the lack of sufficiently broad and stable social base; sectoral (not national) nature of most pro-government parties; discrepancy between stated commitment to social democracy and real political activity of parties and its asset; inadequate methods of political activity. But the accelerated party building in the second half of the 1990s affected the viability of new parties. Most of the parties created during this period, quickly ceased to exist.

In these circumstances, the President has become a major political moderator predetermining all important trends of the development of state and society. The opposition was some poorly organized and disparate groups which did not use a stable support from the active part of the population. The experience of many developing countries shows that in the period of radical economic and political reforms, as a rule, desire for strong approval, often personified state power is increasing in such countries. The political elite of the former regime for all its shortcomings was better prepared to act in the face of political and socio-economic crisis. Construction of a sovereign state and uniting of the nation suggests the overcoming of intra-contradictions and also the consolidation of the ruling class. N.A. Nazarbayev in this regard has become so political leader who was able to solve this historic task.

Since 1995 the process of creating the modern core of Kazakhstan's political system began; new political landscape is being formed. In the same year the new Constitution of the Republic of Kazakhstan has been adopted, it shifted the center of power into the direction of the President. Institution of the presidency in post-Soviet reality was in the lead role of a political institution. Thanks to the new Constitution (1995) the fundamentals of the new state were laid in the country; a single state authority was formed which was able to regulate and direct the community development. The transition to a presidential form of government was secured; the professional bicameral Parliament was created. All this helped to stabilize the political situation and focus on solving the most important problems in contemporary globalization processes.

Republic of Kazakhstan, along with The Russian Federation, has become a leading actor in the integration processes in the Eurasian space, putting forward the idea of creating and implementing the Eurasian Economic Union.

Leaders of the EurAsEC countries announced the task of creation of Eurasian economic Union to 1 January 2015 in the Declaration of Eurasian economic integration (18 November 2011), which is a kind of «road map» of the further integration interaction in the format of the Customs Union and the Single economic space (SES). During the meeting of the Supreme Eurasian economic Council (SEEC) 29 may 2013 in Astana a number of fundamental issues was discussed. Thus directions of the further development of integration within the customs Union and the Single economic space were defined. The heads of Belarus, Kazakhstan, Russia confirmed the agreement on the formation by 1 January 2015 Eurasian economic Union, discussed the issues of its functioning, and also agreed to expand cooperation with a number of other countries of the Eurasian space.

The ideology and practice of Eurasian integration for Kazakhstan is an important part of state policy, both from the point of view of forming the country's foreign policy and solving domestic political problems in the conditions of shaping innovative political landscape.

Toropygina A.A.
Eurasian Integration Center on the basis of the Interregional Institute of Economy and Law at the Interparliamentary Assembly of the Eurasian Economic Community
Deputy Director of the Eurasian Integration Center at the Interparliamentary Assembly of the EurAsEC, external PhD (Political Science) student

EURASIAN INTEGRATION AS A MODEL OF SUSTAINABLE DEVELOPMENT

The concept of sustainable development is adopted by most countries in the world, to a certain degree they are led by this model in their activities.

Thus, in the Russian Federation a Concept of the Russian Federation transition to sustainable development became effective following the Decree of the Russian Federation President, and a series of official acts were drawn up concerning development of a national strategy for sustainable development, in particular: the main provisions of the Russian Federation state strategy of environmental protection and sustainable development (1994); Presidential Decree dated April 1, 1996 "On the concept of the Russian Federation transition to sustainable development"; National plan of activities aimed at the Russian Federation environmental protection for 1991-2001. The Environmental Doctrine of the Russian Federation (2002); National Strategy and the Main Lines of the National Action Plan for Protection of Biodiversity (2001); National Strategies and Action Plans (including the protection of rare species, development of protected natural areas, implementation of requirements of the Conventions «On biological diversity», Ramsar, CITES, etc.); Review of the national priorities in Russian wild life protection approved by the RF Ministry of Natural Resources and its territorial bodies (2003); Main trends of long-term Russian Federation development (2000); Program of medium-term Russian Federation socioeconomic development (up to 2004).

But since in the international news there always are political topics the impression has been created that this concept is forgotten. There is an important issue that one of its main trends, ecology, in the broad sense of the word and with a wide set of problems, is more and more looked at only from the climate change point of view.

Without any doubt it is an important problem and it partly overshadows all the other problems.

But the other problems did not disappear.

In 2013 in New York the UN held a session devoted to the 20th anniversary of renunciation of nuclear weapons kept at the time of the Soviet Union disintegration by three former Soviet republics, and presently independent states – Belarus, Kazakhstan and Ukraine .

Consequences of nuclear tests are catastrophic. Kazakhstan is still struggling with the consequences of these nuclear tests impact on people and environment. These tests were conducted near Semipalatinsk. "Nowadays Semipalatinsk is a symbol of disarmament and hope for the future," said Barlybai Sadykov, a permanent representative of Kazakhstan in the UN. "Indeed, creation of the world without nuclear weapons is the main goal of the UN and the whole mankind."[1]

Belarus also renounced nuclear weapons. "We strongly believe that the new stage of renunciation of nuclear weapons will not weaken but strengthen the sovereignty and territorial integrity and widen opportunities for sustainable development and economic growth," states Aleksandr Mikhnevich, first deputy of the minister of foreign affairs of the country.[1]

It is absolutely natural for Belarus and Kazakhstan to move forward along this way.

Therefore the choice of way in the mainstream of the Sustainable Development Concept for the member countries of EurAsEC [2] does not give rise to doubt. But can one state that EurAsEC represents a model of sustainable development?

In our opinion the answer is "yes".

As is known, the sustainable development concept is based on the inability for the developing countries to move along the way that the developed countries took to its prosperity. Interrelation between the goals of socioeconomic development, struggle with poverty, preservation of environment for present and future generations is established in it. Sustainable regional development is based on the development of all the spheres of its economy based on the balanced utilization of resources for solving of economic, social and environmental problems created by the postindustrial society. At the same time it is necessary to coordinate the development of socioeconomic sphere with the processes going in the environment, avoid or at least minimize potential harmful impact. A provision for the development of this integration scheme is incorporated in the fundamental documents of EurAsEC, speeches of the presidents of Russia and Belarus, in the book by N.A. Nazarbayev *Strategy of Radical Renewal of the Global Community and Partnership of Civilizations*, in the Doctrine of Eurasian Integration Development [4]. Among other things it mentions the resolution of the problem of public and personal security. In this connection V. Onoprienko believes that "the Eurasian economic union represents a specific institutional form of the global economic space in the provision of both public and personal security through the mechanism of implementation of the basic lines of the socioeconomic policy aimed to ensure personal and public interests."[5] We agree with this point of view: implementation of the sustainable development concept is impossible without a relevant institutional structure. However, at present one should talk about the development of the Eurasian Economic Community. EurAsEC more than other structures complies with the principles of the sustainable development concept. One may also state that:

- EurAsEC is the fastest developing integration structure;
- specific proposals on the development of the main lines of EurAsEC activities on behalf of the Russian Federation are harmonized with the provisions of the "Concept of the Russian Federation transition to sustainable development"; [6]
- Intergovernmental targeted program "Innovational biotechnologies" was developed in EurAsEC and approved on May 21, 2010 by the decision of the EurAsEC Intergovernmental Council at the level of government heads. It is being implemented within EurAsEC during 2011-2015. The program is aimed at the development and implementation of new biotechnologies and biological products for agriculture, industry, medicine and environment protection, production of diagnostic substances for medicine and agriculture, establishment of the Unified database of national collections of microorganisms, plant species and animal cells, as well as mastering of new technologies on the basis of state-private partnership.

Finally, a formal indicator may be mentioned. There is a close interrelation between EurAsEC and the UN European Commission. Cooperation agreements have been signed between the EurAsEC Integration Committee and the Interparliamentary Assembly of the EurAsEC. It is important because granting assistance to the countries of the Central and Eastern Europe in the transition to market economy is under the competency of the UN EEC. It is aimed at the "combination in its activities of the sustainable development concept and development with the consideration of the regional specifics."[3] This work is executed together with the UN Commission for sustainable development.

List of references

1. «Беларусь, Казахстан, Украина: 20 лет без ядерного оружия». // Голос Америки [Электронный ресурс] – URL: http://www.golos-ameriki.ru/content/countries-without-nukes/1768185.html / *Belarus, Kazakhstan, Ukraine: 20 years without nuclear weapons.* // Voice of America [Online resource] – URL: http://www.golos-ameriki.ru/content/countries-without-nukes/1768185.html

2. Eurasian Economic Community (EurAsEs) is an international economic organization of several former USSR republics established for efficient promotion by its members of the establishment of the Customs Union and the Unified Economic Territory, as well as for the implementation of other goals and objectives related to the deepening of the integration in economic and humanitarian fields. Members: Republics of Belarus, Kazakhsatn, Kirghizia,

Tajikistan, Russian Federation. [Online resource] – URL: http://www.evrazes.com/

3. UN European Economic Commission. [Online resource] – URL: http://www.un.org/ru/ecosoc/unece/

4. К разработке концепции и доктрины развития евразийской интеграции //Проблемы современной экономики. 2005. – № 1 (13) /On the development of the concept and doctrine of the Eurasian integration development// Problems of modern economy. 2005. – No. 1 (13).

5. Оноприенко В.И. Задача равноправия как фактор устойчивого развития Евразийского экономического союза (ЕВРАЗЭС). [Электронный ресурс]–URL:http://www.mosgu.ru/nauchnaya/publications/SCIENTIFICARTICLES/2006/Onoprienko/ /V.I. Onoprienko. *The goal of equal rights as a factor of Eurasian Economic Union (EurAsEs) sustainable development.* [Onsite resource]
–URL:http://www.mosgu.ru/nauchnaya/publications/SCIENTIFICARTICLES/2006/Onoprienko/

6. Presidential Decree dated April 1, 1996 No. 440 "On the concept of the Russian Federation transition to sustainable development". [Online resource] http://www.law.edu.ru/norm/norm.asp?normID=1261038&subID=100126845,100126846#text

Ефимова И.Н.

доцент, Государственная классическая академия имени Маймонида, г. Москва

ОСОБЕННОСТИ ЭМОЦИОНАЛЬНОГО ВЫГОРАНИЯ ПЕДАГОГОВ ПРИ ВЫПОЛНЕНИИ РОДИТЕЛЬСКИХ ФУНКЦИЙ ПО ОТНОШЕНИЮ К СОБСТВЕННЫМ ДЕТЯМ

В настоящее время особое место среди психологических проблем населения занимают вопросы детско-родительских отношений. Это связано с тем, что во времена политической и экономической нестабильности поддержка семьи особенно важна для любого ее члена. Современное поколение родителей выросло в условиях нуклеарной семьи, часто лишено опыта общения и заботы о сиблингах, многие пережили развод родителей, что, по мнению ведущих российских специалистов в области психологии родительствования (Овчарова Р.В., Филиппова Г.Г. и др.), негативно влияет на развитие мотивации к деторождению и заботе о детях. Одной из проблем детско-родительских отношений с недавних пор называют и эмоциональное выгорание в сфере выполнения родительской роли. Большей частью внимание специалистов сосредоточено на феноменах выгорания приемных родителей, но практический опыт и исследования говорят о том, что существует выгорание родителей и по отношению к кровным детям. Впервые на возможности выгорания в непрофессиональной сфере указали A Pines.и E.Aronson в 1988 году. Факт наличия выгорания родительской сферы упоминается некоторыми российскими специалистами (Рожков М.И., Базалева Л.А, Королева Н.Н., Лесовая Е.В., Попов Ю.В. и др.). Мы предлагаем рассматривать синдром родительского выгорания – как многомерный конструкт, включающий в себя набор негативных психологических переживаний и дезадаптивного поведения матери и отца, связанных с детско-родительским взаимодействием при выполнении родителями деятельности по заботе о детях, их воспитанию и развитию. Вслед за C. Maslach и Н.Е. Водопьяновой, мы полагаем, что родительское выгорание, как и профессиональное, является ответной реакцией на продолжительные и хронические стрессы [1]. При этом следует учитывать, что мотивация и стрессы в профессиональной сфере качественно отличаются от мотивации и стрессогенных факторов в сфере родительствования. В рамках расширенного изучения феномена эмоционального выгорания важной целью представляется выявление общих факторов риска и механизмов развития всех видов выгорания и одновременно выделение специфических особенностей родительского и профессионального выгорания. Особый интерес представляет сравнение двух видов выгорания у лиц, чьи профессиональные обязанности так же связаны с детьми. В этих условиях можно предположить, что специфика выгорания будет связана именно с выполняемой ролью, а не с различием субъектов, с которыми испытуемые включены в отношения. Для достижения поставленной цели нами было предпринято исследование родительского и профессионального выгорания у педагогов образовательных учреждений.

В исследовании принял участие 51 человек - педагоги сельских(23) и московской(28) школ, из них 6 мужчин и 45 женщин. Возраст испытуемых 26-54 года. Все испытуемые имеют высшее образование. Семейное положение испытуемых: 37 человек состоят в браке, 7 человек - в разводе и 7 не состоят в браке. У всех испытуемых есть дети, у 29 человек по одному ребенку, у 21 человека двое детей и у одного человека 4 ребенка.

Для достижения поставленных целей были использованы: авторская методика И.Н. Ефимовой «Родительское выгорание» (модификация теста К. Маслач и Н.Е. Водопьяновой) [2], опросник «Профессиональное выгорание» Н. Е. Водопьяновой, Е. С. Старченковой, опросник Шкала экзистенции А. Ленгле и К. Орглер.

По результатам проведенной методики «Родительское выгорание» И.Н. Ефимовой мы обнаружили, что среди учителей низкий уровень эмоционального истощения выявлен у 72,59% обследованных, у 15,66% - средний уровень. Высокий уровень - у 11,75%.

Высокий уровень деперсонализации по отношению к собственным детям был выявлен у 9,77% учителей, у 58,83% учителей слабо выражена деперсонализация и 31,40% имеют среднюю выраженность деперсонализации в сфере родительствования.

По шкале редукции родительских достижений 62,74% учителей имеют низкие показатели, 23,52% - средние и 13,75% - высокие.

Следует отметить, что данная выборка не является однородной. По результатам методики «Родительское выгорание» И.Н. Ефимовой среднее значение деперсонализации у педагогов сельских школ имеет низкий уровень (4,7), а у учителей московской школы среднее значение деперсонализации в отношении родных детей имеет средний уровень (6,6) (различия достоверны при $p \leq 0,5$). Различия в средних значениях эмоционального истощения и редукции родительских достижений недостоверны. Средние значения обоих показателей являются низкими.

В результате проведения методики «Профессиональное выгорание» Н.Е. Водопьяновой, Е.С. Старченковой мы обнаружили, что у учителей низкий уровень эмоционального истощения выявлен у 43,5%, средний - у 34,8% и у 21,7% - высокий.

Низкая степень деперсонализации была обнаружена у 4,3% учителей, 26% учителей - со средней степенью и 69,7% с высокой степенью деперсонализации в профессиональной сфере.

По шкале редукция персональных достижений 17,4% учителей имеют низкую степень, 39,1% - среднюю степень и 43,5% - высокую.

Из сравнения видно, что эмоциональное выгорание в профессиональной сфере имеет большую выраженность у обследованных учителей по всем трем показателям.

В результате корреляционного исследования была выявлена зависимость средней степени по шкалам эмоционального истощения (R=0,6) и редукции достижений (R=0,57) между родительским и профессиональным выгоранием.

Так же была выявлена прямая корреляционная зависимость между шкалой эмоционального истощения опросника «Родительское выгорание» и шкалой F(R=0,45) методики «Шкала экзистенции». Обратная корреляционная зависимость существует между шкалой «деперсонализация» опросника «Родительское выгорание» и шкалой V (R=-0,4) методики «Шкала экзистенции».

На основании анализа полученных результатов можно сделать вывод о том, что отношение к собственным детям у педагогов менее нагружено, чем отношения с учениками. В связи с этим корреляция между эмоциональным истощением в профессиональной и родительской сферах может быть объяснена как расширение утомления и выход его за пределы профессиональной деятельности. Отсутствие корреляции между показателями деперсонализации говорит о том, что отношение к ученикам более формализовано, и педагоги по-разному строят общение с учениками и собственными детьми.

Так как редукция достижений имеет два компонента – объективное сокращение объема деятельности и субъективное переживание неуспешности, возможно выявленная корреляционная связь показывает наличие одинаковой стратегии в отношении работы и взаимодействия с собственными детьми, поскольку самооценочные компоненты в работе и родительствовании имеют разные источники.

Связь субъективного переживания исполненности жизни с родительским выгоранием носит лишь фрагментарный характер. Чем больше возможностей выбора ощущает родитель, тем больше оказывается его эмоциональная нагруженность, одновременно способность принимать на себя ответственность за последствия своих действий помогает устанавливать с ребенком эмоционально близкие отношения и снижает риск деперсонализации.

Литература:

1. Ефимова И.Н. Личностные характеристики и особенности эмоциональных и поведенческих проявлений родителей в связи со степенью их эмоционального выгорания // Российский научный журнал. – М.: АНО «РИЭПСИ», 2013. - №4 (35). – С. 206-215.

2. Ефимова И.Н. Основы психологического консультирования: Учеб.-метод. пособие / Авт.-сост. И.Н. Ефимова. – М.: ГКА им. Маймонида, 2012. – 80с.

Белова А.Н.
кандидат педагогических наук, доцент кафедры общей и клинической психологии Белгородского государственного национального исследовательского университета

АДАПТАЦИОННЫЕ ВОЗМОЖНОСТИ ПРЕПОДАВАТЕЛЕЙ С РАЗНЫМИ ПРОФИЛЯМИ ЛАТЕРАЛЬНОСТИ К ИННОВАЦИОННОЙ ДЕЯТЕЛЬНОСТИ ВУЗА

В современной России реализация новых подходов к развитию высшего образования идет в русле трансформации традиционных образовательных учреждений в университеты инновационного типа. Инновационное образование сегодня - это процесс и результат такой учебной и воспитательной работы, которые стимулируют и проектируют новый тип деятельности, как отдельного человека, так и общества в целом. Педагогическая деятельность в условиях инновационного образовательного пространства предполагает качественно иные процессы развития субъектов инновационной деятельности. Возрастание интенсивности действия и увеличение числа факторов, которые усиливают динамичность соотношения «преподаватель - инновационная среда» обусловливают повышенные требования к адаптационным механизмам, что приобретает в последнее время особую актуальность. В настоящее время современный вуз не может развиваться, оставаясь неподвижной академической структурой. В основе его развития должны лежать новые технологии и схемы формирования инноваций, направленные на повышение адаптивных возможностей преподавателей вуза к быстро меняющимся условиям внешней среды. Одной из таких технологий является технология коворкинга, которая предполагает относительную независимость и свободу в выборе форм, методов, приемов и педагогических техник, используя единое образовательное пространство вуза.

Проблема адаптации человека во многих сферах жизнедеятельности относится к числу фундаментальных проблем. Одой из них является проблема, связанная с адаптацией преподавателей к инновационной деятельности в вузе, к новой социальной ситуации, к новым способам деятельности в рамках современных образовательных технологий. Адаптация преподавателей – очень сложный, динамичный, многоуровневый и многосторонний процесс перестройки потребностно-мотивационной сферы, комплекса имеющихся навыков и умений в соответствии с новыми тенденциями в сфере образования. Включение преподавателей в новую среду требует установления связи с ней, выполнения тех требований, что предъявляет к ним вузовская система инноваций. Процесс адаптации преподавателей связан с эмоциональным напряжением, которое отражается в физиологических показателях их организма и во многом зависит от индивидуальных особенностей каждого преподавателя.

Актуальность развития этого направления определяется тем, что индивидуальные особенности являются важными факторами, детерминирующими успешность деятельности человека в целом, модулирующие адаптационные процессы при изменении тех или иных факторов внешней среды. Такими факторами в условиях инновационной деятельности вуза являются: переход на компетентностный подход в учебном процессе, обязательное владение современными образовательными технологиями, основами проектного менеджмента, новые условия оплаты труда преподавателя на основе рейтинговой оценки его деятельности и др.Для прогностической оценки адаптационных возможностей преподавателей в процессе инновационной деятельности немаловажную роль играют особенности функциональной асимметрии мозга, которая определяется как различия в мозговой организации высших психических функций в левом и правом полушариях мозга.

Профессиональная адаптация как один из видов адаптации, включающий социально-психологический и психофизиологический компоненты, является важным направлением в научных исследованиях. Вместе с тем, остаются без достаточного анализа вопросы, касающиеся влияния индивидуальных психофизиологических и личностных характеристик на особенности социально-психологического процесса адаптации к инновационной деятельности преподавателей с учетом индивидуальных профилей функциональной асимметрии мозга.

Укажем наиболее адаптивные свойства личности: интернальность, стремление к доминированию, самоприятие и приятие других, самоконтроль, нервно-психическая устойчивость, низкая тревожность. Соответственно, дезадаптация преподавателей может проявляться в затруднении принятия и внедрения тех задач, которые необходимо решать при переходе на новую ступень развития высшей школы, снижении активности, ограничении социальных контактов, конфликтность, утомляемость, требование создания особых условий работы, провоцирование конфликтных ситуаций, и как последняя стадия, прекращение педагогической деятельности.

Таким образом, целью исследования являлось изучение особенностей адаптации преподавателей вуза с различными индивидуальными профилями латеральности к инновационной деятельности.

В рамках изучения особенностей адаптации преподавателей к инновационной деятельности в вузе нами было проведено исследование, в котором приняли участие преподаватели, реализующие основные образовательные программы разных направлений подготовки и специальностей.

По результатам исследования сформулируем следующие выводы:

1. Группа унилатеральных праворуких "ПППГ" характеризуется максимальной представленностью в общей популяции населения.

2. Результаты исследования индивидуальных особенностей преподавателей с разным доминантным локтем могут рассматриваться в качестве характеристик, способствующих в ряде случаев социально-психологической адаптации к инновационной деятельности в вузе.

3. На основе результатов корреляционного и факторного анализа выявлены особенности адаптации преподавателей к инновационной деятельности в вузе. Преподаватели с ПППРР психолого-педагогических дисциплин общительны, готовы к взаимодействию с окружающими людьми, направлены в будущее, активны, легко реагируют на жизненные трудности, оптимистичны, открыты, адекватно принимают все свои недостатки и достоинства. Их также отличает ответственное и добросовестное выполнение своих обязанностей, аккуратность в делах. Они решительны, настойчивы в достижении целей, инициативны. Хорошо переносят неудобства и трудности на новом и сложном для них этапе жизни.

4. Группу преподавателей с ЛПППР можно охарактеризовать как эмоционально неустойчивых, что проявляется в беспокойстве, конфликтности при недостижении намеченного. Они имеют экстернальный локус контроля. Индивидуальное время субъективно переживают как дискретное, неприятное, напряженное.

Таким образом, преподаватели с разными вариантами индивидуальных профилей латеральности могут обнаруживать разные способы адаптации к инновационной деятельности в вузе, в рамках использования технологии коворкинга. Данная технология дает возможность использовать образовательное пространство, сохраняя независимость и индивидуальность преподавателя, реализовать профессиональные компетенции с минимальными затратами личностных ресурсов.

Список литературы:

1. Березин, Ф.Б. Психическая и психофизиологическая адаптация человека/ Ф.Б. Березин - Ленинград, 1988.- 270 с.

2. Дубровин, Д.Н. Психологическая адаптация как фактор личностного самоопределения: Дис.канд.д-рапсихол.наук.- М., 2005.-144 с.

3. Инновационные подходы к подготовке научных кадров в высшей школе / Б. И. Бедный, С. Н. Гурбатов, А. А. Миронос, Е. В. Чупрунов // Университетское управление: практика и анализ. – 2011. – № 3. – С. 50-54

4. Киреева, О. А. Педагогические условия организации инновационной среды в региональном вузе / О. А. Киреева, В. С. Игнатова // Высшее образование в России. – 2012. – № 2. – С. 84-89.

Теплинских М.В.[1], Ермакова З.А.[2]
[1]старший преподаватель на кафедре общей психологии и психологии развития,
[1,2] ФГБОУ ВПО «Кемеровский государственный университет»
Zoya.1993@bk.ru

МЕТОДОЛОГИЧЕСКОЕ И ПСИХОЛОГИЧЕСКОЕ ПОНИМАНИЕ СУБЪЕКТИВНОСТИ И СУБЪЕКТИВИЗМА

Проблемы отношения субъективности и субъективизма в психологической науке особо актуальны в связи с изменением человеческого общества и человеческих отношений. В изучении субъективности и субъективизма существуют исследования, содержащие психологические теории развития данных явлений. Эти теории помогают соотнести одно понятие с другим.

Анализируя природу субъективности, психологи рассматривают данное явление как основу субъективных проявлений личности, составляющих группу ее субъективных свойств. Данная группа представлена широким спектром субъективных характеристик личности, среди которых выделяют самосознание, самооценку, самоотношение, отношение других и многое другое. Используемые понятия многими ведущими психологами представлены как ведущие, ядерные понятия личности.

Создавая свою теорию личности, психолог В. Н. Мясищев учитывал субъективность в даваемом им определении личности. Он считал, что личность «есть то субъективное и объективное, которое, реализуясь в действиях, характеризуют подлинное лицо человека, представленное как система социальных отношений…» [6].

Достаточно большой вклад в исследование субъективности внес отечественный психолог С. Л. Рубинштейн. Согласно подходу С. Л. Рубинштейна к определению самосознания оно выступает как «высший вид сознания, возникший как результат развития сознания». А самооценка, по его мнению, детерминирует вторичные субъективные свойства личности, такие как мировоззрение и нормы оценки [3].

В теории В. И. Слободчикова главным основанием исследования субъективности является феномен «рефлексии», который составляет свойство самого принципа субъективности и должным образом центрирует наше представление о психологии человека и ее специфике. Сам термин «рефлексия» автором определяется как «специфически человеческая способность, которая позволяет ему сделать свои мысли, эмоциональные состояния, свои действия и отношения предметом специального рассмотрения и практического преобразования» [4].

Благодаря рассмотренным подходам мы видим, что вкладываемые смыслы в понятие субъективность в психологических теориях различна. По В. Н. Мясищеву, субъективность выступает как основа системы отношений, у С. Л. Рубинштейна она является основанием системы сознания, а по В. И. Слободчикову субъективность включает в себя рефлексию, как «способность» опредмечивания и преобразования своих мыслей и психических переживаний. Кроме того, в зависимости от авторской позиции при изучении субъективных факторов, в психологии выделяются разнообразные компоненты, представляющие собой совокупность представлений человека о самом себе (самосознание) и отношение к ней (самоотношение, самооценка).

Проблема определения субъективизма также пришла в психологию из философской науки, в которой этот феномен существовал как «мировоззренческая позиция, относительно игнорирующая объективный подход к действительности, отрицающая или не учитывающая объективные законы природы и общественной жизни» [5]. В общей же психологии данная проблема рассматривается как обратная сторона субъективности. Согласно энциклопедии практической психологии в субъективизме выделяют следующие свойства, которые характеризуются: «категоричностью (исключение возможности других точек зрения); эмоциональным искажением картины ситуации (превращение личностью мелкой проблемы в состояние катастрофы, не видя истинной проблемы); произвольным восприятием ситуации (взгляд других людей лишен объема); эгоизмом» [2].

Как мы видим, философское, общенаучное и широкое понимание субъективизма формирует принципы, на которые опираются различные частные науки – такие, как психология, социология и другие. Неоднозначное определение феномена «субъективизма» в психологическом плане выявляет его биполярное проявление. С одной стороны, субъективизм выступает как очень обособленное понимание развития личности, апогеем которого становится крайне развитый эгоизм, т. е. центром направленности становится сама личность человека. С другой стороны, в исследованиях Л. С. Выготского, субъективизм показывает эффекты в развитии ребенка: «ребенок представляет собой замкнутое в себе существо, целиком погруженное в собственное «Я» и только медленно и постепенно обращающееся к объективному миру», тем самым запуская механизм развития ребенка во внешнем мире [1]. Таким образом, различные проявления субъективизма говорят о сложности и дуальности его природы, пришедшие в психологию из философского плана и распространенные на объяснение психических явлений, вследствие чего сохраняется сложность выработки его однозначного определения в психологии.

Рассмотрев и проанализировав два феномена «субъективность» и «субъективизм», мы можем отметить, что в учение о субъективности, в рамках понятий самосознание, самооценка, самоотношение и других, существенный вклад внесла отечественная психология: Л. С. Выготский, В. Н. Мясищев, С. Л. Рубинштейн, И. И. Чеснокова и др. Феномен же «субъективизма» в психологической науке до сих пор реализуется не однозначно: его применение пока предполагает методологическую свободу авторского толкования, используя философскую, общенаучную или частную психологическую трактовку. В широком смысле рассматривается как фундаментальный принцип, принятый, в том числе, и в научной психологии. В частном психологическом смысле он рассматривается в качестве объяснения многозначных психологических феноменов, например, в теории развития ребенка Л. С. Выготского, или в создании различных психологических теорий личности. Таким образом, методологическая и психологическая позиция данных терминов в психологической науке различна, где «субъективность» характеризуется более семантически устоявшимся научным термином, а феномен «субъективизма» имеет философский контекст в объяснении психологических явлений и подлежит последующей психологической спецификации.

Литература

1. Выготский Л. С. Собрание сочинений. В 6 тт. [Текст] / Выготский Л. С. Детская психология – Т.4 – М.: Педагогика, 1984. – 433 с.
2. Психологос [Электронный ресурс] энциклопедия практической психологии. – 2013 // URL: http:// http://www.psychologos.ru/articles/view/subektivizm.
3. Рубинштейн, С. Л., Основы общей психологии [Текст]: учебное пособие / С. Л. Рубинштейн.– СПб.: Питер, 2004. – 640с.
4. Слободчиков В. И., Исаев Е. И. Психология человека: Введение в психологию субъективности [Текст]: учебное пособие для вузов / В. И. Слободчиков, Е. И. Исаев. – М.:«Школа-Пресс», 1995. – 384 с.
5. Философский энциклопедический словарь [Текст] / под ред. Л. Ф. Ильичева, П. Н. Федосеева, С. М. Ковалева, В. Г. Панова – М.: Сов. Энциклопедия, 1983. – 840 с.
6. Федотов, А. Ю. Общая психология [Текст] / Современная гуманитарная академия. Дистанционное образование. Юнита 1 / под ред. Е. И. Кузьминой. – М., 2005. – С. 22.
7. Чеснокова, И. И. Проблема самосознания в психологии [Текст] / И. И. Чеснокова. – М.: ИНФРА, 2001. – 301 с.

Социологические науки

Ургалкин Ю.А.
д. филос.н., проф.
Сангова Э.Р.
магистрант
Самарский государственный экономический университет, кафедра
Социологии и педагогики

РЕГИОНАЛЬНЫЕ АСПЕКТЫ МИГРАЦИОННЫХ ПРОЦЕССОВ В СОВРЕМЕННОЙ РОССИИ

Миграция является одной из важнейших проблем народонаселения и рассматривается не только как простое механическое передвижение людей, а как сложный социальный процесс «перемещения людей через границы тех или иных территорий со сменой навсегда или на более или менее длительное время постоянного места жительства либо с регулярным возвращением к нему»[1,с.39]. В мировой миграционный процесс вовлечены практически все страны. По данным ООН в настоящее время в мире насчитывается 232 млн. мигрантов, причем Россия по их числу занимает второе место [2].

Миграция населения - сложный социальный процесс, тесно связанный с изменением экономической структуры и размещения производительных сил, ростом социальной и трудовой мобильности населения. Она не только перераспределяет трудовые ресурсы, но и играет большую роль в трансляции культуры, преодолении существенных различий между городом и селом, сближении народов и т.д. Особенно велика роль миграции в изменении численности и состава населения отдельных стран и регионов. Например, в России, по данным Росстата, миграционный прирост в первом полугодии 2013 года не только компенсировал потери населения в результате естественной убыли, но и превысил их в 5,5 раза (+161,8 против -29,6 тысячи человек) [3]. В Самарской области за последние 10 лет прирост населения составил более 330 тысяч человек и компенсировал 90,8% естественной убыли население в указанный период Миграционные процессы несут в себе как положительные, так и отрицательные стороны. К положительным факторам относятся демократизация общественно-политической жизни, реализация конституционного права на свободу передвижения, развитие рыночных отношений и вхождение в международный рынок труда. Но отрицательных последствий на сегодняшний день, к сожалению, гораздо больше. К ним, применительно к нашей стране, можно отнести последовавшие за распадом СССР всплеск национализма и сепаратизма в отдельных регионах страны, незащищенность значительных участков государственной границы, ухудшение качества жизни людей и состояния окружающей среды, социальные конфликты, вызванные экономической и

политической нестабильностью и т.д. Положение усугубляется еще и тем, что отсутствует эффективный государственный контроль над миграционными процессами. Серьёзную угрозу национальной безопасности государства представляет внешняя незаконная миграция.
При этом нельзя не отметить региональные особенности миграционных процессов. Первое, на что следует обратить внимание, это то, что приобретает масштабный характер иммиграция в Россию значительного числа граждан из стран со сложной общественно - политической, экономической и санитарно-эпидемиологической обстановкой, не имеющих какой-либо рабочей квалификации, востребуемой именно в данном регионе.. По данным ФМС, из 11 миллионов мигрантов 23% составляют граждане Узбекистана,13,3% - Украины более 10% - Таджикистана. Причем примерно 30% из них составляют лица, пребывающие в РФ с целью, не связанной с трудовой деятельностью[3].

Самара, как крупный промышленный центр Поволжья готова использовать труд примерно 100 тысяч иностранных рабочих, но это должны быть специалисты высокой квалификации. В ближайшие пять лет, по наметкам Минтруда области, в регион ежегодно будут приезжать 55-60 тысяч иностранцев. Но как показывает практика, из общего количества прибывающих иностранных граждан доля высококвалифицированных работников составляет всего 7,6%. С целью управления миграционными процессами в регионе принята программа «Социальная адаптация и интеграция мигрантов, прибывающих в Самарскую область, на 2014-2016 годы». [4]. Но поможет ли она справиться с проблемой?
Подводя итог вышесказанному, необходимо отметить, что сложившаяся ситуация требует новых подходов к миграционной политике государства. Необходимость преодоления кризисных явлений в экономике требует более активного перераспределения населения и трудовых ресурсов в пределах страны, что вызывает необходимость разработки эффективных механизмов регулирования трудовой миграции граждан. Миграционные процессы в России должны стать фактором, способствующим развитию экономики и социальной сферы, отвечающим интересам национальной безопасности, охраны общественного порядка и здоровья населения.

Литература

Н.В.Подгорнова//География в школе. 2002 „№3.
Миграция в мире.Комсомольская правда19-26 сентября 2013/38-т(26135-т).
Рынок труда делает ставку на мигрантов// Аргументы и факты – Самара, №50,2013г.
Современные миграционные процессы в России .Демографические итоги I полугодия 2013 года (часть III).
http://www.demoscope.ru/weekly/2013/0569/barom01.php/

Ургалкин Ю.А.
доктор философских наук, профессор
Дорогинина Е.В.
магистрант, Самарский государственный экономический университет

ЭКОНОМИЧЕСКОЕ ОБРАЗОВАНИЕ КАК СОСТАВНАЯ ЧАСТЬ ОБУЧЕНИЯ ШКОЛЬНИКОВ

Важным этапом в жизни каждого школьника является выбор будущей профессии. В основе этого процесса лежит профориентация, делающая выбор профессии управляемым устойчивым процессом и включающая в себя вполне определенный круг задач, расширяющая «пространство профессиональных «возможностей» и создающая «образы» и «смысловые портреты» профессий»[1, 37]. . Она также тесно связана с познавательной активностью, потребностями внутренней мотивацией учащихся. При этом под мотивацией понимается осознанное отношение к своим действиям, поступкам, внутреннее обоснование личностью своего поведения,состояния предрасположенности или готовности к определенным действиям[2,29]. Современную ситуацию в школьном экономическом образовании в целом приходится характеризовать как период стагнации. Если опираться на такие количественные показатели его развития, как число нормативных документов и количество учебно-методических изданий, то ситуация представляется вполне благополучной. Однако после 2004 года в стране произошло резкое сокращение числа школ, в которых экономика преподается в качестве отдельного предмета. Согласно действующему ФБУП экономика на базовом уровне в школах изучается в рамках интегрированного учебного предмета «обществознание», и только на ступени среднего (полного) общего образования (10-11-е классы) допускается ее преподавание в качестве

самостоятельного учебного предмета.

Довольно серьёзным препятствием на пути экономического образования школьников является отсутствие достаточного количества квалифицированных преподавателей. В настоящее время экономику в школах, как правило, преподают учителя истории, географии и обществознания, не имеющие достаточных знаний в области экономики. В некоторых случаях к преподаванию экономики в школах привлекаются преподаватели вузов, не имеющие опыта работы в школе. Положение усугубляется еще и тем, что в штатном расписании непрофильной школы сегодня нет должности учителя экономики. Непрофильная школа сегодня не может принять на работу учителя с хорошим знанием экономики и не может доплачивать за дополнительную нагрузку учителю, прошедшему соответствующую подготовку и пожелавшему вести экономику в качестве второго предмета. Чрезвычайно важной проблемой является обеспечение школьного курса экономики качественными учебниками. Все изданные учебники разработаны только для старших классов. Из этого следует, что если учащиеся не предполагают в будущем стать экономистами и не являются учениками профильной школы, то все необходимые экономические знания они должны получить из курса «обществознание». Анализ, проведенный авторами, позволяет сделать вывод, что учебные программы и учебники по данному курсу, с точки зрения экономической составляющей, недостаточно полно соответствуют задачам школьного экономического образования и нуждаются в значительной доработке.

Таким образом, исходя из выше изложенного, можно сделать вывод, что основной целью изучения экономики в школах является формирование и развитие экономической культуры современного школьника, которое предполагает усвоение знаний, умений и навыков, ценностных ориентаций, определение норм поведения в экономической деятельности, понимания смысла десятков ролей, которые выпускникам школ придется играть в жизни (потребитель и производитель, покупатель и продавец, заемщик и кредитор, акционер и пайщик, наемный работник и работодатель и др.). Изучение экономики в школе должно быть направлено на формирование экономической грамотности школьников, позволяющей им определится с выбором будущей профессии и стать конкурентоспособными членами современного общества.

Литература

1. Терюкова Т.С. Экономическое образование и проблемы профориентации школьников // Экономика в школе. 2012, № 1(57) .
2. Борисов С.В., Ургалкин Ю.А. Мотивация трудовой деятельности как объект социологического исследования .//Известия института систем управления Самарского государственного экономического университета.2(3).2011.
3. Калинина Н.Н. Программа ЭПОС (экономическая практико-ориентированная среда) как методологический ориентир инновационного развития школьного экономического образования в Москве // Экономика в школе. 2008. - №3.
4. .Михеева С.А. Школьное экономическое образование. Методика обучения и воспитания. М.: Вита-Пресс, 2012г, 328 с. ISBN: 978-5-7755-2432- 5. Топешкина Н.В., Урванцева С.Е. Экономическая практико-ориентированная образовательная среда: профориентационный аспект // Экономика в школе. 2012. - № 1(57).

Легенина Т.Б.
кандидат социологических наук, доцент кафедры общей социологии и политологии Северо-Кавказского федерального университета

ГРАЖДАНСКАЯ ИДЕНТИЧНОСТЬ МОЛОДЕЖИ: ОПЫТ СОЦИОЛОГИЧЕСКОГО ИССЛЕДОВАНИЯ

В последнее время молодёжь все чаще и чаще заявляют о себе как социально-активной общности, отстаивающей свои права, в частности, на образование, труд и т.д. Именно молодежь формирует образ жизни будущей России и является ее инновационным потенциалом. Учитывая социальную реальность нашего государства, смену ценностных ориентиров не только в государственной политике, но и в системе социализации подрастающего поколения, проблема идентичности молодежи приобретает особую остроту.

Темпы продвижения России по пути демократических преобразований во многом обусловлены тем, какую социально-политическую позицию будет занимать в ближайшие десятилетия современная российская молодежь. Социокультурная трансформация не может не порождать определенный кризис идентичности, составной частью которого является и кризис гражданской идентичности. Существует непосредственная связь социально-профессиональной активности с гражданской позицией и уровнем сформированности общероссийской гражданской идентичности у молодежи. По мнению Ю.А. Зубок, «Формирование гражданской позиции, гражданских идентичностей - краеугольный камень социального развития молодежи как группы и общества в целом. Это часть интеграционного процесса, который подразумевает не только формальную принадлежность молодого человека к государству, но и отождествление себя с социальным окружением, ощущение причастности к его прошлому и настоящему, готовность принять его нормы и ценности, соответствовать предъявляемым требованиям, участвовать в совместной деятельности» [3, с. 54]. Эти требования связаны как с социокультурными традициями и социально-историческим опытом, так и с модернизационными целями и задачами, в которых декларируются ценности и определяются средства их достижения. Однако они тогда станут для молодежи ориентирами, когда будут соответствовать ее интересам и станут средством удовлетворения потребностей.

Согласно результатам социологического исследования около 40% российской молодежи считает, что российские традиции и стиль жизни россиян являются основой духовности народа населяющего нашу страну, которую, необходимо возрождать и развивать [1, с. 42]. Данная позиция молодежи, может быть результатом возникновения в советский период специфической российской культуры, как совокупности элементов культур этносов, населявших страну. Однако это не может рассматриваться как достаточные основания для формирования «полноценной» гражданской идентичности, у населения страны. В наше время полиэтничность и поликультурность становятся для нее основным затруднением. И здесь нет никакого противоречия, поскольку по мере удаления от советского периода развития общества, гражданская идентичность все больше конкурирует с этноконфессиональной идентичностью. В данной статье представлены результаты опроса студентов и экспертов СКФО.

Для 21% российской молодежи гражданская идентичность затруднена этнической принадлежностью. Так 11,1% из них ощущает себя «представителями своей национальности», а 9,9% опрошенных - «гражданами своей республики». Эти цифры указывают на опасность эскалации этнического сепаратизма, конфликтов на национальной почве, а также роста числа вынужденных мигрантов [2, с. 32].

Таким образом, социальный, политический и экономический потенциал российских регионов напрямую связан с уровнем гражданской идентичности у молодежи как наиболее активной и чувствительной к изменениям параметров социальной среды части населения. Однако успешность процесса формирования гражданской идентичности у молодежи во многом обусловлена характером ее взаимодействия с государством. В этой связи следует отметить, что в современных условиях происходит инструментализация гражданской идентичности молодежи, что проявляется в типе отношений между государством и молодежью, которые тяготеют к рациональному обмену. Что касается проявления гражданской активности у молодежи, то здесь работает фактор действенный в масштабе всей страны, а не только в северокавказском регионе. Молодежь не видит своей связи с государством, она не готова жертвовать своими интересами и тем более жизнью ради него, поскольку не считает государство гарантом своей безопасности.

Сегодня для России принципиально важной является задача поднятия уровня гражданской культуры молодежи, расширения сферы ее гражданского участия и осознания важности своей роли в социально-политическом процессе. Исходя из этого, большой интерес представляет анализ позитивных практик формирования общественно-политической активности молодежи СКФО на примере Северо-Кавказского молодёжного форума "Машук", был проведен опрос, целью которого было выявление степени сформированности гражданских установок у той части региональной молодежи, которая является более активной в социально-политической сфере и которая может быть охарактеризована как потенциальный резерв управленческой, политической, научной и творческой элиты региона. Выборка составила 150 человек, возрастом от 18 до 22 лет.

Метод оценки, используемый при анализе ответов, основывался на выделении двух уровней проявления гражданской идентичности: материально-деятельностного как объективного и ценностно-символического как субъективного. Первый из данных уровней связан с оценкой индивидом общественных событий, конкретным типом действий в различных сферах общественной жизни, уровнем его социальной и политической активности. Индикаторами этого уровня гражданского сознания являются оценочные суждения и самопозиционирование.

Ценностно-символический уровень включает определение индивидом собственной социальной и гражданской позиции, относительно других социальных групп, а также его ценностные и правовые установки. Индикаторами данного уровня в нашем анализе выступают оценка своей социальной позиции, отношение к представителям других этнических и конфессиональных общностей.

Для начала необходимо выявить уровень активности респондентов относительно той социальной среды, которая выступает для них естественным фоном, в рамках которой они осваивают социальные роли и создают основы для своей будущей статусной позиции. Так на обращение указать в работе, каких студенческих объединений респонденты принимают личное участие, то только 20% из них выбрали позицию «не участвую». Показательно, что отвечая на этот же вопрос, данную позицию выбрало более 50% студентов государственных университетов Северокавказского региона (сравнение идет по всему массиву принявших участие в грантовом исследовании респондентов, которых условно можно рассматривать как контрольную группу). При этом равные позиции по популярности у студентов из обеих изучаемых совокупностей занимает участие в таких студенческих общественных организациях как студенческий деканат (24,4%), культурный центр (15%), спортивный клуб (14,2%), студенческий совет (12%). Эти данные указывают на то, что участники лагеря, несомненно, проявляют больший интерес к общественной жизни своего учебного заведения, но форма ее проявления для всех групп опрашиваемых одинаковая. Это, общественные организации, связанные с самореализацией развивающейся личности (физиологическая, социальная, психологическая). Такая форма общественная участия как студенческий деканат в последнее время становится достаточно популярной, поскольку через них студенты могут решать многие социально-бытовые проблемы. Так, например, во многих ВУЗах студенческие деканаты играют значительную роль в вопросах поселения в общежития, оказания материальной помощи, разрешения конфликтов, распределения материальных благ среди студентов, организации досуга и т.д. Как показывают исследования, помимо решения культурно-бытовых проблем, студенческие деканаты часто выступают своеобразными посредниками между администрацией учебного заведения и студенческим сообществом при урегулировании проблемных ситуаций, возникающих в рамках образовательного процесса. Но в данном случае мы говорим о явных функциях этого органа студенческого самоуправления. Вовлечение учащейся молодежи в работу студенческого самоуправления связано с задачами формирования институтов гражданского общества: студенты приобретают навыки совместного (коллегиального) принятия решений, подчинения принципам демократического управления, четкого формулирования своих требований и претензий, привыкают ориентироваться на окружающих в своей деятельности и пр.

Таким образом, высокая значимость данного института гражданской активности у всех групп респондентов, указывает на осознание тех реальных возможности, которые он им предоставляет. Более того студенческое самоуправление выступает институтом социализации будущей интеллектуальной и управленческой элиты региона. Об этом наглядно свидетельствует состав участников молодежного форума «Машук», поскольку многие его участники были (когда учились) или являются активными членами и председателями органов студенческого самоуправления в своих учебных заведениях.

Досуговые практики студентов могут также служить источником информации о распределении свободного времени таким образом, чтобы заниматься общественно полезной деятельностью. Поэтому вполне ожидаемыми от участников форума «Машук» были ответы на вопрос «Чем Вы чаще всего занимаетесь в свободное время?». Согласно полученным ответам, общественной, социально-политической деятельностью занимаются 20%, посещают театр, музеи, концерты, читают художественную литературу 33,3%, посвящают хобби 16,7%, спорту, активному отдыху, здоровому образу жизни - 8,9%, занимаются научно-исследовательской деятельностью13,3% от общего числа опрошенных.

При сравнении изложенных выше данных, с данными полученными по всему массиву студентов региона, в свое свободное время занимаются общественной деятельностью 6,0%, научно-исследовательской деятельностью 0,6%, посвящают хобби 41.8 %, спорту, активному отдыху, здоровому образу жизни 37,3%, культурно просвещаются только 9%.

При этом активно общаются с друзьями 30% «машуковцев» и 78,9% студентов государственных университетов региона попавших в выборку, соответственно общаются со СМИ (телевидение, пресса, Интернет) 21,1% против 40,1%, а вот самоподготовке к занятиям, дополнительному образованию представители обеих референтных групп относятся с одинаковой степенью ответственности (10 - 12%).

Приведенные выше данные показывают значительную разницу в выборе сферы приложения своих интеллектуальных сил и управлении собственным досугом социально активной студенческой молодежью и студентами государственных ВУЗов региона. Структура досуга участников молодежного форума «Машук», имеет ярко выраженную социально-политическую ориентацию, подкреплена интеллектуальным развитием через вовлеченность в научно-исследовательскую деятельность и проявление интереса к культурной жизни. Иными словами принимающие участие в работе форума студенты вне зависимости от их национальности и вероисповедания демонстрируют высокие «достижительные» установки в отношении свей будущей деятельности в социальном пространстве региона.

Гражданская идентичность тесно связана с групповой идентичностью, поскольку обе они являются результатом процесса самоидентификации, как соотнесения себя с определенной общностью. Групповая идентичность выступает главной целью первичной социализации, поэтому ее субъекты - это трансляторы этноконфессиональных и социокультурных образцов. Гражданская идентичность это идентичность второго порядка и связана с усвоением ценностно-нормативного комплекса, декларируемого и реализуемого в рамках государства, страны. Эта идентичность требует определенности на уровне четкости, ясности, оформленности, а также валентности как степени позитивности или негативности. Эти характеристики выступают важными показателями эффективности процесса гражданской идентификации, и могут быть выявлены через оценочные суждения ее носителей. Речь идет о сформированности чувства причастности к той или иной социальной группе, к ее ценностям и нормам.

Исследование идентификационного профиля позволяют сделать вывод, что представители молодежной элиты региона по сравнению с «простыми» студентами ориентированы на общероссийские ценности, проявляют признаки наличия у них четко выраженной позитивной гражданской идентичности.

Библиографический список:

1. Горшков М.К., Шереги Ф.Э. Молодежь России: социологический портрет. М.: Институт социологии РАН, 2010. С.69
2. Горшков М.К., Шереги Ф.Э. Молодежь России: социологический портрет. М.: Институт социологии РАН, 2010.С.71
3. Молодежь в российских регионах: перспективы гражданского и профессионального становления. Материалы Научно-экспертного совета при Председателе Совета Федерации РФ. М., 2006.

Панкова Т.А.
старший преподаватель
Затинацкий С.В.
профессор, к.т.н.
кафедра «Организация и управление инженерными работами, строительство и гидравлика»,
ФГБОУ ВПО Саратовский ГАУ им. Н. И. Вавилова
e-mail: vtanja@mail.ru

МОДЕЛИРОВАНИЕ РЕЖИМА ОРОШЕНИЯ

В Саратовской области наличие плодородных черноземов и каштановых почв позволяет выращивать многие сельскохозяйственные культуры, но увеличение урожайности сдерживается количеством выпавших осадков. Поэтому одним из важнейших средств повышения продуктивности сельскохозяйственных культур на территории области является орошение, недостаточная обоснованность которого приводит к развитию деградационных процессов в почве.

Так, например, по зерновым культурам урожайность на орошении больше: в 2005 г –в 6,2 раза; в 2006 г – в 6,7 раз; в 2007 – в 6,9 раз; в 2008 г – в 8,1 раз и в 2009 г – в 8,2 раза [1].

Колебания урожайности на территории Саратовской области зависит от происходящих природно-климатических изменений, скомпенсировать негативное влияние которых возможно путем регулирования водного, теплового и пищевого режима на мелиорируемых землях [2].

В связи с этим, в настоящее время актуальной проблемой для науки и практики являются разработки в области нормирования режима орошения сельскохозяйственных культур путем прогнозирования его с помощью математических моделей.

Нами была разработана модель нормирования орошения, которая позволяет проводить расчет режима орошения сельскохозяйственной культуры по вариантам с разными заданными граничным условиями влажности почвы.

Симуляция режима орошения люцерны в условиях Саратовской области приведены в таблице 1.

Графическая часть модели нормирования орошения, строится автоматически и состоит из графика динамики влагозапасов по ходу всего вегетационного периода (рис.1.).

Таблица 1.

Параметры		2006	2007	2008	2009	2010	2011	2012	Ср.знач
1-0,7	ΣE, мм/сут	639	660	535	630	922	635	658	668
	Wср, % от НВ	96	90	88	82	87	92	85	88
	M (оросит норма), мм3/га	360	360	360	360	780	360	420	429
	кол-во поливов (n)	6	6	6	6	13	6	7	7
1-0,75	ΣE, мм/сут	608	693	579	688	970	666	703	701
	Wср, % от НВ	86	94	90	88	89	93	88	90
	M (оросит норма), мм3/га	400	400	400	450	850	400	500	486
	кол-во поливов (n)	8	8	8	9	17	8	10	10
0,9-0,65	ΣE, мм/сут	595	664	556	626	942	642	689	674
	Wср, % от НВ	87	90	86	84	87	96	85	88
	M (оросит норма), мм3/га	400	400	400	450	800	400	450	471
	кол-во поливов (n)	8	8	8	9	16	8	9	9
0,9-0,6	ΣE, мм/сут	517	617	498	564	821	572	598	598
	Wср, % от НВ	79	87	82	79	82	86	81	82
	M (оросит норма), мм3/га	300	360	420	360	780	360	360	420
	кол-во поливов (n)	5	6	7	6	13	6	6	7

Рис. 1. График динамики изменения влагозапасов почвы в течении вегетационного периода культуры.

Разработанная модель была проверена на адекватность и достоверность.

По результатам регрессионного анализа были построены графики зависимости суммарного водопотребления культуры от средней за вегетационный период влажности (рис.2).

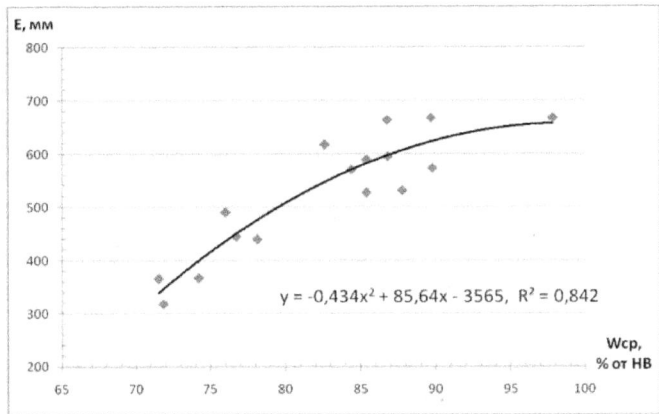

Рис. 2. Зависимость суммарного водопотребление люцерны (в мм) от средней за вегетационный период влажности (в % от НВ).

С помощью линии тренда была получена регрессионная зависимость между средней влажностью почвы и величиной суммарного водопотребления культуры. Полученная зависимость описывается уравнением аппроксимирующей (сглаживающей) кривой, полиномом 2 степени:

$$E = -0{,}434 W_{cp}^2 + 85{,}64 W_{cp} - 3565$$

Величина достоверности аппроксимации R^2 получилась больше 0,7 и составила $R^2 = 0{,}842$, это говорит о значимой корреляционной зависимости между водопотреблением и влажностью почвы.

ЛИТЕРАТУРА

1. *Кошкин Н. М., Затинацкий С. В., Васильченко Т. А.* / Автоматизация управления режимом полива сельскохозяйственных культур с учетом погодных условий. Вестник СГАУ. / Саратов, 2010. №7. С. 58-61.
2. *Васильченко Т. А., Затинацкий С. В.* / Обоснование необходимости комплексных мелиораций с учетом возможного изменения климата в условиях Нижнего Поволжья. Вестник СГАУ. / Саратов, 2008. № 3. С. 60-62.

Грешняков Г.В.
доцент каф. ТВН ЭИКТ Института энергетики и транспортных систем СПбГПУ, к.т.н.
Доронин М.В.
студент Института энергетики и транспортных систем СПбГПУ
Селезнёв Д.А.
студент Института энергетики и транспортных систем СПбГПУ

К ВОПРОСУ О РАСЧЁТЕ ТЕПЛОВОГО РЕЖИМА СИЛОВОГО ИМПУЛЬСНОГО КАБЕЛЯ

Summary: The task of the analysis of a temperature operating mode of isolation power pulse cables is discussed with isolation from the sewed polyethylene on voltage of 12 kV with copper conductors. The numerical method is applied to calculation of a temperature field - the method of final elements (MFE) the program Elcut complex.

Исследуется задача анализа температурного режима работы изоляции из сшитого полиэтилена силовых импульсных кабелей на напряжение 12 кВ, имеющих триаксиальную конструкцию, состоящую из следующих компонентов: медной токопроводящей жилы, обмотанной двумя лентами электропроводящей кабельной ткани (ТЭК-100/40), полимерного экрана по жиле, внутренней изоляции из силанольносшитого полиэтилена, полимерного экрана по изоляции, всё это обмотано двумя лентами электропроводящей кабельной бумаги Terkab, дальше наложен наружный медный проводник, скреплённый медной лентой; после этого следуют полимерные изделия из полиэтилена производства фирмы «Borealis»: экран по внешнему проводнику, внешняя изоляция; на них наложена обмотка двумя лентами электропроводящей кабельной бумаги Terkab. Наружная оболочка кабеля выполнена из полимерной композицией марки Винтес 2010.

Расчёт ведётся для кабелей сечением жилы 25, 120 и 400 мм^2 для дальнейшего производства и эксплуатации на международном термоядерном испытательном центре ITER(International Thermonuclear Experimental Reactor).

Для расчёта температурного поля применён численный метод - метод конечных элементов (МКЭ) [1,2,3] и программный комплекс Elcut[4].

Для данной статьи возьмём как пример кабель с сечением жилы 120 мм^2.

Мы имеем импульсный ток, имеющий для выбранного сечения амплитуду 7050 А. необходимо было описать ток, как функцию времени.

Начальный участок был аппроксимирован прямой линией, а спадающий как экспоненциально зависимую функцию по закону $Imax e^{\frac{-t}{\tau}}$, где τ=12 с. Общее время протекания импульса равняется Т=40 с. Затем нам надо было задать паузу в 20 минут (1200 с), а затем опять пустить тот же импульсный ток. Основной задачей был анализ проверки технических характеристик кабеля, а именно проверка выполнения условия технического задания, в котором указано, что данное кабельное изделие должно быть рассчитано на n=30000 импульсов непрерывной работы (включая двадцатиминутное остывание в промежутках между подачами импульсного тока)[5].

Наша задача использует известный источник тепловыделения, с помощью которого рассчитываются распределение температуры во всех точках модели.

Таким образом, решение разбивается на следующие основные пункты:

1. Выбор начального приближения для токов фазах кабеля в соответствии с характером протекания импульса.

2. Тепловой (стационарный) расчёт кабеля путём его прогрева до нормальных условий в 20°С.

3. Нестационарный расчёт электромагнитного поля с целью определения источников тепловыделения в проводящих элементах конструкции (экран).

4. Тепловой (нестационарный) расчёт кабеля и определение температуры жилы.

Исходными данным являются: геометрическая модель кабеля и данные о тепловых и магнитных характеристиках компонентов кабеля и окружающей среды

По причине того, что создание компьютерной модели, в которой мы просчитали бы все 30000 импульсов вместе с перерывами, вызывает очевидные трудности, был произведён расчёт включительно до сорокового импульса. Дальше были выведены расчётные приблизительные формулы для проводящих компонентов кабеля (жила, внешний проводник, экран из медных лент) и наружной оболочки в виде T=f(n). Ниже приведена таблица с этими формулами:

Элемент кабеля	Формула
Жила	$T = 109.4 - 0.02356 \cdot n + \left(\frac{-2.304}{n}\right) + \left(\frac{-0,001242}{\cos(n)}\right) + \left(\frac{-62.02}{e^{0.2018 \cdot n}}\right)$
Внешний проводник	$T = 78.71 + 0.02729 \cdot n + \left(\frac{-0.09746}{n-10.25}\right) - 58.13 \cdot e^{(-0.2038 \cdot n)}$

Экран из медных лент	$T = 59.54 + 0.0236 \cdot n - 48.9 \cdot e^{(-0.2037 \cdot n)}$
Наружная оболочка	$T = \dfrac{6.425}{n} + \dfrac{223.6 \cdot n}{13.02 + 2.595 \cdot n - 0.1194} \cdot \cos(68.83 \cdot n) - 18.23 \cdot \sin(0.0345 \cdot n)$

Необходимо было рассчитать на каком импульсе температура на поверхности жилы достигнет 130±2°C, так как именно при данной критической температуре изоляция из силанольносшитого полиэтилена начинает деструктуризироваться. Теоретически было подсчитано, что при n=850 температура на поверхности жилы достигает предельной для данного типа изоляции значения. Подставив это же значение вместо n в остальных формулах (для моделирования тепловой картины поля кабеля при данном количестве прохождений по нему импульсного тока), вычислили значения температур после прохождения по кабелю импульсного тока 850-ый раз.

Далее мы теоретически определили время, за которое кабель остынет до нормальной температуры T=20°C. Оно равняется t=24500 с . После этого по кабельному изделию можно опять пускать импульсный ток. Таким образом, задача анализа технических характеристик импульсного кабеля была теоретически решена.

Литература:

1. ELCUT 5.10 Руководство пользователя. – ООО «Тор», Санкт-Петербург, 2012. 356 с
2. Г.В. Грешняков, С.Д. Дубицкий, Г.Г. Ковалёв «Численный метод анализа нагрузочной способности высоковольтной кабельной системы». КАБЕЛЬ-News., № 3, 2013. с.32-37.
3. Г.В. Грешняков, Г.Г. Ковалёв, С.Д. Дубицкий К вопросу о выборе предельно допустимых токов силовых кабелей. – Кабели и провода, № 2011, с. 12-16. С.12-16.
4. Г.В. Грешняков, Н.В. Коровкин, С.Д. Дубицкий, Г.Г. Ковалёв «Электромагнитный и тепловой расчет токовой нагрузки кабельной системы методом конечных элементов», Кабели и провода, № 4 , 2013. С. 15-21.
5. М.В. Доронин, Д.А. Селезнёв «Численный расчёт электромагнитного и теплового поля силового импульсного кабеля». Научно-исследовательский инновационный потенциал молодёжи, 2013, С. 178-184

Гирфанова Л.Р.
канд. техн. наук, доцент, ФГБОУ ВПО Уфимский государственный университет экономики и сервиса
321Li@mail.ru

РАЗРАБОТКА ИНТЕГРИРОВАННОЙ КОНСТРУКЦИИ ДЛЯ ИЗДЕЛИЯ С ГРАДИЕНТНЫМ РАСПРЕДЕЛЕНИЕМ СВОЙСТВ

Градиентное распределение свойств формоустойчивости по поверхности одежды позволяет повысить ее эргономические свойства и перейти к разработке нового ассортимента, отличающегося наличием нехарактерных для швейной промышленности материалов. Такими материалами могут быть различные жесткие элементы, батареи, проводники, прочие конструкции. Проектирование конструкции одежды в этом случае сопряжено со сложностями в сопряжении элементов из различных по своим физико-механическим характеристикам материалов. Подобная проблема возникает, например, при разработке одежды из трикотажных полотен и кожи, где кожа является элементом сопротивляемости, а трикотажное полотно – растяжимости и восстанавливаемости [1]. Однако, такое сочетание зон в одежде позволяет перераспределить нагрузки по поверхности и проектировать участки расположения элементов не текстильного характера.

Кожа имеет большое остаточное удлинение при растяжении (до 20-25%), поэтому стабильность формы изделия в процессе эксплуатации простым ее применением не обеспечивается. Следовательно, необходимо повышать ее жесткость и упругость, причем неравномерно по всей поверхности, а в соответствии с топографией участка. Разработанный способ градиентного изменения жестко-упругих свойств кожи на основе применения ячеистых прокладочных материалов и полимерной пасты позволил добиться необходимых показателей свойств кожи и показал высокую надежность [2].

Апробация методики проектирования одежды с градиентным распределением свойств прошла на моделях из трикотажного полотна и кожи (рисунок 1). Методика заключается в разработке интегрированной конструкции и зонировании в элементах из кожи. Реализация методики представлена на примере первой модели.

Разработка интегрированной конструкции осуществляется графическим способом, путем наложения модельной конструкции из кожи с нулевыми прибавками на модельную конструкцию из трикотажного полотна с нулевыми или отрицательными прибавками. Соответствие деталей по форме достигается конфигурацией срезов и растяжимостью основы. Начальные шаги проектирования традиционны – разрабатывают базовую конструктивную основу (БКО) для трикотажного полотна с прибавками, характерными для разрабатываемого изделия и модельную конструкцию (МК) для изделия из кожи на основе БКО с нулевыми прибавками, фактически на развертке. МК изделия из кожи включает в себя только детали, присутствующие в изделии (рисунок 2 – заштрихованные детали). Первым этапом построения является наложение модельной конструкции из кожи на базовую конструкцию из трикотажного полотна. Вторым этапом является корректировка базовой конструкции из трикотажного полотна с учетом линий модельной конструкции из кожи. Корректировка заключается в переносе вытачек на трикотажной основе в зависимости от расположения линий модельной конструкции из кожи таким образом, чтобы они попадали под деталь из кожи полностью.

Рисунок 1. Модели платьев (автор Ускова Л.И.)

Детали из кожи или замши дублируются до получения композита с градиентным распределения свойств жесткости и упругости, для чего разработан и апробирован способ [1], основанный на применении ячеистых прокладочных материалов и полимерной пасты. Градиент обеспечивается выбором структурно-геометрических параметров ячеистого материала и количества его слоев на каждом участке детали [3]. Этот способ позволяет добиваться градиента от 10 до нескольких тысяч раз и охватывает свойства жесткости, упругости, растяжимости, прочности. Зональное распределение свойств проектируется с учетом топографических исследований фигуры в статике и динамике.

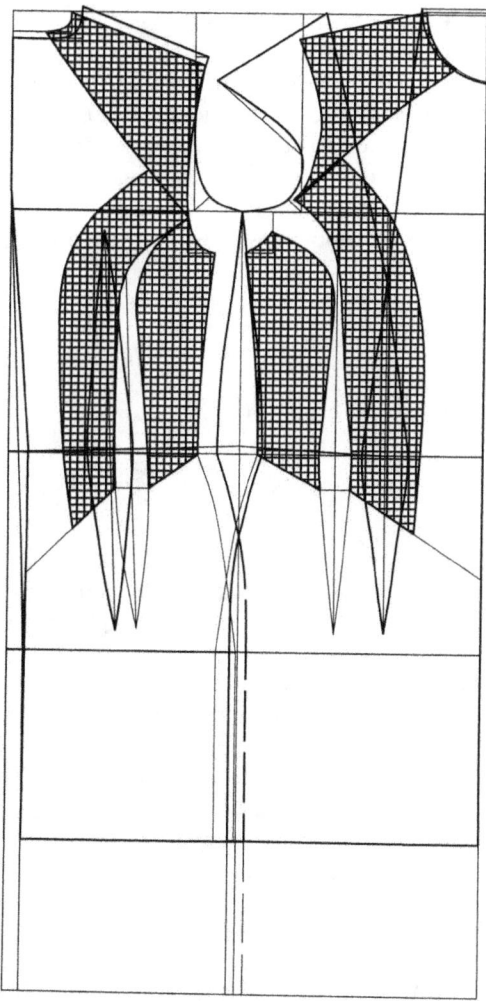

Рисунок 1. Схема интегрированной конструкции трикотажной основы с деталями из кожи

Применение разработанного способа позволяет достигать высоких показателей ресурсосбережения, что актуально при производстве изделий с кожей. Традиционная технология, не обеспечивающая высоких показателей формоустойчивости, предполагает соблюдение правил раскладки и раскроя кож, согласно которому, все значимые и требующие высокой формоустойчивости детали, раскладываются в средней части хребтовой области, желательно вдоль линии хребта. При такой раскладке возникает большое количество межлекальных выпадов и площадь кожи в целом используется неэффективно (рисунок 3 – а).

Способ повышения формоустойчивости [2], заключающийся в получении композита, позволяет производить раскрой кожи без учета топографии и качества участков (рисунок 3 – б). После расроя каждой детали придаются необходимые физико-механические свойства вне зависимости от качества исходного материала. Такой подход позволяет минимизировать отходы раскройного производства и полностью его автоматизировать, так как основным критерием становится коэффициент использования кожи.

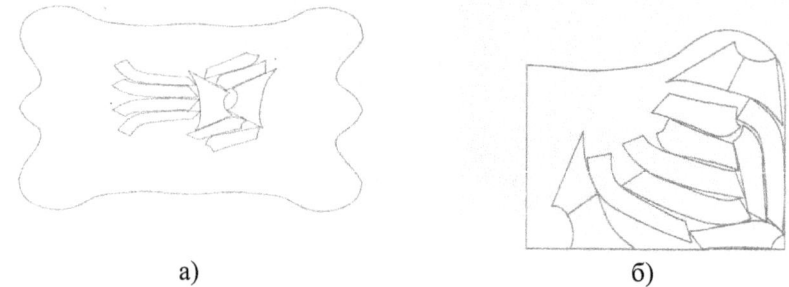

а) б)

Рисунок 3. Схемы раскладок: а) - раскладка с учетом топографических участков кожи; б) - раскладка без учета топографических участков кожи

Разработанная методика проектирования одежды с градиентным распределением свойств позволяет получать интегрированные конструкции для одежды с различным сочетанием в ней текстильных и не текстильных материалов, компонентов, например, батареи, элементы питания, датчики, мониторы, проводники и т.п. Такой подход к решению проблемы создания «умной» одежды применим и в системах автоматизированного проектирования одежды.

Литература

1. Гирфанова Л.Р. Способы и методы улучшения промышленно-потребительских свойств швейных изделий: Монография. – Уфа: Уфимская государственная академия экономики и сервиса, 2011. – 80 с.

2. Girfanova L.R. Increasing Stability of Clothes Form Using Porous Padding Materials / 2013 Korea – Indonesia International Conference, Textile Museum Jakarta, Indonesia – 2013. – p. 44-46.

3. Гирфанова Л.Р. К вопросу повышения формоустойчивости деталей изделий из кожи и меха // Научное обозрение, 2013. № 7 с. 59-64.

Евтюков С.А.[1]
д.т.н. профессор
Брылев И.С.[1]
аспирант
[1]ГОУ ВПО «Санкт-Петербургский государственный архитектурно-строительный университет» Россия, 190005, Санкт-Петербург, 2-я Красноармейская ул., д. 4,
e-mail: evtyukovs@gmail.com; ilya2104@mail.ru

ПРОБЛЕМЫ ПРОВЕДЕНИЯ АВТОТЕХНИЧЕСКИХ ЭКСПЕРТИЗ С УЧАСТИЕМ ДВУХКОЛЕСНЫХ ТРАНСПОРТНЫХ СРЕДСТВ

Безопасность дорожного движения является одной из важных социально-экономических и демографических задач Российской Федерации.

Ежегодно в Российской Федерации в результате дорожно-транспортных происшествий (ДТП) погибают и получают ранения свыше 270 тыс. человек. Общее количество ДТП с участием мотоциклистов на период январь – декабрь 2012 года составляет около 7758, при этом погибло около 1104 человек, ранено 8844 человек.

Дорожно-транспортное происшествие, как правило, это – результат многих обстоятельств, образующих совокупность причин и следствий. Установление истинных причин нарушения правил безопасности, приведших к аварии, и обстоятельств, им способствующих, одна из важных задач обеспечения безопасности движения и эксплуатации автотранспорта [1, 25].

При этом действующий методический аппарат в органах системы Министерства Юстиции РФ не имеет методов (точнее не имеет четкой позиции по применению отдельных методик, успешно используемых в зарубежной практике уже более 25 лет) позволяющих решить частные инженерные задачи, такие как установление затрат энергии на деформацию транспортных средств (ТС), определение фактических траекторий перемещений ТС, определение скоростей движения объектов к моменту контакта и их пространственное положение в заданный момент времени до столкновения, определение момента срабатывания системы активизации подушек безопасности и многие другие.

Данные недостатки действующей системы во многих случаях приводят к невозможности определения параметров отдельных фаз механизма ДТП (сближение – контакт – разлет) или полной невозможности реконструкции механизма ДТП. Что как следствие приводит к невозможности доказательства или опровержения причинной связи в действиях водителей и наступивших последствий, т.е. проще говоря приводит к наличию нескольких равновероятных сценариев развития механизма ДТП (как правило в субъектном изложении водителей – участников ДТП).

При существующем порядке производства экспертиз, который сохраняется без изменения на протяжении многих лет, выполнение экспертизы и составление экспертного заключения является весьма трудоемким процессом, особенно в случаях комплексных многообъектных экспертиз, и требует больших трудозатрат. Более того, качество фиксации первичной пространственно-следовой информации с места ДТП и об объектах исследования (а/м, пешеходах, пассажирах и т.д.) на настоящий момент в РФ находится на крайне низком уровне, что во многих случаях приводит к тому, что эксперт вынужден приходить к выводу, что реконструкция механизма ДТП, в рамках представленных ему на исследование материалов не возможна.

Так в частности реконструкции механизма ДТП, с участием двухколесных ТС, в настоящий момент существует серьезный изъян в части определения причинно-следственной связи между действиями мотоциклистов и самим ДТП, в частности возникает проблема установки фактической скорости движения мотоциклов к моменту их вступления в контактно следовое взаимодействие (столкновение), а так же определения параметров замедления и торможения мотоциклов, что существенно влияет на качество и объем исследований, производимых экспертами по анализу ДТП. В следствии чего возникает неполнота и неполноценность исследования механизма таких ДТП, так как в большинстве случаев, вопрос о скорости движения мотоциклов остается не исследованным или оценка скорости позволяет определить только минимальное значение.

Типовая методика, принятая к применению не позволяет так же оценить затраты скорости (энергии) на перемещение мотоцикла при боковом скольжении, его опрокидывании и вращении. В действующей (сложившейся ещё с середины 70-х годов) системе экспертных исследований ДТП продолжает отсутствовать необходимая научная теория анализа движения соударяющихся анизотропных объектов; методы определения затрат энергии на объемные деформации ТС; сохраняется высокий уровень субъективизма экспертов; нечеткость принципов оценки качества результатов исследований; зачаточность процесса автоматизации технологий анализа и моделирования (в частности, в РФ нет полноценного программного обеспечения, отвечающего мировым аналогам).

При этом, как показывает опыт, далеко не все специалисты, занятые в сфере анализа ДТП, понимают классическую физику, не зная что расчет скорости движения по следам торможения юзом, есть с физической точки зрения расчет работы сил на перемещение тела массой m на расстояние S при установившемся замедлении.

В мировой практике существуют два основных подхода расчета скорости мотоцикла при ДТП:

- Методика расчета скорости мотоцикла при сохранении линейного количества движения;

- Расчет скорости мотоцикла при сохранении крутящего момента;

Чтобы рассчитать скорость движения мотоцикла в момент столкновения с автомобилем, можно использовать скорость вращения транспортного средства, вызванную воздействием на кузов а/м мотоциклом. Большое количество ДТП с участием мотоциклов происходят при совершении маневра левого поворота при проезде перекрестка, при перестроении (смене полосы движения). При столкновении, образуется угол между мотоциклом и легковым автомобилем, при этом происходит эксцентричное воздействие на автомобиль, в результате чего, автомобиль разворачивается в направлении эксцентрично переданного ему импульса сил.

Точность расчетов, как и все расчеты связанные с расследованием и экспертизой ДТП, зависит от качества первичной информации, доступной для исследования.

Например, авторам известно весьма полное описание механики вращения, изложенное в учебном пособии для экспертов по анализу ДТП [2, 48]. В РФ аналогичные (совместные) исследования до настоящего момента не публиковались, тем самым это позволяет ряду заинтереснованных лиц утверждать, что на данный момент в Российской федерации расчет скорости мотоцикла при отсутствии зафиксированных следов торможения не возможен.

Точность определения скорости мотоцикла является чувствительность к точности определения:

- коэффициента сцепления в продольном и поперечном направлении движения;

- замедления мотоцикла;

-коэффициента трения/скольжения мотоцикла при его опрокидывании и волочении на стадии разлета транспортных средств;

Во время проведения автотехнических исследований и анализа дорожно-транспортных происшествий с участием двухколесных транспортных средств, судебные эксперты сталкиваются с отсутствием следующих исходных данных относительно того или иного транспортного средства:

-времени запаздывания срабатывания тормозного привода t_2;

-времени нарастания замедления t_3;

-отсутствие величины установившегося замедления j.

Эти данные необходимы для расчета скорости движения МТС по следам торможения (при их наличии на проезжей части), остановочного пути, времени движения в заторможенном состоянии и др.

Были проведены испытания мотоциклов, при которых происходил отброс мотоцикла на проезжую часть [4, 63]. Результаты испытаний сведены в таблицу 1.1.

Таблица 1.1
Данные исследований коэффициента сцепления, с учетом различных классов дорожного покрытия

Номер теста	Марка мотоцикла	Скорость км/ч	Коэффициент волочения (сцепления)	Установленный коэффициент волочения (сцепления)
1	350 Honda Street	48,3	0.40	0.50
2	350 Honda Street	51,5	0.55	0.65
3	350 Honda Street	49,9	0.28	0.38
4	350 Honda Street	49,9	0.28	0.38

Так же были проведены испытания, при которых происходили различные варианты отброса мотоцикла, при этом было измерено среднее замедление мотоциклов [3, 79]. Результаты испытаний сведены в таблицу 1.2.

Таблица 1.2
Данные исследований установившегося замедления мотоциклов при дополнительном скольжении, с учетом различной скорости и вариаций падения мотоцикла

Скорость км/ч	Остановочный путь, м	Замедление, м/сек^2	Комментарий
64,0	26,8	6,0	Правая сторона, скольжение
64,0	26,2	6,1	Правая сторона, скольжение, с внедрением в поверхность скольжения
79,0	48,2	5,0	Правая сторона, с образованием задиров поверхности
77,0	54,3	4,2	Правая сторона, скольжение и царапание поверхности

Следует отметить, что производя расчет скорости мотоцикла, используя классический метод расчета скорости движения ТС по зафиксированным следам торможения юзом, прослеживается существенная разница расчетных значений скорости, между мотоциклами иностранного и отечественного производства, которая составляет около 9% ÷ 11%. При этом расчетная скорость мотоцикла отечественного производства занижена, что в свою очередь сказывается на качестве автотехнического исследования в целом.

Необходимо исследовать тормозные механизмы мотоциклов иностранного производства, имитировать падение (волочение) мотоцикла совместно с манекеном для выявления зависимостей параметров торможения в конкретно рассматриваемой ситуации, для выведения зависимостей, необходимых для расчета скорости мотоцикла. Это позволит универсализировать механизм расчета скорости движения мотоцикла к моменту столкновения исходя из различных вариаций как контактно-следового взаимодействия так и стадий сближения и разлета. Тем самым проводимые исследования позволят повысить достоверность определения причин ДТП с участием мотоциклов и точность реконструкции механизма ДТП в экспертных исследованиях.

Следует отметить, что отсутствие параметров t_2, t_3 и j двухколесных транспортных средств иностранного производства на данный момент представляет собой серьезную проблему, связанную с объективностью выводов при технической оценке показаний и действий водителей. Для решения данной проблемы необходимы проведение исследований и установление экспериментальным путем параметров t_2, t_3 и j двухколесных транспортных средств, после этого их обработка и систематизация с помощью методов математической статистики.

Список литературы:

1. С. А. Евтюков, Я. В. Васильев, Дорожно-транспортные происшествия. Расследование, реконструкция, экспертиза, Изд-во ДНК, 2008. - 390 с.

2. Daily, John; Shigemura, Nathan S.; Fundamentals of Applied Physics for Traffic Accident Investigators, Institute of Police Technology and Management, 1997

3. Lynch, Georg e F. "Conducting Test Slides: Motorcycles on Asphalt," Law and Order, (ноябрь 1984).

4. "Motorcycle Test Skidding on its Side," Iowa State Patrol Traffic Investigation Spring Seminar, unpublished report, 1985.

Хамидуллина[1] Д.А., Кондрашева[2] С.Г., Лашков[3] В.А.
[1]старший преподаватель, КНИТУ, кафедра машиноведения
[2]доцент, к.т.н., КНИТУ, кафедра машиноведения
[3]профессор, д.т.н., КНИТУ, кафедра машиноведения
lashkov_dm@kstu.ru

КОНЦЕПЦИЯ УСОВЕРШЕНСТВОВАНИЯ СУЩЕСТВУЮЩИХ ХИМИЧЕСКИХ ТЕХНОЛОГИЙ

В послании президента РФ Федеральному Собранию от 12 декабря 2013 г. отмечена необходимость по очистке экономики от устаревших, неэффективных, вредных технологий и создании системы технического и экологического регулирования.

Данное положение касается не только разработки новых производств, но и усовершенствования существующих технологий.

В химической промышленности переработка различных химических продуктов сопровождается образованием вредных отходов. К ним относятся продукты реакций не находящие применения, продукты неполного или неглубокого превращения, полимеризации, газы, не вступившие в реакцию, отработавшие катализаторы, адсорбенты, абсорбенты, фильтровальные материалы не пригодные для повторного использования. Кроме того, к отходам относятся потери сырья, промежуточных и готовых продуктов вследствие негерметичности оборудования химических производств.

Одним из направлений, обеспечивающим рациональное использование всех компонентов сырья и энергетических ресурсов, является создание малоотходных технологий, в которых вредное воздействие на окружающую среду не превышает уровня, допустимого санитарными нормами. В основе организации малоотходного производства лежит ряд принципов, ключевым из которых является системность, в соответствии с которой каждый отдельный процесс рассматривается как элемент более сложной системы.

Химическое предприятие состоит из большого числа взаимосвязанных подсистем, между которыми существуют отношения соподчиненности в виде иерархической структуры.

Первую, низшую ступень иерархической структуры малоотходного производства образуют типовые процессы химической технологии. Каждый типовой процесс рассматривается как подсистема, имеющая входы и выходы. Основу следующей ступени иерархии безотходного химического производства составляют агрегаты, то есть взаимосвязанная совокупность отдельных типовых процессов и аппаратов, осуществляющая рекуперацию материальных и энергетических ресурсов.

При организации малоотходного производства необходимо выполнить определенные требования, предъявляемые к аппаратурному оформлению технологических процессов, а именно: обеспечение герметичных условий протекания технологических процессов.

Реализация данного требования в промышленности возможна при проведении процессов в условиях понижения давления парогазовой среды. В зависимости от специфики производства организовать такие процессы можно путем понижения общего давления среды или парциального давления пара (газа) [1, 135].

Отличительной особенностью всех процессов, протекающих при понижении давления среды, является то, что установки для их реализации функционируют совместно с улавливающим оборудованием. Это объясняет наличие дополнительной ступени в иерархии типовых процессов и дает возможность рассматривать их как единую систему, точку приложения управляющих воздействий к которой следует искать во всех объектах этой системы.

На рис. представлена функциональная схема технологических процессов, протекающих при понижении общего и парциальных давлений парогазовой среды, которая включает три основных блока: I - блок возмущающих воздействий на материал, II - реакционный блок, III - блок возмущающих воздействий на парогазовую среду. На материал можно воздействовать, например, лазерным излучением, химической обработкой

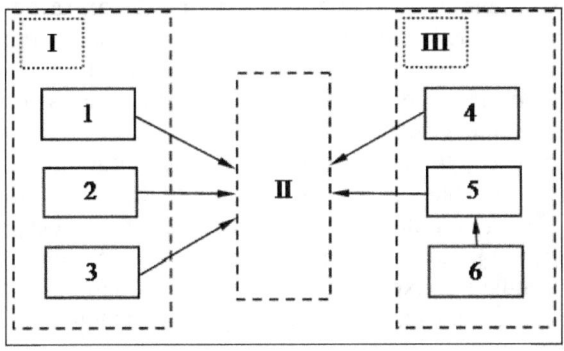

Рис. - Функциональная схема технологических процессов, протекающих при понижении общего и парциальных давлений парогазовой среды: 1 - лазерный излучатель, 2 - емкости с реагентами; 3 - источник электрического тока, 4 - струйный эжектор, 5 - конденсатор, 6 - вакуумный насос

или электрическим током. В парогазовую среду возмущения вносят эжектор, конденсатор, вакуумный насос.

Высший уровень иерархии устанавливает связь между аппаратами,

которая может быть выражена уравнением [2, 127]
$$jFd\tau - V_{сп}\rho d\tau = V_{св}d\rho,$$
где j - поток массы, F - поверхность тепломассообмена, τ - время, $V_{сп}$ - объемная производительность системы удаления пара, ρ - плотность пара, $V_{св}$ - свободный объем аппарата.

В уравнении первый член левой части определяет интенсивность испарения или выделения газообразных продуктов в парогазовую смесь; второй член - отвод компонентов смеси из аппарата в вакуумную линию; правая часть - изменение парциальной плотности компонентов смеси в сепарационном пространстве герметичной камеры.

Согласно уравнению, с одной стороны исходные данные для расчета аппарата улавливания паров и газов определяются кинетикой процессов, протекающих при понижении давления среды, а с другой - изменение внешних условий, обеспечиваемое работой оборудования газоочистки, влияет на закономерности тепломассопереноса в системе.

Выбор структуры и взаимосвязи элементов химико-технологической системы зависит от решения конкретной задачи, определяемой входными и выходными переменными технологических потоков системы, которые определяют ее состояние, т.е. характеризуют функционирование в каждый момент времени. Так, изолирование рабочего объема аппарата от окружающей среды обеспечивает повышение концентрации выделяемых компонентов и эффективность массообмена в устройствах газоочистки. В процессе понижения общего давления среды, который характеризуется удалением неконденсирующегося газа (воздуха) из свободного объема аппарата, наиболее эффективным способом улавливания паров является их конденсация на охлаждающих поверхностях.

Приведенная функциональная схема использована при разработке аппаратурного оформления процессов термического разложения полимеров [3], извлечения жирных кислот из соапстоков [4], безреактивном расщеплении жиров [5], рекуперации легколетучих растворителей [6] и т.д.

Предложенный подход является одним из вариантов создания малоотходных технологических схем, не требующих значительных экономических и энергетических затрат.

Литература:

1. В.А. Лашков, С.Г. Кондрашева, Д.А. Казанцева, *Вестн. Казан. технол. у-та*, **14**, 8, 135-143 (2011).
2. В.А. Лашков, С.Г. Кондрашева, *Вестн. Казан. технол. у-та*, **14**, 20, 122-129 (2011).
3. Пат. РФ 2.041.733 (1995).
4. Пат. РФ 2.171.274 (2001).
5. Пат. РФ 2.175.001 (2001).
6. Пат. РФ 2.094.097 (1997).

Ляхова Е.В.
Дальневосточный федеральный университет, Инженерная школа;
кафедра: Электроники и средств связи
Надымов А.В.
старший преподаватель
МЕТАМАТЕРИАЛЫ С ОТРИЦАТЕЛЬНЫМ ПОКАЗАТЕЛЕМ ПРЕЛОМЛЕНИЯ

Метаматериалы представляют собой относительно новый класс материалов, свойства которых обусловлены не столько свойствами составляющих его элементов, сколько искусственно созданной периодической структурой, позволяющей достигать таких совершенно необычных для естественных веществ свойств, как, например, отрицательный показатель преломления.

Применение этих материалов, где манипуляция структурами происходит в масштабах значительно меньше длины волны, позволяет получить необычные макроскопические свойства. Теоретически показано, что из таких материалов можно создать «плащи-невидимки» для микроволнового излучения, аналоги чёрных дыр или оптические приборы с экзотическими свойствами.

Кроме этих пока еще фантастических проектов, изучение метаматериалов приносит вполне ощутимые практические плоды. Оно обещает создать технологические прорывы во многих отраслях науки и техники, в первую очередь в радиотехнике и оптике. Одно из перспективных направлений использования метаматериалов – создание миниатюрных антенн СВЧ-устройств, превосходящих по своим параметрам изделия микрополосковой техники.

Особое значение имеет то обстоятельство, что пионером теории метаматериалов является наш соотечественник, советский физик В. Г. Веселаго, который в 1967 году опубликовал в журнале «Успехи физических наук» статью, где обсуждалась возможность создания материалов с отрицательным показателем преломления. Ещё раньше, в 1950-х годах, такие материалы упоминались в работах советских исследователей Д.В. Сивухина, В.Е. Пафомова и др.

С точки зрения физики метаматериалы с отрицательным показателем преломления являются антиподами обычных материалов. Практическое использование метаматериалов, в первую очередь, связано с возможностью создания на их основе терагерцовой оптики, что, в свою очередь, приведет к развитию метеорологии и океанографии, появлению радаров с новыми свойствами и средств всепогодной навигации, устройств дистанционной диагностики качества деталей и систем безопасности, позволяющих обнаружить под одеждой оружие, а также уникальных медицинских приборов.

В настоящее время новые серьезные открытия в этой области совершаются каждые несколько месяцев, однако для создания практически применимых устройств необходимо преодолеть ещё множество серьёзных технологических трудностей. В первую очередь это создание метаматериалов, способных изгибать свет в трех измерениях, а не только на плоских двумерных поверхностях. Это потребует создания трехмерной фотолитографии – технологии создания регулярных пространственных структур. Также необходимо решить проблему создания метаматериалов, изгибающих свет не одной частоты, а нескольких – или, скажем, полосы частот. Это, возможно, окажется самой сложной задачей, потому что все разработанные до сих пор крошечные имплантаты отклоняют свет только одной точно заданной частоты. Возможно, ученым придется заняться многослойными метаматериалами, где каждый слой будет действовать на одну конкретную частоту. Пока не ясно, каким будет решение этой проблемы.

Совсем недавно перед исследователями метаматериалов открылась новая перспективная отрасль исследований – квантовая физика. Российско-германская группа физиков под руководством Алексея Устинова из Российского квантового центра создала первый в мире квантовый метаматериал на основе твердотельных сверхпроводящих кубитов. Основой устройства стали 20 С-образных разорванных алюминиевых колец, охлажденных до температуры в несколько десятков милликельвин. Такие кольца обычно используются физиками в роли кубитов – устройств, способных подобно атомам хранить квантовую информацию. В новом устройстве 20 таких метаатомов были объединены в квантовую систему благодаря тому, что все они находились в непосредственной близости друг от друга и микроволнового резонатора. Это резко усилило взаимодействие отдельных кубитов между собой, что экспериментально проявлялось в виде небольшого, но заметного изменения фазы поглощаемых и переиспускаемых фотонов.

Несомненно, квантовые метаматериалы приведут к созданию новых ранее казавшихся фантастическими приборов, например, детекторов одиночных микроволновых фотонов, переключателей фазы и большого количества других устройств.

Список литературы
1. Веселаго В. Г. «Электродинамика материалов с отрицательным коэффициентом преломления» УФН 173 790–794 (2003).
2. Каку М. Физика невозможного. — М: Альпина нон-фикшн, 2010. — 456 с.
3. Слюсар В. Метаматериалы в антенной технике: история и основные принципы. – ЭЛЕКТРОНИКА: НТБ, 2009, №.7, с. 70–79.

Тыщук М.А.
Дальневосточный федеральный университет, Инженерная школа;
кафедра: Электроники и средств связи
Надымов А.В.
старший преподаватель

БЕСПРОВОДНОЕ ЭЛЕКТРОПИТАНИЕ

В общем случае, беспроводная передача электроэнергии представляет собой передачу энергии на расстоянии без использования токопроводящих элементов. Т.е. источник энергии и ее потребитель механически никак не связанны.

Исследования в этой области начались еще в начале XX века стараниями Николы Тесла. Он добился огромных результатов для своего времени, разработал исправные образцы, но его работы очень сильно опередили время. Проводная связь полностью удовлетворяла потребности общества.

Спустя столетие наука вновь возвращается к развитию способов передачи энергии без проводов. Это объясняется появлением большого количества мобильных девайсов, работающих от батарей и требующих постоянной зарядки, появлением электромобилей.

Существует несколько способов реализации беспроводной передачи энергии:
1. Метод электромагнитной индукции.

Техника беспроводной передачи методом электромагнитной индукции использует ближнее электромагнитное поле на расстояниях около одной шестой длины волны. Благодаря электродинамической индукции, переменный электрический ток, протекающий через первичную обмотку, создает переменное магнитное поле, которое действует на вторичную обмотку, индуцируя в ней электрический ток. Основным недостатком метода беспроводной передачи является крайне небольшое расстояние его действия. Приемник должен находиться в непосредственной близости к передатчику для того, чтобы эффективно с ним взаимодействовать.

Для увеличения дальности передачи используется резонансная индукция. Это подразумевает использование в приемнике и передатчике взаимно настроенных LC-цепей с относительно невысоким коэффициентом связи.

Обычным применением резонансной электродинамической индукции является зарядка аккумуляторных батарей портативных устройств, а также питание устройств, не имеющих аккумуляторных батарей, таких как RFID-метки и бесконтактные смарт-карты.
2. Метод электростатической индукции.

Электростатическая или емкостная связь представляет собой прохождение электроэнергии через диэлектрик. Электрическое поле создается за счет заряда пластин переменным током высокой частоты и высокого потенциала. Емкость между двумя электродами и питаемым устройством образует разницу потенциалов. Данный метод редко применяется на практике.

3. Метод микроволнового излучения.

Радиоволновую передачу энергии можно сделать более направленной, значительно увеличив расстояние эффективной передачи энергии путем уменьшения длины волны электромагнитного излучения, как правило, до микроволнового диапазона. Для обратного преобразования микроволновой энергии в электричество может быть использована ректенна, эффективность преобразования энергии которой превышает 95 %. Данный способ был предложен для передачи энергии с орбитальных солнечных электростанций на Землю и питания космических кораблей, покидающих земную орбиту. Однако из-за высокого влияния дифракции этот способ не удалось реализовать.

На сегодняшний день с помощью данного метода удалось передать наибольшее количество энергии – порядка десятков киловатт на расстояние около километра с КПД 40%.

4. Лазерный метод.

Данный метод использует видимое световое излучение для передачи энергии. Лазерный метод имеет как достоинства, так и недостатков. Применение метод находит в основном в научно-исследовательских целях военной промышленности. В частности, НАСА проводит исследования по зарядке беспилотных летательных аппаратов с помощью лазерного излучения.

Существующие технологии для потребительского сектора, а также те, которые находятся на стадии разработки, основываются в основном на методе электромагнитной индукции.

Технология беспроводной зарядки электромобилей Wireless Electric Vehicle Charging (известная также как Qualcomm Halo) была впервые представлена в 2012 году на выставке потребительской электроники CES-2012. Первые серийные автомобили с поддержкой WEVC планируются к выпуску в 2014-2015 годах. Система работает, используя принцип магнитной индукции. Две катушки – одна в автомобиле, другая под дорожным покрытием – выстраиваются в линию. Зарядное устройство генерирует магнитное поле между этими катушками, создающее ток в верхней катушке, которым заряжается аккумулятор транспортного средства. В представленной версии системы Qualcomm Halo в автомобиле, в целях повышения КПД до 97%, устанавливаются две катушки. Передаваемая мощность достигает 7 кВт при расстоянии между катушками до 2 футов (0.6 м).

Конечной целью разработчиков Halo является создание системы динамической зарядки. Размещение индукционных катушек под существующей городской сетью позволило бы электрокарам заряжать свои аккумуляторы беспроводным способом на ходу, двигаясь по маршруту, без необходимости остановки для перезарядки.

Для зарядки мобильных устройств в настоящее время разрабатываются стандарты, один из которых, под названием Qi, курируется Консорциумом беспроводной электромагнитной энергии (объединяет различных производителей Азии, Европы и Америки).

Устройства стандарта Qi используют электромагнитную индукцию между двумя плоскими катушками. Одна из них является базой и подключается к источнику энергии, а вторая находится внутри заряжаемого устройства и является приёмником. Стандарт Qi предусматривает два варианта: низкой мощности — от 0 до 5 и средней мощности — до 120 ватт.

Источники питания WiTricity (от англ. wireless electricity, беспроводное электричество) и приемники энергии разработаны по типу магнитных резонаторов, что позволяет эффективно передавать энергию на большие расстояния, во много раз большие размеров источников и приемников.

КПД системы складывается из эффективности передачи энергии между резонаторами, а также из эффективности электронных компонентов источника и приемника. В высокомощных системах, таких как система заряда аккумуляторов автомобилей, КПД может превышать 90%. В системах питания маломощных мобильных девайсов КПД превышает 80%.

Так как система может быть использована как для питания мобильных телефонов и подобных устройств, так и для зарядки автомобилей, то и выходная мощность может разниться в пределах от сотен милливатт до единиц киловатт.

Технология WiTricity является одной из самых перспективных на данный момент, поэтому ей уже нашли применение в различных областях приборостроения. Например, существует концепция телевизора, работающего на данной технологии. Она находит свое применение в медицине, в военном оборудовании, в системах освещения.

К сожалению, на сегодняшний день нельзя провести сравнительный анализ технологий WEVC, WiTricity, WREL и других по характеристикам и принципиальным схемам, так как характеристики отсутствуют в общем доступе. Однако уже можно судить о том, что все эти технологии обеспечивают достаточно высокий КПД (80-90%), мощность в единицы киловатт.

Спорным моментом является безопасность воздействия излучения на организм человека, стоимость конечной продукции, степень поддержки технологий основными производителями электроники.

Список литературы

1. Никола Тесла. Статьи: авторский сборник/ пер. Л. Бабушкина. - М. : Агни, 2008. – 584 с.
2. Dr. Morris Kesler. Highly Resonant Wireless Power Transfer: Safe, Efficient, and over Distance/ WiTricity Corporation, 2013, 32pg.
3. Лукас Мериан. Беспроводная зарядка становится реальностью [Электронный ресурс] – Режим доступа: http://www.osp.ru/news/articles/2012/36/13017481/
4. Сайт корпорации Qualcomm [Электронный ресурс] - Режим доступа: http://www.qualcommhalo.com/index.php/vision.html
5. Сайт корпорации Wireless Power Consortium [Электронный ресурс] - Режим доступа: http://www.wirelesspowerconsortium.com/

Суров О.Э.
доцент, кандидат технических наук, ДВФУ
Парняков А.В.
доцент, ДВФУ

РАЗВИТИЕ КРУИЗНОГО РЫНКА НА ПРИМЕРЕ КОМПАНИИ ROYAL CARIBBEAN INTERNATIONAL

«Транспортная стратегия России до 2030 года» предусматривает значительное развитие морских портов страны для приёма самых современных и крупнотоннажных судов, включая круизные лайнеры. Для этих целей в основных Российских портах включая Владивосток, создаются «морские фасады», ведется обустройство береговой территории и строительство новых современных морских вокзалов, способных принимать такие суда у своих причалов и обслуживать в час до двух-трёх тысяч пассажиров. Важность этих мероприятий заключается не только в возможности получения доходов от туризма, но и в создании у мирового сообщество позитивного образа страны, который начинает формироваться именно с её «морских фасадов» [1,53].

Задачей другого уровня является строительство круизных судов и их эксплуатация под флагом России. Возможность создания таких лайнеров характеризует уровень развития промышленности и технологий . Новые требования заказчиков, надзорных органов, технических норм и правил, технологий строительства, значительно усложняют задачу проектирования круизных судов. Необходимо учитывать и современные тенденции инновационной оснащенности круизных судов, разрабатываемых и внедряемых компанией Royal Caribbean International.

В 1968 году три норвежские корабельные компании – Andres Wilhelmsen & Company, I.M. Skauge & Company и Gotaas Larsen – основали Royal Caribbean Cruise Line. Компания Royal Caribbean Cruises Ltd. – официально зарегистрирована в Либерии. Штаб-квартира компании находится в Майами США. Royal Caribbean Cruises является второй по величине круизной компанией в мире.

В 1997 году компания переименовывается в Royal Caribbean International.

В ноябре 2006 г. Royal Caribbean Cruises Ltd. выкупила Pullmantur Cruises в Мадриде (Испания), что обеспечило создание новых круизных линий. В 2007 г. была создана Azamara Club Cruises, дочерняя компания Celebrity Cruises и в 2008 г. CDF Croisières de France, нацеленная на французских клиентов. Другой новой круизной компанией стала TUI Cruises, которая образовалась в 2009 г. Бренд направлен на немецкоговорящую аудиторию и является совместным предприятием с TUI Travel PLC. Сегодня в её состав входят пять дочерних предприятий

Celebrity Cruises, Royal Caribbean International, Pullmantur Cruises (которой принадлежит также авиакомпания Pullmantur Air), Azamara Club Cruises и CDF Croisières de France. Кроме того предприятию принадлежит 50 процентов акций TUI Cruises [3].

Акции Royal Caribbean Cruises котируются на Нью-Йоркской фондовой бирже и бирже Осло.

География эксплуатации круизных судов компании Royal Caribbean Cruises очень обширна. Среди основных районов эксплуатации следует отметить Американский регион (Карибский бассейн и Центральная Америка, Южная Америка и Антарктика), Евразийский регион (Юго-восточная Азия) и Австралийский регион (Австралия и Новая Зеландия).

Среди известных построенных судов компании можно выделить следующие пассажирские лайнеры:

- Legend Of The Seas, год постройки – май 1995 (Франция); тоннаж 69 130 т; длина 264.2 м; ширина 32 м; команда 720 чел.; 11 пассажирских палуб; 900 кают, 1800 пассажиров, 11 лифтов; стабилизаторы качки.[2,397].

- Voyager Of The Seas (рис. 1), год постройки - ноябрь 1999 (Финляндия); тоннаж 137 280 т; длина 311.1 м; ширина 47.4 м; команда 1176 чел.; 14 пассажирских палуб; 1557 кают, 3114 пассажира, 14 лифтов; стабилизаторы качки [2,656].

- Oasis Of The Seas (рис. 2), год постройки - декабрь 2009 (Финляндия); тоннаж 225 282 т; длина 360 м; ширина 66 м; команда 2164 чел.; 16 пассажирских палуб; 2704 каюты, 5408 пассажиров, 24 лифта; стабилизаторы качки. Один из двух самых больших лайнеров мирового круизного флота.

В августе 2013 Royal Caribbean International отметила два важных события. Это строительство двух ультрасовременных лайнеров класса Quantum. На верфи Meyer Werft в Папенбурге (Германия) состоялись церемония закладки киля корабля Quantum of the Seas (рис. 3), который должен быть спущен на воду осенью 2014 года, и церемония начало строительства корабля второго лайнера класса Quantum - Anthem of the Seas спуск на воду, которого намечен весной 2015 г.

Лайнеры класса Quantum имеют длину 248 м и ширину 41 м. На 18 пассажирских палубах размещены 2 090 каюты, 1 570 кают с балконом, 147 светлых кают и 373 внутренних каюты. Вес судна 167800 тонн. Суда оснащены стабилизаторами качки.

Лайнеры класса Quantum меняют представление о морских круизах предлагая множество новейших развлечений на борту. Впервые будет представлен:

- RipCord by iFly - захватывающий аттракцион полетов в аэротрубе, который позволит гостям судна получить незабываемые ощущения в безопасном, полностью контролируемом симуляторе полетов;

- North Star - настоящее чудо техники, которое поднимет гостей на высоту более 300 футов (91,44 м.) над океаном в специальной стеклянной кабине с панорамным обзором в 360 градусов;
- SeaPlex - крупнейшая площадка для занятий спортом и развлечений с аттракционом «Бамперные машинки» и роллердромом.

На судах класса Quantum гостям будут предложены еще более просторные и комфортабельные каюты с системой Virtual Balcony, благодаря которой даже внутренние каюты Quantum of the Seas будут иметь вид на море [3].

Рассмотрев развитие круизной компании Royal Caribbean International можно сделать вывод, что, не смотря на общемировой финансовый кризис, компания продолжает строить современные круизные суда. Спрос на круизное плавание по-прежнему остается высоким. По сравнению с 2009 годом, когда пассажирам было представлено самое большое круизное судно на сегодняшний день Oasis Of The Seas, компания переключилась на проектирование более компактных круизных судов. Круизные суда стали "расти" вверх уподобляясь небоскребам. Уменьшая количество кают, и благодаря инновационным технологиям компания внедряет больше площадей для всевозможных развлечений на борту.

Рис.1. Круизный лайнер Voyager of the Seas.

Рис.2. Круизный лайнер Oasis of the Seas.

Рис.3. Круизный лайнер Quantum of the Seas.

Литература

1. Ю.Н. Павлюченко, Е.М. Новосельцев, А.В. Парняков. Развитие круизного бизнеса. Вып.2.-М., Морской Флот, 2009. – С. 53.
2. Douglas Ward. Complete Guide to Cruising & Cruise Ships 2007. Berlitz, 2007. – 694 с.
3. Интернет ресурс. http://www.neptun.ru/kruiznye-kompanii/standart/royal_caribbean_cruises.php

Галимов М.Д.
младший научный сотрудник лаборатории Методов Медицинской Физики Казанского Физико-Технического Института Казанского Научного Центра Российской Академии Наук
galimov.mmf@kfti.knc.ru

РАЗРАБОТКА ОБОБЩЕННОЙ СТРУКТУРНОЙ СХЕМЫ ПРОГРАММНО-АППАРАТНОГО КОМПЛЕКСА ДЛЯ ОПРЕДЕЛЕНИЯ ЧАСТОТЫ И ФОРМИРОВАНИЯ ЗАДЕРЖЕК ПРИ РЕШЕНИИ ЗАДАЧ МОДИФИКАЦИИ И РЕВЕРС-ИНЖИНИРИНГА РАДИОТЕХНИЧЕСКИХ УСТРОЙСТВ, ПРОМЫШЛЕННОГО И МЕДИЦИНСКОГО ОБОРУДОВАНИЯ

Перед разработчиками (программистами/инженерами) часто возникает задача комплексной или локальной модификации электротехнических устройств, которые обычно состоят из множества структурных элементов. Каждый элемент сложной системы обычно разрабатывают разный люди или даже целые отделы. Эти элементы могут в свою очередь разделяться на еще более мелкие (которые также были реализованы разными исполнителями), в зависимости от сложности каждого конкретно рассматриваемого элемента.

С учетом стабильного темпа развития технологий (как программных, так и аппаратных) часто возникает необходимость адаптации сложного комплекса или системы под новые требования и задачи. На практике можно выделить два основных пути модификации комплексов и систем – программная и аппаратная.

Программная модификация – является следствием отсутствия какого-либо функционала в оснастке новых операционных систем. В качестве примера можно привести случай, когда программное обеспечение для персонального компьютера было разработано под снятые с поддержки / устаревшие технологически операционные системы (например Microsoft Windows 95/98). При установке данного программного обеспечения на новые операционные системы оборудование, для которого было написано программное обеспечение, может работать некорректно / не работать вовсе при явном отсутствии ошибок и предупреждений в операционной системе. Этот случай, как правило, решается путем услуг квалифицированных программистов, но может быть осложнен тем, что контакт с разработчиками аппаратной части невозможен и они при этом не удосужились потратить свое время на разработку соответствующей инженерно-технической документации по разработанному устройству.

Аппаратная модификация – схожа с программной модификацией, но, как правило, является следствием снятия с производства каких-либо микросхем и радиотехнических деталей. В качестве примера рассмотрим случай, когда авторское устройство было разработано под определенный процессор, который был снят с производства. При выходе его из строя, найти аналогичный новый или поддержанный (тот, который был демонтирован с какого-либо устройства) не представляется возможности. Также не представляется возможности подобрать процессор с аналогичными параметрами, а самое главное с теми же посадочными местами. В данном случае путь решения один – разработка нового авторского устройства с кардинально новым процессором, или реализацией старого путем клона с помощью использования элементов программируемой логики (программируемые логические интегральные схемы (ПЛИС) / микроконтроллеры). Все это в свою очередь предполагает разработку принципиальной электрической схемы, побор элементной базы, разработку печатной платы, монтаж микросхем и радиодеталей для нового устройства путем реверс-инжиниринга (понимания принципов работы исходного устройства с целью разработки нового на основе полученной в процессе информации).

Нами неоднократно решаются задачи модификации тех или иных элементов приборов и комплексов, которые используются в медицине. Часто при их решении возникают сложности и проблемы, которые связаны с синхронизацией и несогласованностью тех или иных протоколов обмена информацией. Причем протоколы разрабатывались именно под данный прибор, который является не серийным и разрабатывался под конкретного заказчика. Если этот прибор является непосредственно клиническим или диагностическим, т.е. взаимодействует с пациентом, накладываются определенные требования, связанные с принятием мер для обеспечения безопасности человеческой жизни.

Рассмотрим все вышеизложенное на примере сильноточного медицинского оборудования (томографы и рентген-аппараты), которое представляет собой сложную совокупность различных блоков, каждый из которых отвечает за ту или иную задачу, под которую он был создан. В случае ошибок синхронизации смежных блоков, сильноточный блок может слишком быстро изменить свое состояния, что приведет к его преждевременному выходу из строя.

Как правило, большинство из этих блоков имеет служебные выводы синхронизации, для осуществления контрольных проверок в процессе отладки оборудования. Исходя из этого, нами было принято решение оснащать каждый разрабатываемый новый блок элементами программируемой логики (программируемые логические интегральные схемы (ПЛИС) / микроконтроллеры), для реализации возможности определения частоты синхронизации смежных блоков, а также формирования соответствующих задержек с целью предотвращения поломки смежных чувствительных сильноточных блоков. Обобщенная структурная схема программно-аппаратного комплекса для определения частоты и формирования задержек представлена на рисунке 1.

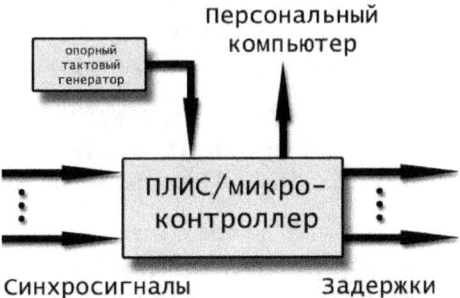

Рис. 1 – Обобщенная структурная схема программно-аппаратного комплекса для определения частоты и формирования задержек

Ниже изложено краткое описание элементов данной схемы:
- опорный тактовый генератор служит для формирования эталонной секунды, от которой отталкивается вся работа программируемой логики;
- ПЛИС / микроконтроллер – элемент программируемой логики, который определяет частоту синхросигналов (путем сравнения с эталонной секундой), а также формирует необходимые задержки в соответствии со спецификацией работы предохраняемых силовых блоков;
- возможность связи с персональным компьютером, для обеспечения более наглядного представления логики работы и упрощения механизмов отладки;

Казаков С.С.
ст. преподаватель ГБОУ ВПО Нижегородский ГИЭИ
Сахно К.Н.
д.т.н. профессор ФГБОУ ВПО Астраханский ГТУ

ВЛИЯНИЕ ХИМИЧЕСКИХ ЭЛЕМЕНТОВ НА СВОЙСТВА ЧУГУНОВ ПОРШНЕВЫХ КОЛЕЦ СУДОВЫХ СРЕДНЕОБОРОТНЫХ ДИЗЕЛЕЙ ОБРАБОТАННЫХ ЛАЗЕРОМ

При лазерной обработке деталей, изготовленных из высокопрочного чугуна, в поверхностных слоях образуется структура белого чугуна. Известно, что белый чугун по сравнению с серым обладает более высокой твёрдостью и износостойкостью, т.к. весь имеющийся в нём углерод находится в виде химических соединений - карбидов с металлами (Fe, Cr, W и др.), а мягкая неметаллическая составляющая (графит) отсутствует. В связи с этим белый чугун применяют как конструкционный материал для работы в тяжелых условиях трения.

Для повышения ресурса деталей, работающих в условиях трения, оптимальный состав структур металла в поверхностных слоях следует выбирать на основе совместного анализа особенностей технологии изготовления деталей и работы трущихся поверхностей. Наряду с традиционными способами упрочнения, лазерная обработка рабочих поверхностей деталей машин позволяет формировать структуру чугуна с дифференцированными физико-механическими свойствами.

Структура белого чугуна состоит из перлитной матрицы и карбидов типа Fe_3C или $(Fe, Cr)_3C$. Такой чугун имеет высокую твёрдость, не поддаётся при обычных режимах лезвийной механической обработке и обладает повышенной хрупкостью. Износостойкость высокопрочного чугуна доэвтектического состава (2,8...3,5) % С лишь на 50...80 % выше по сравнению с износостойкостью углеродистых сталей [4].

Износостойкость белого чугуна, полученного лазерной обработкой, зависит от его механических свойств и свойств отдельных структурных составляющих (микротвердости, прочности, вязкости, формы, взаимного расположения и количественного соотношения). Основные структурные составляющие белого чугуна располагаются по возрастанию микротвердости в следующем порядке: эвтектоид (перлит, сорбит, троостит), аустенит, мартенсит, цементит, карбиды хрома, вольфрама и др. элементов.

Управление процессом первичной кристаллизации может способствовать получению белого чугуна с высокой износостойкостью. Малая степень переохлаждения приводит к образованию коротких и широких дендритов аустенита, а также грубых пластинок цементита. Большая степень переохлаждения способствует образованию тонких вытянутых дендритов аустенита и значительному измельчению цементитной эвтектики.

При кристаллизации эвтектического расплава диффузионное разделение жидкости на отдельные составляющие эвтектики приводит к ускоренному росту эвтектического цементита по сравнению с ростом первичных дендритов аустенита. Увеличение переохлаждения расширяет область кристаллизации эвтектики, т.к. скорость роста цементита превышает скорость образования и роста эвтектического аустенита.

Таким образом, от степени переохлаждения расплава существенно зависит дисперсность цементитной эвтектики. С увеличением скорости охлаждения металла концентрация углерода в аустените и эвтектическом расплаве значительно отличается от равновесной. При этом изменяется соотношение между количеством дендритов аустенита и цементитной эвтектики. При низких скоростях охлаждения количество эвтектики уменьшается.

Вторичная кристаллизация аустенита в условиях переохлаждения сопровождается образованием эвтектоида с меньшим содержанием углерода и пониженной микротвёрдостью. Распад аустенита должен приводить к образованию тростомартенситных, мартенситных или мартенситно-аустенитных структур, обеспечивающих повышение износостойкости.

Химический состав высокопрочных чугунов, используемых для изготовления ПК, включает: углерод, кремний, хром, фосфор, серу, марганец и др.

Кремний в чугуне можно рассматривать как легирующий элемент, распределяющийся при кристаллизации между аустенитом и эвтектическим расплавом. Он повышает температуру эвтектической кристаллизации, расширяет интервал эвтектического превращения, препятствует переохлаждению и уменьшает влияние скорости охлаждения.

При лазерной обработке высокопрочного чугуна кремний увеличивает верхнюю критическую скорость отбеливания. Под влиянием кремния (0,5...1,5 %), предел растворимости углерода в аустените и положение эвтектической точки на диаграмме «Fe - C - Si» смещается влево, причём строение карбидной эвтектической составляющей становится более тонким. Это связано с увеличением объёмов жидкой фазы, остающейся в расплаве к моменту эвтектического превращения.

Кремний очень сильно влияет на процесс формирования структуры в зоне лазерной обработки, как в ходе затвердевания, так и при структурных изменениях в твёрдом состоянии. Исследованиями распределения кремния между фазами в белом чугуне установлено, что при обычных скоростях охлаждения чугуна он практически целиком концентрируется в ферритной основе. Увеличение содержания кремния в доэвтектических белых чугунах до 0,78 % приводит к повышению твёрдости и сопротивлению изнашиванию (рис. 1).

Кремний способствует увеличению количества цементитной эвтектики и уменьшению содержания аустенита. При малом содержании кремния (до 1 %) в серых чугунах в зоне лазерной обработки наблюдается значительная степень переохлаждения эвтектического расплава и образования обособленных цементитных полей. С увеличением содержания кремния степень переохлаждения чугуна уменьшается и, несмотря на наличие тонких дендритов аустенита, эвтектика хорошо формируется и имеет мелкозернистое строение. В связи с уменьшением содержания углерода в аустените в бывших дендритах избыточного аустенита нет игл вторичного цементита. Эвтектоид пластинчатый, хорошо дифференцирован, укрупнение пластинок эвтектоида отмечено при содержании более 1,2 % Si.

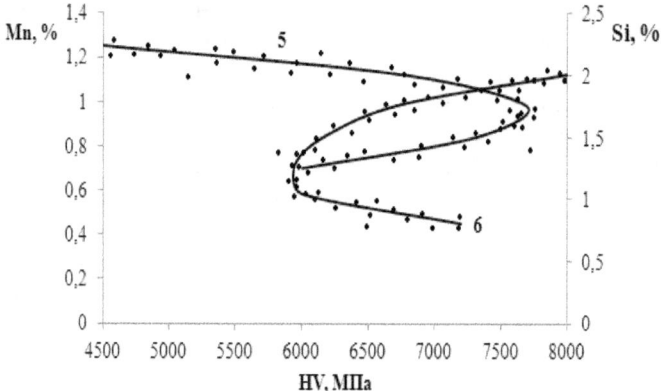

Рисунок 1 – Влияние химических элементов на микротвердость зоны лазерной обработки высокопрочного чугуна поршневых колец
5- $HV = f(Mn)$; 6- $HV = f(Si)$

С учётом повышения жидкотекучести содержание кремния в высокопрочных чугунах следует поддерживать в пределах 0,8... 1,2 %. При увеличении кремния более 1,2 % износостойкость чугуна, обработанного лазером, уменьшается [1].

Марганец способствует стабилизации аустенита и цементита в белом чугуне. Исследованиями распределения Mn, Cr, Mo и V в белом чугуне при количестве каждого элемента до одного процента и содержании углерода до 3,5 % было установлено, что концентрация данных элементов минимальна в середине зоны оплавления, постепенно повышается к периферии и намного выше в эвтектических ячейках. Это наиболее заметно, когда содержание углерода низкое (C < 2,3 %). Степень распределения этих элементов в первичном аустените понижается пропорционально увеличению содержания углерода.

С увеличением содержания марганца до 1,3 % наблюдается перераспределение углерода между аустенитом и эвтектическим расплавом в направлении увеличения содержания углерода в аустените. При содержании Mn до 1 % эвтектоид имеет хорошо дифференцированное карбидное строение. С увеличением содержания марганца строение цементитной структуры существенно не изменяется. Можно отметить небольшую склонность к образованию сплошных цементитных полей. При концентрации Mn до 1,5 % износостойкость чугуна изменяется незначительно.

Хром способствует сильному отбеливанию чугуна. Он уменьшает растворимость углерода в α- и γ- железе, увеличивает степень устойчивости твёрдого раствора и количество эвтектической составляющей. В чугунах даже при небольшом содержании хрома образуется карбидная фаза цементитного типа, обогащенная хромом (рис.2).

В белых чугунах с содержанием до 0,4 % Cr отношение содержания хрома в карбидах к содержанию его в феррите колеблется незначительно и в среднем составляет 5:1. При постоянном количестве углерода отношение содержания хрома в цементите к среднему его содержанию в чугуне снижается при увеличении содержании хрома. При увеличении содержания Cr более 0,4 %, износостойкость уменьшается. Это объясняется растворением хрома в цементите, что приводит к его охрупчиванию.

На некоторых металлургических предприятиях при получении высокопрочного чугуна в него добавляют титан, ванадий, никель или молибден.

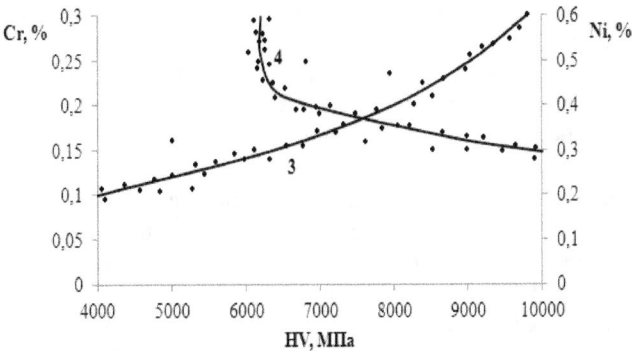

Рисунок 2 – Влияние химических элементов на микротвердость зоны лазерной обработки чугуна поршневых колец
3 - $HV = f(Cr)$; 4 - $HV = f(Ni)$

При кристаллизации железоуглеродистых сплавов, содержащих титан, последний выделяется в расплаве в виде карбида TiC, не растворяясь в цементите. Вследствие образования карбида титана жидкая фаза обедняется углеродом и при достаточном количестве титана и соответствующих условий охлаждения вызывает отбеливание чугуна. При содержании в чугуне до 0,13 % Ti, эвтектоидная точка S смещается вправо, уменьшая количество перлита и увеличивая содержание углерода. Значительный интерес представляет способность титана переохлаждать расплавленный чугун при лазерной обработке. Это свидетельствует о растворимости карбида титана в чугунном расплаве и выделении карбида во время кристаллизации.

С увеличением титана до 0,2 % улучшаются механические свойства чугуна. Это объясняется образованием эвтектоида с достаточно высокой твёрдостью и увеличением размеров его полей, уменьшением количества цементитной эвтектики и снижение микротвёрдости цементита. Совокупность этих факторов приводит к увеличению вязкости чугуна и уменьшению в процессе износа выкрашивания цементитной эвтектики и структурно-свободного цементита.

При наличии ванадия происходит стабилизация цементита, причём тем сильнее, чем выше его содержание в чугуне. Согласно имеющимся данным исследований, ванадий не растворяется в цементите, а образует карбиды VC, VC_3, которые имеют форму, близкую к шаровидной [1].

В высокопрочном чугуне может раствориться до 0,5 % ванадия. Следовательно, легирование данным элементом приводит к связыванию части углерода в карбиды и обеднению углеродом жидкой фазы. При этом карбидообразование осложнено из-за появления твёрдых растворов карбида ванадия в цементите, более устойчивых и прочных по сравнению с обычным цементитом. В процессе первичной кристаллизации ванадий вызывает перераспределение углерода аналогично титану, отличаясь от последнего большей растворимостью в аустените и цементите.

При легировании чугуна ванадием обеспечивается более высокая твёрдость и износостойкость, по сравнению с чугуном, содержащим 0,4 % хрома [2,3].

Никель образует с углеродом метастабильный карбид Ni_3C. Легирование чугуна никелем способствует стабилизации аустенита и расширяет область γ - железа. Установлено, что влияние никеля на твёрдость белого чугуна подобно влиянию марганца.

При содержании Ni до 1 % наблюдается дендритное строение чугуна, очень крупные поля трооститообразного эвтектоида с включениями вторичного цементита, небольшие участки свободного цементита и эвтектика тонкого строения. Повышения износостойкости при такой концентрации Ni не происходит.

Наиболее сильное влияние на повышение износостойкости чугунов оказывает молибден. Он образует твёрдые растворы с железом и несколько химических соединений. Присутствие молибдена приводит к увеличению количества полей троститообразного эвтектоида с включениями вторичного цементита. При содержании 1,5 % Мо в высокопрочном чугуне после лазерной обработки значительно повышается износостойкость поверхностей трения.

Сера является вредной примесью. Она может образовывать с железом химические соединения FeS и FeS_2. Несмотря на то, что сера способствует отбеливанию чугуна при лазерной обработке, она увеличивает усадку, повышает напряжения и склонность к образованию трещин, делает чугун густотекучим и отрицательно влияет на его физико-механические свойства.

При содержании серы до 0,12 % наблюдается дендритное строение, эвтектоид крупнопластинчатый со значительным количеством вторичного цементита крупно игольчато го строения. Междендритное пространство заполнено свободным цементитом, в котором расположены включения марганца кубической и многогранной формы. Имеется незначительное количество эвтектики тонкого строения. Содержание серы в высокопрочном чугуне не должно превышать 0,1 %.

Влияние фосфора на физико-механические свойства рассматривалось при его содержании до 0,15 %. В соответствии с диаграммой состояния «Fe – P» увеличение содержания фосфора в значительной степени понижает температуру плавления металла. Фосфид Fe_3P и насыщенные кристаллы а - раствора образуют эвтектику. Фосфидная эвтектика обладает высокой твёрдостью [2].

Характер распределения фосфидной эвтектики в чугунах оказывает двойственное влияние на его износостойкость. При расположении фосфидной эвтектики в виде сетки увеличивается износостойкость чугуна. Однако отдельные включения фосфидной эвтектики сравнительно легко выкрашиваются и отрицательно влияют на износостойкость. Поэтому в высокопрочных чугунах, упрочняемых лазером, должно быть минимальное количество фосфора.

Наиболее целесообразно рассматривать вышеперечисленные элементы в комплексе в связи с тем, что необходимо учитывать их взаимное влияние.

Проводились исследования влияния на структуру и свойства белого чугуна комплексных присадок.

При рассмотрении системы «кремний - марганец - хром» изменялось содержание марганца от 0,7 до 1,4 %, при неизменном содержании кремния 0,9... 1,1 % и хрома 0,2... 0,4 %.

При наличии 0,7 % Mn дендритное строение наблюдается не на всех участках шлифа; эвтектоид троститообразный, большое количество свободного цементита, вторичный цементит отсутствует. С увеличением содержания марганца до 1,4 %, формируется дендритное строение и происходит некоторое увеличение эвтектики. Повышенное содержание марганца увеличивает микротвердость и износостойкость деталей.

Исследована система элементов «углерод - кремний - марганец - хром - титан». Содержание углерода изменялось в пределах от 2,9...3,5 %, содержание остальных элементов оставалось постоянным (рис. 3).

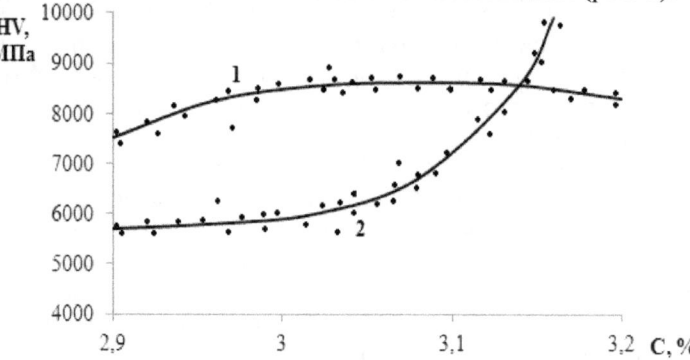

Рисунок 3 – Влияние химических элементов на микротвердость зоны лазерной обработки высокопрочного чугуна поршневых колец
1 - $HV = f(C)$ на глубине 0,07 мм; 2 - $HV = f(C)$ на глубине 0,1 мм;

При содержании до 3 % углерода наблюдалось тонкое дендритное строение: эвтектоид - сорбитообразный, много мелких полей свободного цементита. Эвтектика тонкого строения, её количество увеличено. Карбиды титана располагаются внутри полей цементита и эвтектики, вторичный цементит отсутствует.

При дальнейшем увеличении содержания углерода количество эвтектики возрастает. При этом она располагается в виде колоний более грубого строения. Максимальная износостойкость достигается при содержании 3,32 % углерода.

В системе «кремний - марганец - хром - фосфор» рассматривали влияние содержания фосфора в пределах от 0,1 до 0,14 % на свойства чугуна (2,8...3 % C, 1,1... 1,6 % Si, 0,2...0,3 % Cr).

При содержании фосфора 0,1 % наблюдалось дендритное строение, значительное количество эвтектоида трооститообразного и тонкопластинчатого строения с включениями вторичного цементита. Междендритные пространства были заполнены структурно-свободным цементитом. Эвтектика в структуре отсутствовала. Повышение содержания фосфора способствует некоторому снижению микротвердости. Введением фосфора в сочетании с любыми другими элементами трудно получить чугун с повышенной износостойкостью, т.к. это приводит к уменьшению вязкой фазы (эвтектоида) и увеличению хрупких составляющих (цементита и фосфидной эвтектики).

На основании проведённых исследований было установлено, что для лазерного упрочнения ПК с целью получения заданных физико-механических свойств слоям ЗЛВ, предпочтительно применять чугуны следующего химического состава:

ПК - C (3,0-3,2) %, Mn (0,8-0,95) %, Cr (0,2-0,3) %, Ni > 0,8 %, Si (1,75-2,2) %, P < 0,5 %, S < 0,09 %.

Список литературы

1. Гиршович Н.Г. Кристаллизация и свойства чугуна в отливках. М.: Машиностроение, 1966. - 562 с.
2. Казаков С.С., Матвеев Ю.И. Формирование структур серого чугуна в зоне лазерного воздействия. – Княгинино, Вестник НГИЭИ, Выпуск 2011(2), С 46- 50.
3. Коченов В.А., Матвеев Ю.И., Маринин А.Ю. Формирование износостойких структур лазерной обработкой чугуна поршневых колец дизелей. Совершенствование средств механизации и мобильной энергетики в сельском хозяйстве: Сб. науч. тр. - Рязань, РГСХА, 2000. - С. 83-85.
4. Рыкалин Н.Н., Углов А.А., Кокора А.Н. Лазерная обработка материалов. – М.: Машиностроение, 1975. - 296 с.

Самигуллина Н.А., Яхин Р.Р. *, Яхин Р.Г. *
учитель химии гимназии №16, Казань, Россия
*врач-хирург, Минздрав. РТ ГАУЗ «Межрегиональный клинико-диагностический центр»
**доктор технических наук, Казанский национальный исследовательский технический университет им. А.Н.Туполева, Россия

ИССЛЕДОВАНИЕ ЧУЖЕРОДНЫХ ХИМИЧИСКИХ ВЕЩЕСТВ В ПРОДУКТАХ ПИТАНИЯ МЕТОДОМ ЭПР

Здоровье – основополагающая составляющая всей жизни и деятельности человека. Безопасность пищевых продуктов и продовольственного сырья относят к основным факторам, определяющим уровень здоровья населения и сохранения его генофонда[1].

Актуальность экологии питания связана с тем, что детская и подростковая психика устроена так, что в организации своего питания они отдают предпочтение продуктам широко разрекламированным, с яркими красочными упаковками, не всегда являющимися полезными и безопасными[2]. Нарастает противоречие между увеличением популярности продуктов не относящиеся к здоровому питанию и растущей неосведомленностью учащихся о негативном влиянии данных продуктов питания на здоровье.

Количество населения неуклонно растет, в сферу производства продуктов питания вовлекаются все новые и новые технологии, которые еще не успели охарактеризоваться как абсолютно безопасные. Также растет и количество потенциальных угроз. Примерами могут быть широкое использование химикатов, генно-модифицированных культур в сельском хозяйстве, пищевых добавок в пищевой промышленности. Помимо всего этого, питание современного человека, который руководствуется популярностью тех или иных продуктов питания сокращает продолжительность и качество жизни, обеспечивая людей среднего и старшего возраста такими заболеваниями как ожирение, сахарный диабет и др.

В пище, поступающей в организм человека, могут содержаться чужеродные вещества, иногда даже в высоких концентрациях, а также свободные радикалы. Чужеродные химические вещества (ЧХВ) являются соединениями, не присущими натуральному пищевому продукту. Они могут быть добавлены в пищу с целью совершенствования технологии её изготовления, сохранения, или улучшения продукта, или же могут образовываться в продукте в результате технологической обработки (нагревания, жаренья, облучения), а также попасть вследствие экологического загрязнения[3].

А свободные радикалы образуются под воздействием естественных химических и физических процессов. Образовавшийся в результате атом с неспаренным электроном становится химически очень активной частицей, которая стремиться восстановить разорванную связь и вступает во взаимодействие с любым веществом встретившимся на её пути.

Антиоксиданты заставляют свободные радикалы вступать в реакцию между собой на этом цепная реакция прекращается. Некоторые антиоксиданты непосредственно взаимодействуют со свободными радикалами, тем самым, ставя точку в цепи свободно радикальных превращений.

Одним из методов, позволяющих получать прямую информацию о составе облученных органических веществ, о наличии в них свободных радикалов и определение дозы облучения, является метод электронного парамагнитного резонанса (ЭПР) [4].

Метод ЭПР обладает очень высокой чувствительностью и не нарушая структуры исследуемого вещества, дает многообразную оригинальную информацию о строении веществ, содержащих свободные радикалы (СР) [5].

Спектры электронного парамагнитного резонанса образцов продуктов питания записывали на спектрометре ЭПР-10 МИНИ (Санкт – Петербург) с максимальной мощностью электромагнитного излучения 10 милливатт. Исследования проводились при комнатной температуре с образцами пищевых продуктов. К таким относятся: соломка из цельного картофеля, чипсы, кириешки и др. Каждый из перечисленных пищевых продуктов сначала подвергался воздействию СВЧ – излучения продолжительностью 0 мин, 5 мин, 10 мин. Мощность СВЧ - нагрева: 750 Вт. Затем проводился эксперимент по выявлению сигнала ЭПР вышеперечисленных образцов с различными временами СВЧ экспозиции.

На спектрах исследованных продуктов можно увидеть одну интенсивную линию с g = 2.0035±0,0010, что говорит о явном присутствии свободных радикалов в структуре пищевых добавок.

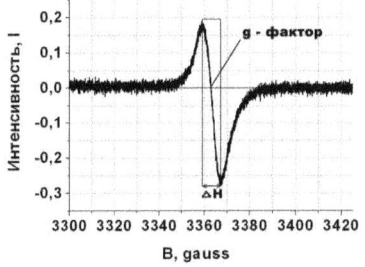

Рис.1. Типичный спектр ЭПР пищевых продуктов

При исследовании пищевых продуктов во многих случаях имеются исходные сигналы. Под воздействием электромагнитного СВЧ - излучения в образцах увеличивается количество свободных радикалов. Чем дольше время воздействие и больше мощность облучения, тем больше становится количество парамагнитных центров или свободных радикалов[6].

Таким образом, на основании проведенных исследований установлено, что действие радиации любого вида на любой биологический объект начинается с поглощения энергии излучения, это приводит возбуждению молекул, их ионизации и образовании свободных радикалов[7]. Общеизвестно, что попадание в организм излишних свободных радикалов может привести к нежелательным последствиям. Результаты исследований обрабатываются, планируются дальнейшие исследования.

Работа выполнена при поддержки гранта РГНФ № 13-16-16003а/В / 2013

ЛИТЕРАТУРА

1. S.E. Gebhardt. Содержание пищевых веществ в продуктах питания: справочник / S.E. Gebhardt, R.G. Thomas – США: Департамент с.-х., 2002.
2. М.И. Ефремов, Осторожно! Вредные продукты: не все вкусное полезное, Санкт-Петербург, 2004г.
3. А.П. Нечаев. Пищевая химия: учебник для вузов/ А.П.Нечаев ; под ред. А.П. Нечаева – СПб.: ГИОРД. 2001. – 586 с
4. А.Н. Тихонов, Электронный парамагнитный резонанс в биологии , Соросовский образов. журн. 11, 8-15(1997).
5. Дж. Вертц, Дж. Болтон, Теория и практические приложения метода ЭПР, 542(Мир, М., 1975).
6. Н.А. Самигуллина и Р.Г. Яхин, Журн. экологии промышленной безопасности, 1, 79-82(2011).
7. Р.Г. Яхин, Н.А. Самигуллина, А.И. Шагададина, Р.Р. Яхин и Г.А. Морозов, Журн. Вестник КГТУ, 1(61), 127-130(2011)

Шайхутдинова И.Н.
соискатель, начальник отдела регистрации лекарственных препаратов, Закрытое акционерное общество «Медисорб»
Вдовина Г.П.
доктор фарм. наук, профессор, директор по науке, Закрытое акционерное общество «Медисорб»

РАЗРАБОТКА СОСТАВА, ТЕХНОЛОГИИ ТАБЛЕТОК И КАПСУЛ ОТЕЧЕСТВЕННОГО АНТИДЕПРЕССАНТА «ФЛУОКСЕТИН» И ИЗУЧЕНИЕ СТАБИЛЬНОСТИ

Аннотация

Проведены исследования по разработке состава и технологии таблеток и капсул лекарственного препарата «Флуоксетин». Выбор оптимального состава проводился на основании результатов, полученных с помощью математического планирования эксперимента методом латинского квадрата 4×4. Анализ полученных гранулятов и модельных таблеток показал, что на их качественные показатели вспомогательные вещества оказывают существенное влияние. На основании изучения влияния относительной влажности и давления прессования на качественные показатели гранулятов и модельных таблеток установлены оптимальные параметры прессования и выбрана рациональная технология таблеток и капсул лекарственного препарата «Флуоксетин». Изучена их стабильность в условиях естественного хранения при температуре (25 ± 2) °С в сухом, защищенном от света месте в различных видах упаковки и определен срок хранения - 3 года.

Ключевые слова: таблетки, капсулы, антидепрессант, Флуоксетин, Флуоксетина гидрохлорид, вспомогательные вещества, стабильность.
Keywords: tablets, capsules, energizer, Fluoksetin, Fluoksetina hydrochloride, excipients, stability.

Введение

«Флуоксетин» - селективный ингибитор обратного захвата серотонина, применяется для лечения депрессий различной этиологии и степени тяжести, булимического невроза (для уменьшения аппетита), обсессивно-компульсивных нарушений. Таким образом, «Флуоксетин» является: высокоэффективным антидепрессантом нового поколения, он прост и удобен в применении, не вызывает синдрома отмены, не приводит к формированию психофизической зависимости, безопасен при передозировке, не нарушает качество жизни пациентов [6,116]. Антидепрессивная эффективность флуоксетина доказана в ряде исследований [7,24; 8,68]. Маркетинговыми исследованиями по продажам и жизненному циклу показана его перспективность и он включен в перспективный план производства ЗАО «Медисорб».

В связи с этим разработка отечественного воспроизведенного антидепрессанта – «Флуоксетин», обладающего высокой эффективностью, с минимум побочного действия, качественного и доступного для населения является актуальным.

Стабильность является важным показателем качества лекарственных препаратов, поскольку обеспечивает сохранение их терапевтических или профилактических свойств, в большинстве случаев в течение нескольких лет в процессе распределения и хранения. Стабильность должна быть объектом особого внимания на этапах разработки и регистрации препаратов [5,25].

Цель исследования: Разработка состава и технологии таблеток и капсул лекарственного препарата «Флуоксетин» и изучение влияния вида упаковки и условий хранения на стабильность.

Материалы и методы исследования

В работе использовали фармацевтическую субстанцию флуоксетина гидрохлорид (производства «Чемо Иберика С.А.», Испания); вспомогательные вещества: лактозы моногидрат (сахар молочный), декстрозы (глюкозы) моногидрат, Лудипресс, микрокристаллическая целлюлоза, повидон (поливинилпирролидон), натрия альгинат, оксипропилметилцеллюлоза (EP, USP), крахмал картофельный, кальция стеарат, кремния диоксид коллоидный (аэросил), отвечающие требованиям соответствующей нормативной документации, капсулы желатиновые твердые «Кони Снеп» производства Капсуджель, отделение Пфайзер, Бельгия, отвечающие требованиям НД 42-10132-05.

Определение насыпной плотности и сыпучести фармацевтической субстанции флуоксетина гидрохлорида и таблеточных смесей проводили по общепринятым методикам [4]. Влажность гранулятов определяли методом высушивания на анализаторе влажности HR-73 (фирмы «Меттлер Толедо»). Качество таблеток по показателям распадаемость, прочность на сжатие и прочность на истирание и качество капсул по показателю распадаемость проводили на приборах фирмы Erweka (Германия). Экспериментальные образцы таблеток и капсул анализировали сразу после таблетирования и капсулирования в соответствии с ГФ XI [1,143; 1,154].

Методы исследования стабильности лекарственных средств основаны на определении их качества в определенных условиях в течение определенного времени [3,1]. Определение сроков годности осуществляли в естественных условиях в соответствии с методическими указаниями МУ 09140.07-2004 по изучению стабильности и установлению сроков годности новых субстанций и готовых лекарственных средств.

Для изучения стабильности образцы таблеток и капсул закладывали на хранение при естественных условиях при температуре (25 ± 2) °C в сухом, защищенном от света месте в контурной ячейковой упаковке из плёнки поливинилхлоридной по ГОСТ 25250-88 и фольги алюминиевой печатной лакированной по ТУ 9467-013-49621624-12, а также в банках полимерных по ТУ 9464-007-95202676-2011. Для упаковки таблеток и капсул в контурную ячейковую упаковку использовали автомат блистерной упаковки DPP 2500DII. В банки полимерные таблетки и капсулы упаковывали вручную.

Статистическую обработку данных осуществляли с помощью компьютерной программы Microsoft Excel.

Результаты исследования и их обсуждение

У субстанции флуоксетина гидрохлорид были определены технологические свойства. Модельные таблетки из субстанции прессовали на лабораторном гидравлическом прессе при стандартных условиях (давление прессования 4 МПа, масса таблетки 0,3 г, диаметр – 9 мм). У полученных таблеток были определены прочность на сжатие и истирание, распадаемость. Результаты исследований представлены в таблице 1.

Таблица 1

Технологические свойства субстанции флуоксетина гидрохлорида
(среднее 5-ти определений)

Характеристики, единицы измерения	Результаты (n=5)
Описание	Кристаллический порошок белого или почти белого цвета
Остаточная влажность, %	0,22±0,03
Насыпная плотность, г/см^3: без уплотнения с уплотнением	 0,300±0,015 0,450±0,006
Сыпучесть, г/с: без вибрации с вибрацией	 отсутствует 0,11±0,08
Прочность на сжатие модельных таблеток, Н	27,30±2,70
Прочность на истирание модельных таблеток, %	97,15±0,09
Распадаемость модельных таблеток, с	92,00±4,50

На основании анализа полученных данных установлено, что субстанция флуоксетина гидрохлорида не имеет сыпучести, обладает низкой насыпной плотностью и неудовлетворительной прочностью на сжатие. При прессовании субстанции, наблюдаются залипы, сколы, большая сила выталкивания, сильное затирание, таблетки хрупкие, края ломкие. Остальные показатели удовлетворяют требованиям технологичности прессования. Для корректировки технологических свойств флуоксетина гидрохлорида, в состав разрабатываемых таблеток вводились следующие группы вспомогательных веществ: наполнители – для достижения заданной массы таблетки (учитывая, что разовая терапевтическая доза данного лекарственного вещества составляет 10 – 20 мг), связующие – для улучшения сыпучести смеси и повышения прочностных свойств таблеток и скользящие вещества – для уменьшения силы выталкивания таблетки и предотвращения налипания массы на части таблеточной машины и пресс-инструмента.

Из активной субстанции и вспомогательных веществ были составлены различные композиции с использованием методов математического планирования эксперимента методом латинского квадрата 4x4 и проведен дисперсный анализ.

Параметрами оптимизации служили: для гранулята - сыпучесть с вибрацией и без вибрации, насыпная плотность без уплотнения и с уплотнением; для таблеток - механическая прочность на сжатие, распадаемость и растворение.

Изучено влияние различных композиций субстанции и вспомогательных веществ на физико-химические, технологические свойства гранулятов и показатели качества таблеток и капсул. На основании дисперсионного анализа установлено, что вид наполнителя оказывает влияние на сыпучесть, вид антифрикционных веществ – на насыпную плотность и сыпучесть (без вибрации), вид связующего вещества – на растворение и прочность на сжатие. Вид наполнителей, вид связующих веществ и вид антифрикционных веществ не оказывают существенного влияния на распадаемость.

Изучено влияние остаточной влажности гранулята на технологические свойства таблеток флуоксетина. С увеличением остаточной влажности в грануляте до 3,00 % прочность таблеток на сжатие остается высокой и имеет тенденцию к увеличению. Однако гранулят с остаточной влажностью 2,15 % и более теряет свойство сыпучести (зависает в воронке).

Изучено влияние давления прессования на технологические показатели таблеток. Повышение давления прессования на гидравлическом прессе от 2 до 10 МПа увеличивает время распадаемости и прочность на сжатие таблеток, не оказывая влияния на их механическую прочность на истирание.

На основании данных исследований выбраны оптимальный состав и рациональная технология таблеток и капсул «Флуоксетин». Установлено, что остаточная влажность смеси для таблетирования и капсулирования должна быть не более 1,5 % и давление прессования – в пределах от 4 МПа до 8 МПа. Технологические свойства выбранного состава представлены в таблице 2.

Таблица 2
Технологические свойства гранулята выбранного состава
(среднее 5-ти определений)

Наименование показателя	Результаты (n=5)
Насыпная плотность, г/см^3: - без уплотнения	0,550 $\pm$ 2,05
- с уплотнением	0,615 $\pm$ 8,20
Сыпучесть, г/с: - без вибрации	7,2 $\pm$ 1,21
- с вибрацией	6,5 $\pm$ 0,72
Механическая прочность таблеток на:	
- истирание, %	99,9 $\pm$ 0,87
- на сжатие, Н	103,00 $\pm$ 3,65
Распадаемость таблеток, с	210 $\pm$ 7,00
Распадаемость капсул, с	240 $\pm$ 3,50

Анализ полученных данных таблицы 2 показал, что гранулят выбранного состава имеет хорошую сыпучесть, удовлетворительные механическую прочность на сжатие, на истирание и распадаемость таблеток и капсул.

Апробация технологии таблеток была проведена на роторной таблеточной машине: пресс инструмент диаметром 7 мм (для дозировки 10 мг) и 9 мм (для дозировки 20 мг) согласно ОСТу 64-072-89, показана технологичность прессования. Размер твердых желатиновых капсул был подобран с помощью лабораторного устройства для наполнения капсул. Для дозировки 20 мг подобран размер капсул № 2 белого цвета с крышечками зелёного цвета, для дозировки 10 мг - № 4 белого цвета с крышечками белого цвета, процесс наполнения капсул смесью для капсулирования был успешно апробирован в производственных условиях на аппарате NJP-800.

Проведена стандартизация таблеток и капсул по показателям качества, составлены проекты ФСП. Изучена стабильность в условиях естественного хранения при температуре (25 ± 2) ^{0}С в различных видах упаковки:
- в контурной ячейковой упаковке (КЯЧ);
- в банках полимерных (БП).

В процессе естественного хранения периодически проводили анализ экспериментальных образцов таблеток и капсул трех серий по показателям тест «Растворение» (в раствор через 45 мин должно перейти не менее 70 % (Q) флуоксетина) согласно ОФС 42-0003-04, количественное определение флуоксетина и посторонние примеси методом ВЭЖХ. Анализ по микробиологической чистоте (категория 3А) проводили согласно ГФ XII ОФС 42-0067-07 [2,160].

Результаты анализа таблеток и капсул в процессе естественного хранения в течение 3 лет представлены в таблице 3.

Таблица 3

Результаты анализа (растворение, количественное определение, посторонние примеси и микробиологическая чистота) экспериментальных серий таблеток и капсул лекарственного препарата «Флуоксетин» в процессе естественного хранения

Номер серии	Срок хранения, годы	Растворение (кальций)*, %	Количественное определение**, г/капс. (г/табл.)	Посторонние примеси**, %		Микробиологическая чистота		
				единичной	суммарной	Анаэробные бактерии, КОЕ/г	Дрожжевые и плесневые грибы, КОЕ/г	Escherichia coli
Требования проектов ФСП «Флуоксетин» таблетки и «Флуоксетин» капсулы								
	3	не менее 70	0,0180 0,0220	не более 0,25	не более 1,0	не более 1000	не более 100	отсутствие
«Флуоксетин» таблетки (КЯЧ)								
01102004	0	95,78	0,0199	не более 0,25	не более 1,0	95	не обнаружено	не обнаружено
	3	89,83	0,0197	не более 0,25	не более 1,0	120	не обнаружено	не обнаружено

02102004	0	90,45	0,0201	не более 0,25	не более 1,0	90	не обнаружено	не обнаружено
	3	83,55	0,0197	не более 0,25	не более 1,0	115	не обнаружено	не обнаружено
03102004	0	92,77	0,0209	не более 0,25	не более 1,0	100	не обнаружено	не обнаружено
	3	85,75	0,0205	не более 0,25	не более 1,0	125	не обнаружено	не обнаружено
«Флуоксетин» таблетки (БП)								
01102004	0	94,65	0,0202	не более 0,25	не более 1,0	100	не обнаружено	не обнаружено
	3	89,36	0,0197	не более 0,25	не более 1,0	120	не обнаружено	не обнаружено
02102004	0	91,49	0,0199	не более 0,25	не более 1,0	95	не обнаружено	не обнаружено
	3	85,28	0,0199	не более 0,25	не более 1,0	115	не обнаружено	не обнаружено
03102004	0	91,38	0,0208	не более 0,25	не более 1,0	90	не обнаружено	не обнаружено
	3	85,36	0,0205	не более 0,25	не более 1,0	120	не обнаружено	не обнаружено
«Флуоксетин» капсулы (КЯЧ)								
01022007	0	95,08	0,0198	не более 0,25	не более 1,0	95	не обнаружено	не обнаружено
	3	90,87	0,0197	не более 0,25	не более 1,0	110	не обнаружено	не обнаружено
02022007	0	90,45	0,0198	не более 0,25	не более 1,0	90	не обнаружено	не обнаружено
	3	83,79	0,0199	не более 0,25	не более 1,0	110	не обнаружено	не обнаружено
03022007	0	93,13	0,0209	не более 0,25	не более 1,0	95	не обнаружено	не обнаружено
	3	84,79	0,0204	не более 0,25	не более 1,0	115	не обнаружено	не обнаружено
«Флуоксетин» капсулы (БП)								
01022007	0	94,32	0,0199	не более 0,25	не более 1,0	100	не обнаружено	не обнаружено
	3	89,15	0,0198	не более 0,25	не более 1,0	120	не обнаружено	не обнаружено
02022007	0	91,46	0,0199	не более 0,25	не более 1,0	100	не обнаружено	не обнаружено
	3	86,08	0,0201	не более 0,25	не более 1,0	115	не обнаружено	не обнаружено
03022007	0	91,78	0,0208	не более 0,25	не более 1,0	90	не обнаружено	не обнаружено
	3	86,08	0,0205	не более 0,25	не более 1,0	115	не обнаружено	не обнаружено

* n – 6 при p<0,05; ** n – 3 при p<0,05

Из данных таблицы 3 видно, что в течение трех лет естественного хранения произошло незначительное уменьшение количества флуоксетина, высвободившегося в процессе растворения, и уменьшение его количественного содержания в таблетках и капсулах. Показатели посторонних примесей не превышают указанных выше значений. По микробиологическим показателям за три года естественного хранения незначительно увеличилось количество аэробных бактерий, а дрожжевые и плесневые грибы и Escherichia coli в таблетках и капсулах отсутствуют. Установлено, что таблетки и капсулы в течение трех лет стабильны. Этот срок хранения и был заложен в проект фармакопейной статьи предприятия.

Выводы. Таким образом, на основании проведенных исследований разработаны состав, технология таблеток и капсул лекарственного препарата «Флуоксетин», изучена их стабильность в условиях естественного хранения при температуре (25 ± 2) °С в сухом, защищенном от света месте в различных видах упаковки и определен срок хранения - 3 года.

Список литературы:
1. Государственная Фармакопея СССР. – М., 1990. – 11-е изд. - вып. 2, – с. 143 – 145; с. 154-160.
2. Государственная Фармакопея Российской Федерации. — XII изд. — Ч. 1, — Москва, 2007. – с. 160.
3. Губайдуллина А.А., Бобкова Е.В., Мелентьев А.И. Метод ускоренного старения для прогнозирования стабилизированной формы альфа-интерферона. Труды БГУ. — 2010, Т.4, вып. 2: 1-6.
4. Иванцов Е.Н., Чугунова М.П., Вдовина Г.П. Исследования в области разработки технологии таблеток Де-Криз® // Современные проблемы науки и образования. – 2013. – № 5;
5. Мешковский А.П. Испытания стабильности и установление сроков годности лекарственных препаратов//Фарматека. 2000. № 2. С. 25-34.
6. Перькова Т.Е. Опыт применения флуоксетина в лечении пограничных состояний//Вестник Витебского государственного медицинского университета. 2003. Т. 2. № 2. С. 116-118.
7. Gilaberte I., Montejo A.L., de la Gandara J. et al. Fluoxetine in the prevention of depressive recurrences: a double-blind study. J Clin Psychopharmacol 2001;21(4):417-24.
8. Newhouse P.A., Krishnan K.R., Doraiswamy P.M. et al. A double-blind comparison of sertraline and fluoxetine in depressed elderly outpatients. J Clin Psychiatry 2000;61(8):559-68.

Бахтиева Л.У., Тазюков Ф.Х.
доценты, кандидаты физико-математических наук,
Казанский (Приволжский) федеральный университет

К ПОСТАНОВКЕ ЗАДАЧИ УСТОЙЧИВОСТИ ЦИЛИНДРИЧЕСКОЙ ОБОЛОЧКИ ПРИ ВНЕШНЕМ ДАВЛЕНИИ

Анализ литературных источников, посвященных изучению устойчивости оболочки под действием внешнего давления q, показывает наличие расхождений между теоретическими решениями и экспериментальными данными [1, 148]. Этот факт может быть объяснен, в частности, тем, что при построении математической модели авторами известных нам исследований не учитывались динамические процессы, происходящие во время хлопка. Цель настоящей работы – построить математическую модель, отражающую картину выпучивания оболочки с учетом динамических факторов и оценить влияние динамики хлопка на величину критической нагрузки.

В нелинейной постановке задача может быть решена с помощью энергетического метода Ритца [2, 551]. Выберем аппроксимирующую функцию прогиба в виде

$$w(x,y) = f_1 \sin\frac{m\pi x}{L} \sin\frac{ny}{R} + f_2 \sin^2\frac{m\pi x}{L} + f_0, \qquad (1)$$

где m, n – волновые числа, L – длина образующей, R – радиус оболочки. Первое слагаемое в (1) соответствует решению линеаризованной задачи, второе отражает несимметричность прогиба относительно срединной поверхности с преимущественным направлением к центру кривизны, f_0 – слагаемое, соответствующее радиальным перемещениям точек торцевых сечений, связанное с амплитудами f_1 и f_2 формулой

$$\frac{f_0}{R} = \frac{qR}{Eh} + f_1^2 \frac{n^2}{8R^2} - \frac{f_2}{2R},$$

выведенной в [2, 527] из условия периодичности дугового перемещения v; h – толщина оболочки; E – модуль упругости.

Подставим выражение (1) в уравнение неразрывности деформации

$$D\nabla^4 w - hL(w,\Phi) - \frac{h}{R}\frac{\partial^2\Phi}{\partial x^2} = 0, \qquad (2)$$

где $D = Eh^3/12(1-v^2)$ – изгибная жесткость; v – коэффициент Пуассона; $\nabla^4 = \frac{\partial^4}{\partial x^4} + 2\frac{\partial^4}{\partial x^2 \partial y^2} + \frac{\partial^4}{\partial y^4}$; $L(w,\Phi) = \frac{\partial^2 w}{\partial x^2}\cdot\frac{\partial^2\Phi}{\partial y^2} - 2\frac{\partial^2 w}{\partial x \partial y}\cdot\frac{\partial^2\Phi}{\partial x \partial y} + \frac{\partial^2\Phi}{\partial x^2}\cdot\frac{\partial^2 w}{\partial y^2}$.

Интегрируя (2), найдем функцию усилий Φ и вычислим потенциальную энергию деформации по формуле $U = U_с + U_и$, где $U_с = \frac{h}{2E}\iint\bigl((\nabla^2\Phi)^2 - (1+v)L(\Phi,\Phi)\bigr)dxdy$ – энергия деформации срединной поверхности; $U_и = \frac{D}{2}\iint\bigl((\nabla^2 w)^2 - (1-v)L(w,w)\bigr)dxdy$ – энергия изгиба.

Работа внешних сил $A = q \iint w\, dxdy = q\pi RL(2f_0 + f_2)$.

Для полной потенциальной энергии $Э = U - A$ получаем выражение

$$\widehat{Э} = -b_1\hat{q}\xi_1^2 + b_2\hat{q}^2 + b_3\xi_1^2 + b_4\xi_2^2 + b_5\xi_1^4 + b_6\xi_2\xi_1^2 + b_7\xi_1^2\xi_2^2, \quad (3)$$

где введены обозначения

$$\widehat{Э} = Э \cdot \frac{Eh^3 L\pi}{R},\ b_1 = \frac{\eta}{4},\ b_2 = -2,\ b_3 = \frac{\eta^2 s_1^2}{48(1-\nu^2)} + \frac{\theta^4}{4s_1^2},\ b_4 = \frac{1}{8} + \frac{\eta^2\theta^4}{6(1-\nu^2)},$$
$$b_5 = \frac{\eta^2(1+\theta^4)}{128},\ b_6 = -\frac{\eta}{16}\left(1 + \frac{8\theta^4}{4s_1^2}\right),\ b_7 = \frac{\eta^2\theta^4}{4}\left(\frac{1}{s_1^2} + \frac{1}{s_2^2}\right),\ \theta = \frac{m\pi R}{nL},\ \eta = \frac{hn^2}{R},$$
$$s_1 = 1+\theta^2,\ s_2 = 1+9\theta^2,\ \hat{q} = \frac{qR^2}{Eh^2},\ \xi_1 = \frac{f_1}{h},\ \xi_2 = \frac{f_2}{h}.$$

Метод Ритца приводит к системе уравнений

$$\frac{\partial \widehat{Э}}{\partial \xi_1} = 0,\ \frac{\partial \widehat{Э}}{\partial \xi_2} = 0. \quad (4)$$

Из первого уравнения (4) найдем безразмерную нагрузку $\hat{q}$, а из второго – выражение для квадрата амплитуды ξ_1

$$\hat{q} = \frac{b_3 + 2b_5\xi_1^2 + b_6\xi_2 + b_7\xi_2^2}{b_1},\quad \xi_1^2 = \frac{-2b_4\xi_2}{b_6 + 2b_7\xi_2},$$

откуда получаем

$$\hat{q} = \frac{b_3 b_6 + (2b_3 b_7 + b_6^2 - 4b_4 b_5)\xi_2 + 3b_6 b_7 \xi_2^2 + 2b_7^2 \xi_2^3}{b_1 b_6 + (2b_1 b_7 - 4b_2 b_5)\xi_2}. \quad (5)$$

Добавляя к (5) условие минимума нагрузки $\frac{\partial \hat{q}}{\partial \xi_2} = 0$, приходим к кубическому уравнению относительно амплитуды ξ_2, решая которое и подставляя найденные корни в формулу (5) с учетом минимума по волновым параметрам, находим безразмерное значение критической нагрузки $\hat{q}_k$. Вычисления подтверждают вывод: оболочка всегда выпучивается по одной полуволне (*m*=1) вдоль образующей [2, 545]. Результаты расчетов (статический подход) для различных значений геометрических параметров оболочки приведены в третьем столбце таблицы 1, во втором столбце приведены значения критической нагрузки и волнового числа *n*, вычисленные по формулам линейной теории [2, 546].

Предложим новую постановку рассматриваемой задачи с учетом динамических факторов. Чтобы получить уравнение движения оболочки, используем принцип Остроградского-Гамильтона

$$\delta \int_0^t L\, dt = 0, \quad (6)$$

где функция Лагранжа $L = K - Э$, K – кинетическая энергия, $Э$ – потенциальная энергия, для которой получено выражение (3), t – время.

Величину K найдем по формуле

$$K = \frac{\rho h}{2} \iint \left(\frac{\partial w}{\partial t}\right)^2 dxdy.$$

С учетом выражения (2) и принятых ранее обозначений можно получить

$$\widehat{K} = \frac{1}{4}\left(\frac{R}{V}\right)^2 \left(\dot{\xi}_1^2 + \frac{1}{2}\dot{\xi}_2^2 + \frac{\eta^2}{4}\dot{\xi}_1^2 \xi_1^2\right), \qquad (7)$$

где $K = \widehat{K}\frac{\pi L E h^3}{R}$, V – скорость звука в материале оболочки.

Из равенства (6) получаем систему уравнений Лагранжа

$$\frac{d}{dt}\left(\frac{\partial \widehat{K}}{\partial \dot{\xi}_1}\right) - \frac{\partial \widehat{K}}{\partial \xi_1} + \frac{\partial \widehat{\Im}}{\partial \xi_1} = 0, \quad \frac{d}{dt}\left(\frac{\partial \widehat{K}}{\partial \dot{\xi}_2}\right) - \frac{\partial \widehat{K}}{\partial \xi_2} + \frac{\partial \widehat{\Im}}{\partial \xi_2} = 0, \qquad (8)$$

а также условия в начальный момент времени

$$\xi_1(0) = \xi_{10}, \quad \xi_2(0) = \xi_{20}, \quad \dot{\xi}_1(0) = \dot{\xi}_2(0) = 0, \qquad (9)$$

и в момент потери устойчивости $t = t_k$

$$\dot{\xi}_1(t_k) = \dot{\xi}_2(t_k) = 0. \qquad (10)$$

Условия (10) соответствуют динамическому критерию устойчивости, предложенному А.В. Саченковым [4, 138].

Уравнения (8) с учетом выражений (3) и (7) примут вид

$$\frac{d^2 \xi_1}{d\tau^2} + \frac{16\xi_1}{4+\eta^2 \xi_1^2}\left(-\hat{q}b_1 + b_3 + b_6 \xi_2 + 2b_5 \xi_1^2 + b_7 \xi_2^2 + \frac{1}{16}\eta^2 \dot{\xi}_1^2\right) = 0,$$

$$\frac{d^2 \xi_2}{d\tau^2} + 4\left(2b_4 \xi_2 + b_6 \xi_1^2 + 2b_7 \xi_1^2 \xi_2\right) = 0, \qquad (11)$$

где $\tau = tV/R$ – безразмерный параметр времени.

Численное решение системы уравнений (11) показывает, что при небольших нагрузках ($\hat{q} < \hat{q}_k$) оболочка колеблется около исходного положения равновесия с малой амплитудой порядка ξ_{10}. При увеличении нагрузки до значения, равного $\hat{q}_k$, наблюдается резкое возрастание амплитуды прогиба (т.е. происходит потеря устойчивости движения по А.М. Ляпунову). Как показывают расчеты, величина критической нагрузки $\hat{q}_k$ существенно зависит от выбора начального значения ξ_{10}, что затрудняет количественный анализ полученных результатов. Предлагаемый ниже приближенный метод решения системы (11) позволяет получить величину $\hat{q}_k$ независимо от начального прогиба.

Из статического аналога [3, 100] первого уравнения системы (11) найдем

$$\xi_1^2 = \frac{\hat{q}b_1 - b_3 - b_6 \xi_2 - b_7 \xi_2^2}{2b_5}.$$

Подставляя найденное значение во второе уравнение системы, получим

$$\frac{d^2\xi_2}{d\tau^2} = A_0 + A_1\xi_2 + A_2\xi_2^{\,2} + A_3\xi_2^{\,3}, \qquad (12)$$

где коэффициенты A_k зависят от нагрузки $\hat{q}$ и от параметров b_i.

Полагая $\xi_{20} = 0$, умножим уравнение (12) на $\dfrac{d\xi_2}{d\tau}$ и проинтегрируем обе части уравнения от 0 до τ_k

$$\dot{\xi}_2^{\,2}(\tau_k) - \dot{\xi}_2^{\,2}(0) = 2A_0\xi_2 + A_1\xi_2^{\,2} + 2A_2\frac{\xi_2^{\,3}}{3} + A_3\frac{\xi_2^{\,4}}{2}.$$

Согласно условиям (9) – (10) левая часть уравнения равна нулю. Получаем кубическое уравнение для функции $\xi_2(\hat{q})$. Добавляя к нему условия минимума нагрузки по ξ_2 и по волновому параметру η, найдем решение задачи. Результаты расчетов приведены в таблице 1.

Геометрические параметры		Линейная теория		Нелинейная теория			
				Статический подход		Динамический подход	
L/R	R/h	$100\,\hat{q}$	n	$100\,\hat{q}$	n	$100\,\hat{q}$	n
1	180	6.86	10	4.65	7	6.08	9
3	180	2.29	6	1.69	5	1.95	6
1	250	5.82	10	3.88	7	5.07	9
3	250	1.94	6	1.45	5	1.65	6
1	500	4.11	12	2.83	9	3.52	11
3	500	1.37	8	1.05	6	1.17	7

Таблица 1. Результаты расчетов для разных значений геометрических параметров

Таким образом, учет динамики хлопка приводит к результатам, лежащим между значениями, полученными с помощью линейных и нелинейных уравнений статики. В тех же диапазонах находятся экспериментальные данные [1, 153; 2, 553].

Литература

1. Григолюк Э.И., Кабанов В.В. Устойчивость оболочек. М.: Наука, 1978, 360 с.
2. Вольмир А.С. Устойчивость деформируемых систем. М.: Наука, 1967, 985 с.
3. Коноплев Ю.Г., Тазюков Ф.Х. Устойчивость упругих пластин и оболочек при нестационарных воздействиях. Казань: КГУ, 1994, 124 с.
4. Саченков А.В., Бахтиева Л.У. Об одном подходе к решению динамических задач устойчивости тонких оболочек // Исследования по теории пластин и оболочек, вып.13, 1978, с.137-152.

Левчук Е.В.
аспирантка Кафедры КТиИБ Кубанского Государственного Технологического Университета
Стасев Г.А.
студент ФОО ИИТиБ Кубанского Государственного Технологического Университета
Адрес электронной почты: smerch2147@mail.ru

ФОРМИРОВАНИЕ ОТНОШЕНИЙ ПРЕДПОЧТЕНИЯ ПРИ РЕШЕНИИ ЗАДАЧ СЛОЖНОГО ВЫБОРА

Ввиду повсеместного развития информационных технологий и внедрения различных систем, упрощающих жизнь человека в области оценки возможных вариантов и последующего принятия одного из них в качестве решения, чаще всего пользуются знаниями экспертов в рассматриваемой области, формализация которых позволяет определить приоритетную альтернативу.

Однако выбору решения и принятию его за основное препятствует нечеткость субъективного представления о цели, ограничениях, критериях. Поэтому обычные количественные методы анализа не эффективны при анализе ситуаций, в которых существенная роль принадлежит суждениям и знаниям человека. В этом случае использование теории нечеткой логики, нечетких множеств и отношений позволяет построить нечеткие аналоги основных математических понятий.

Таким образом, появляется возможность перейти от балльных оценок к оценкам степеней принадлежности соответствующих позиций заданному множеству. Однако и на этом этапе возникают некоторые трудности в интерпретации степеней принадлежности элементов множеству, имеющие различные методы решений в зависимости от специфики и формулировки поставленной задачи.

Так, если имеется балльная оценка альтернативы по нескольким критериям, то ввиду взаимозависимости критериев друг от друга, при оценке одного необходимо учитывать остальные. Таким образом, чем больше общее значение оценки альтернативы по определенному критерию, тем больше и степень принадлежности альтернативы множеству класса выборов каждого критерия в отдельности, что позволяет ввести следующую формулу:

$$I = \frac{(\sum_{i=1}^{n} N_i) - N_k}{n-1}, \qquad (1)$$

где N-критерии,
N_k-просчитываемый критерий,
$i = \overline{1, n}$
$k = \overline{1, n}$

I-интервал

Действительно, если имеем, к примеру, следующие оценки, представленные в таблице 1, то результирующий переход от балльной оценки к оценкам степеней принадлежности соответствующих позиций заданному множеству будет выглядеть следующим образом, представленным в таблице 2.

Таблица 1 - Балльные оценки альтернатив по критериям

	Критерий 1	Критерий 2	Критерий 3	Критерий 4
Альтернатива 1	5	4	3	1
Альтернатива 2	2	2	5	4

Таблица 2 - Определение интервала перехода

Балльная оценка	Интервал				
	1	2	3	4	5
5 – отлично	0,90-0,92	0,92-0,94	0,94-0,96	0,96-0,98	0,98-1,00
4 — хорошо	0,70-0,74	0,74-0,78	0,78-0,82	0,82-0,86	0,86-0,90
3 — удовлетворительно	0,50-0,54	0,54-0,58	0,58-0,62	0,62-0,66	0,66-0,70
2 – не удовлетворительно	0,30-0,34	0,34-0,38	0,38-0,42	0,42-0,46	0,46-0,50
1 – весьма не удовлетворительно	0,00-0,06	0,06-0,12	0,12-0,18	0,18-0,24	0,24-0,30

Таким образом, для альтернативы 1, используя формулу (1), получим:

По первому критерию - $I = \frac{5+4+3+1-5}{3} = 2,3 \approx 2$

Следовательно, критерий 1 имеет значение 0,94

По второму критерию - $I = \frac{5+4+3+1-4}{3} = 3$

Следовательно, критерий 2 имеет значение 0,82

Для альтернативы 2:

По первому критерию - $I = \frac{2+2+5+4-2}{3} = 3,(6) \approx 4$

Следовательно, критерий 1 имеет значение 0,46. И так далее читатель может опробовать методику расчета самостоятельно, сравнив в итоге полученные значения с таблицей 3.

Таблица 3 - Отношения нечетких предпочтений альтернатив по принятым критериям

	Критерий 1	Критерий 2	Критерий 3	Критерий 4
Альтернатива 1	0,94	0,82	0,62	0,24
Альтернатива 2	0,46	0,46	0,92	0,82

Таким образом, описанный способ перехода позволяет оперировать с исходными данными, сформированными в виде отношений предпочтения, что позволяет достичь более точных результатов при определении области недоминируемости альтернатив в решениях задач сложного выбора.

Список использованной литературы:

1. С.А. Орловский: «Проблемы принятия решений при нечеткой исходной информации» - Москва: Наука. Главная редакция физико-математической литературы, 1981 г. [153-199]

Камалутдинов А.М.
аспирант
Казанский (Приволжский) федеральный университет
kamalutdinovama@stud.kpfu.ru

ОПРЕДЕЛЕНИЕ АЭРОДИНАМИЧЕСКИХ СИЛ, ДЕЙСТВУЮЩИХ НА ПЛАСТИНУ ПРИ ИССЛЕДОВАНИИ ЗАТУХАЮЩИХ ИЗГИБНЫХ КОЛЕБАНИЙ ТЕСТ-ОБРАЗЦОВ

Введение. В последнее время повышенный интерес вызывают исследования вынужденных и свободных механических колебаний пластин в неподвижной вязкой жидкости (газе). Одной из основных задач в выше указанной проблеме является предсказание сил, действующих на колеблющуюся балку со стороны жидкости. Считается, что аэродинамическое взаимодействие может быть сведено к инерционному эффекту присоединенной массы и аэродинамическому демпфированию [1, 29; 2, 1624]. К сожалению, даже в плоском приближении задача определения аэродинамических сил, действующих на гармонически колеблющуюся пластину, в полном объеме не решена. Особенно слабо исследован промежуточный диапазон изменения безразмерной амплитуды колебаний, когда вязкие и инерционные эффекты соизмеримы. Имеющиеся экспериментальные и численные результаты либо охватывают небольшую часть этого диапазона, либо далеки от той области значений параметров, которые реализуются при лабораторном определении демпфирующих свойств материалов на основе исследования свободных изгибных колебаний тест-образцов.

Вместе с тем, промежуточный диапазон характеризуется числами Рейнольдса, не превышающими нескольких тысяч, а, значит, прямое численное моделирование плоских аэродинамических полей вокруг колеблющейся пластинки не требует чрезмерно подробной дискретизации. Использование умеренных, порядка нескольких сот тысяч узлов, сеток позволяет выполнить большую (более 200) серию вычислительных экспериментов по динамике двумерного течения газа вокруг пластины и вычислить комплексный коэффициент сопротивления во всей практически интересной области экспериментальных параметров.

1. Физическая постановка задачи.

Рассмотрим упругую пластинку, один из концов которой жестко закреплен, второй свободен. Длина L пластины, ее ширина b и толщина h таковы, что $h \ll b \ll L$. После выведения пластины из состояния равновесия она начинает совершать гармонические колебания в окружающем ее воздухе. Как показывают эксперименты, частота этих колебаний ω слабо изменяется вблизи основной собственной частоты ω_0 изгибных колебаний пластины. Задача заключается в определении гидродинамических сил, действующих на пластину.

2. Гидродинамические силы.

Приходящаяся на единицу длины сила $P(x,t)$ описывает действие, оказываемое на пластину окружающей средой, которая считается ньютоновской, несжимаемой жидкостью. При нахождении P будем исходить из того, что длина пластины значительно больше, чем два других ее характерных размера. Кроме того, длина вибрационной волны, рассматриваемой в работе основной структурной моды значительно больше, чем перемещения пластины. Поэтому пластина может рассматриваться как локально плоская. В этом случае, трехмерными явлениями, относящимися к колебаниям жидкости вдоль оси пластины, в том числе сходом вихрей с ее торца, можно пренебречь, определяя $P(x,t)$ путем изучения двумерного движения жидкости вызванного осцилляциями бесконечно протяженной тонкой жесткой пластины. Такая пластина выступает для окружающей жидкости в роли подвижной твердой границы. В каждом данном сечении x закон перемещения этой границы задается как $z = a(x)\cos\omega_0 t$, где $a(x)$ амплитуда колебания сечения x

Стандартной при изучении действующих на колеблющееся тело сил является аппроксимация Морисона [3, 423; 4, 331], согласно которой

$$P = -\frac{\pi}{4}\rho_a b^2 C_M \frac{du}{dt} - \frac{1}{2}\rho_a b C_D |u|u$$

Здесь ρ_a — плотность окружающего пластину флюида, u — скорость движения пластины, C_M — коэффициент присоединенных масс, C_D — коэффициент сопротивления. В рассматриваемом случае $u = -a(x)\omega_0 \sin\omega_0 t$.

Коэффициенты присоединенных масс C_M и коэффициент сопротивления C_D вообще говоря зависят от трех безразмерных параметров. Один из них $\Delta = \frac{h}{b}$ задает форму пластины. Два других $\beta = \frac{b^2 \omega_0}{2\pi\nu}$, $\kappa = \frac{a(x)}{b}$ определяют соответственно параметр Стокса и (с точностью до множителя 2π) параметр Кулегана-Карпентера. Через ν обозначена кинематическая вязкость жидкости. Безразмерная частота колебаний β представляет собой квадрат отношения ширины пластинки к толщине нестационарного пограничного слоя, безразмерная амплитуда колебаний κ — отношение амплитуды к ширине пластины.

Как показывают теоретические [1, 29; 2, 1624] и экспериментальные [3, 423; 4, 331] результаты коэффициент присоединенных масс C_M может изменяться между нулем и 2. Это позволяет дать для относительного изменения частоты $\Omega = (\omega_0 - \omega)/\omega_0$ следующую оценку

$$0 < \Omega < \frac{\rho_a}{\rho}\frac{b}{h}.$$

Она указывает на то, что вклад гидродинамики в изменение частоты колебаний пластины в воздухе мал, и его можно не учитывать при обработке экспериментов.

Строгие теоретические результаты для коэффициента сопротивления C_D известны лишь для предельного случая $\kappa \to 0$ малоамплитудных колебаний (т.н. стоксовское приближение). В этом случае имеем

$$\kappa \to 0: \quad D = \frac{4.61}{\kappa\sqrt{\beta}}.$$

В противоположной ситуации больших значений параметра κ известные экспериментальные результаты [3, 423] дают

$$\kappa > 1: \quad D = \frac{6.2}{\sqrt{\kappa}}.$$

При промежуточных значениях κ коэффициент сопротивления сложным образом зависит от всех трех безразмерных параметров: амплитуды κ, частоты β и толщины пластинки Δ. Для нахождения этой зависимости было проведено прямое численное моделирование обтекания двумерной колеблющейся пластины на основе решения уравнений Навье-Стокса в следующем диапазоне изменения параметров: $0.05 < \Delta < 0.3$, $50 < \beta < 1000$, $\kappa < 3$. Проведение многовариантных расчетов позволило предложить аппроксимационную формулу для коэффициента сопротивления

$$C_D = \frac{4.61}{\kappa\sqrt{\beta}} + \frac{6.2}{\sqrt{\kappa}} \frac{\xi^2}{\xi^2 + 1.7}, \quad \xi = \kappa\left[2 + 1.78\ln\Delta - \ln\beta(0.54 + 0.88\ln\Delta)\right].$$

Как видно, представленное общее соотношение переходит в соответствующие предельные случаи, описанные выше. Во всем исследуемом диапазоне параметров его относительная погрешность не превосходите 8%.

ЛИТЕРАТУРА

[1] Tuck E.O. Calculation of unsteady flows due to unsteady motion of cylinders in a viscous fluid // Journal of Engineering Mathematics. – 1969. – Vol.3 (1). – P. 29–44.

[2] Aureli M., Basaran M.E., Porfiri M. Nonlinear finite amplitude vibrations of sharp-edged beams in viscous fluids // Journal of Sound and Vibration. – 2012. – Vol. 331. – P. 1624–1654.

[3] Keulegan G.H. Carpenter L.H. Forces on cylinders and plates in an oscillating fluid. // Journal of Research of National Bureau of Standards. –1958. Vol. 60 (5). – P. 423-440.

[4] Graham J.M.R. The forces on sharp-edged cylinders in oscillatory flow at low Keulegan–Carpenter numbers // Journal of Fluid Mechanics – 1980. – Vol. 97 (1). – P. 331–346.

Филимонова Н.Ю., Батурина Л.А., Воробьева Г.В.
кандидаты филологических наук, доценты
Волгоградский государственный технический университет

ПЕДАГОГИЧЕСКИЕ УСЛОВИЯ ОРГАНИЗАЦИИ ЛЕТНЕЙ ЯЗЫКОВОЙ ШКОЛЫ

Летние языковые школы являются одной из наиболее привлекательных и распространённых форм изучения иностранного языка. Прежде всего, иностранных слушателей привлекает краткосрочность обучения и возможность сочетать учебу с отдыхом за рубежом.Так в анкете, которая была предложена американским стажерам на кафедре русского языка Волгоградского государственного технического университета, они отметили, что эта программа дает им возможность за короткий период обучения за границей получить кредиты, что позволяет раньше закончить университет и сэкономить значительные денежные средства.Многие написали о большом прогрессе в изучении языка, благодаря языковой практике в естественных условиях. И все без исключения отметили насыщенность программы интересными поездками и экскурсиями.

Ежегодный опрос участников летней программы, который проводится американской стороной, дает возможность судить об эффективности программы,позволяет выявить как позитивные, так и негативные моменты пребывания студентов в ВолгГТУ и внести необходимые коррективы.

По требованию американской стороны непременным условием для поездки в Россию является изучение студентами русского языка на родине в объеме как минимум 4 семестров и хорошая академическая успеваемость.

Чрезвычайно важным представляется тестирование американскими преподавателями учащихся языковых куров *до* их отъезда в Россию с целью оценки их уровня подготовленности и*после* их возвращения в США. Первое тестирование помогает определить их уровень владения языком и сформулировать цели и задачи, которые необходимо решить во время летних курсов, второе – дает возможность определить результат языковой практики.

Помимо анкетирования и тестирования стажеров обязательным условием данной программы являетсяпроживание американских студентов в русских семьях, что не только помогает американцам быстрее адаптироваться к новой действительности, к нормам русской коммуникативной культуры, но и способствует межкультурной коммуникации, даёт им возможность максимально погрузиться в языковую среду. Подбор семей, предварительная работа с ними, обеспечение студентам уровня проживания, приближенного к привычному– всё это представляет определённые трудности для принимающей стороны. Впрочем, конечный результат вполне «окупает» эти трудности.

За короткий срок американские студенты должны достичь необходимого уровня коммуникативной компетенции, что невозможно без овладения национальной спецификой общения. Поэтому особый акцент делается на изучение основ коммуникативного поведения как элемента русской культуры, что желательно делать в плане сопоставления с родной культурой учащихся. И если на занятиях по разговорной практике преподаватели добиваются активного овладения студентами элементами коммуникативного поведения, то в домашней обстановке, в русских семьях они отрабатывают навыки общения в рамках новой для них культуры.

Приходится признать, что российские преподаватели, работающие на летних языковых курсах, которые поводятся в рамках договора между Волгоградским государственным техническим университетом и Мичиганским государственным университетом, сталкиваются с традиционными для подобных программ сложностями:

во-первых, американские студенты приезжают на короткий срок (длительность их пребывания в России – 5-6 недель, в Волгограде – один месяц);

во-вторых, у студентов неодинаковый уровень русского языка, так как они учатся на разных курсах и факультетах, что объясняется значительным уменьшением желающих заниматься русским языком (в Мичиганском государственном университете из 200 программ за рубежом только 15 являются языковыми или в числе прочего имеют значительный языковой компонент);

в-третьих, в группе бывают и взрослые люди, что требует иной технологии обучения.

Особенностью данной программы является взаимосвязь между такими аспектами, как разговорная практика, фонетика, грамматика и культурология. В течение ста учебных часов преподаватели должны не тольковызвать интерес учащихся к изучаемому материалу, но ина протяжении всего срока обучения поддерживать в них активность[1,115-119].

Технология обучения русскому языку в условиях краткосрочных курсов предполагает использование интенсивных методик, новых информационных технологий и информационных систем. Студенты с интересом относятся к использованию видеофильмов и компьютерных программ, способствующих закреплению падежной системы, видовременных форм глагола ипр. Итоговый контроль по грамматике в форме компьютерного тестирования воспринимается ими как вполне объективная система оценки их знаний.Благодаря использованию как традиционных, так и инновационных методов преподаванияудается обеспечить определённый прогресс в изучении русского языка.

Необходимо подчеркнуть, что преподаватели, работающие с американскими студентами на летних языковых курсах, строят и аудиторную, и внеаудиторную работу с учетом их познавательных интересов.

Многие стажеры мечтают не только усовершенствовать свое владение русским языком, но и углубить знания о России, о её духовном наследии, о русском народе, о литературе и искусстве. Поэтому во время стажировки организуется насыщенная культурная программа, которая включает в себя осмотр достопримечательностей Москвы, Санкт-Петербурга, Волгограда и области, экскурсии в музеи, посещение театров и концертных залов[2,113-115].

Следует отметить, что преподаватели MSU ещё на родине готовят студентов к поездке, читая им на английском языке курс по русской истории и культуре и знакомя их с наиболее значимыми в культурологическом смысле произведениями советского и российского кинематографа. В результате американские студенты достаточно хорошо знакомы с основными вехами российской истории, наиболее значимыми именами и датами. При этом наибольший интерес вызывает у американских студентов период второй мировой войны и в частности – Сталинградская битва.

В связи с тем, что краткосрочные программы – это достаточно перспективная форма международного сотрудничества, анализ их организации требует научного подхода. Между тем, на сегодняшний день нет серьёзных теоретических исследований, посвящённых краткосрочному обучению. В этих обстоятельствах обмен опытом представляет определённую ценность, ибо он позволит в конце концов перейти к научному изучению различных аспектов организации и работы летних языковых школ.

Литература

1.Филимонова Н. Ю. Обучение студентов из США в летней языковой школе как одна из форм интернационализации современного университета //Известия Волгоградского государственного технического университета: межвузовский сборник научных статей № 2 (105) / ВолгГТУ. – Волгоград, 2013. (Серия «Проблемы социально-гуманитарного знания».Вып. 12. С. 115-119.

2.Батурина Л. А., Воробьёва Г. В. Некоторые приёмы адаптации американских студентов во время прохождения краткосрочных курсов русского языка // Там же. С. 113-115.

Богданов Е.В.
Петрозаводский государственный университет,
филологический факультет,
кафедра прибалтийско-финской филологии
jevgeni.bogdanov73@gmail.com

МАРКСИСТСКОЕ ЛИТЕРАТУРОВЕДЕНИЕ О ТВОРЧЕСТВЕ ФИНСКОГО НЕОРОМАНТИКА Л. ОНЕРВА.
Статья к 90-летию со дня рождения д.ф.н. Э.Г. Карху

Значение работ виднейшего отечественного исследователя финляндской литературы Э.Г. Карху для формирования писательской репутации Онерва является фундаментальным, оно впечатляет широтой временного охвата и всесторонности аналитического рассмотрения ее наследия. К моменту написания "Очерков" (1972) в Финляндии, пожалуй, кроме Р. Коскимиеса, никто не интересовался ее творчеством: Онерва не являлась объектом активного интереса со стороны текущей критики, опять же академическая наука вспоминала о ней лишь тогда, когда надо писать общий курс истории финской литературы и когда выясняется, что наследие ее почти совершенно не изучено, хотя вроде бы всем очевидно, что без Онерва обойтись невозможно. Э.Г. Карху справедливо критиковал научные круги за то, что стало привычным отдавать должное творческим заслугам поэтессы в связи с юбилейными датами, а все написанное заключалось в нескольких предисловиях и лаконичных главах в общих курсах истории литературы[4,239].

Другим немаловажным моментом являются "устойчивые критические формулы", мало способствовавшие объективной оценке таланта Онерва, а именно: ее близкое соседство с именем Лейно и превратное и тенденциозное толкование декадентства. Отдельно выделим, что Э.Г. Карху полемизирует не только с финляндскими исследователями и их однобоким толкованием декаданса, отрицающим его место и культурно-историческую значимость в контексте европейского сознания на рубеже XIX-XX веков. Склонность к партийности и вульгарной идеологической профанации явления была присуща и тогдашней советской науке, что для ученого также неприемлемо.

В критике множится подозрение в том, что поэзия Онерва возникла скорее на книжной почве, чем на почве финской действительности. Причина, на наш взгляд, заключается в отсутствии интереса к общей проблематике и предвзятости в оценках декаданса, что неизбежно подталкивало ученых при констатации связей Онерва с французской культурой тенденциозно выпячивать отдельные элементы и подозревать ее творчество во вторичности. Исключать "печать незаурядной книжной эрудиции и различного рода литературных реминисценций" невозможно, но, считает Э.Г. Карху, "было бы наивным объяснять творчество этой серьезной и думающей писательницы одними литературными влияниями"[4,241]. Обращение к этому пласту должно в равной степени требовать сдержанности в выводах, чего зачастую не хватало финским исследователям.

Определяя причины сниженного интереса и предвзятого толкования творчества Онерва, ученый адресует критику Х. Ялканену. Именно он видится воплощением интересов консервативно-охранительной критики, не желавшей считать декаданс финским явлением: "...в Финляндии общество казалось им еще достаточно "здоровым"[7,149]. Академическая же наука в лице В. Таркиайнена вообще отказала неоромантикам в интересе к социальным вопросам и эпическому восприятию явлений, выведя разговор об Онерва исключительно в пласт эстетики. Критике подвергается и другой крупнейший ее представитель – академик Р. Коскимиес – за фиксацию представлений о подражательности и "литературной позе" Онерва.

В полемике Э.Г. Карху отталкивается от метафоры последнего, в которой поэзия Онерва сравнивается не с чистой ключевой водой и не натуральным вином, а с абсентом, этим искусно смешанным "литературным напитком" французских символистов. Такой подход видится преувеличением, демонстрирующим охранительное понимание национальной литературы. И хотя от внимания ученого не ускользнуло то, что, по мнению академика, в творчестве Онерва декаданс органично влился "в свой домашний материал"[7,16], признание им места декаданса в финской литературе кажется Э.Г. Карху недостаточным. Отсюда – подозрения в неисторичности исследовательской методики, а самого Р. Коскимиеса в научной слепоте и игнорировании очевидного.

Основа дискуссии была методологическая. Это видно в отношении Э.Г. Карху к академическому восьмитомнику "Литература Финляндии" (1965), который считался в свое время "основополагающей работой финского литературоведения" и "литературным событием века", но одновременно называли "списком грехов финского литературоведения", "историей элитарной литературы и т.д."[9,96]. Написанная разными учеными, она содержит довольно-таки сильные отличия в понимании одних и тех же явлений, при своих безусловных достижениях она страдает отсутствием осознанной целостности в подаче материала, единства и четкости исследовательской линии. Скажем, если Р. Коскимиес говорит о "неоромантизме", то К. Марьянен полностью отказывается от термина, заменяя его на "экспрессионизм", а А. Сараяс вообще пытается избежать употребление терминов "романтизм" и "реализм".

Проблема не столь безобидна, как может показаться. В одной из поздних работ Э.Г. Карху обращает внимание на то, что для финляндских ученых общие закономерности литературного процесса считаются менее важными, что "...главное составляют отдельные писатели и произведения"[6,174]. Результат – терминологическая рыхлость, которая превращает литературный процесс и литературные произведения в имманентные эстетические структуры, существующие вне каких-либо связей, что грозит неисторичностью понимания литературных явлений и декларацией о непознаваемости мира. Марксистское литературоведение, видит в искусстве эстетический феномен, но это не заслоняет такого понимания эстетики, в соответствии с которым "...искусство являющееся особой формой общественного сознания обладает внутренними законами, но одновременно оно зависимо от окружения, развития общества"[9,99]. Конечно, при этом речь не могла идти о каком-то универсальном методе, способном механически гарантировать успех в научной деятельности, как далее отмечает ученый.

Вышедший в свет финский перевод "Очерков финской литературы" в 1973 году стал откровением для финляндских литературоведов. Ученый ставил задачу "...исследовать ведущие тенденции развития финляндской литературы и наиболее значительные художественные явления в их социально-исторической обусловленности, в их связи с эпохой, идейно-литературной борьбой, развитием общественной мысли и народного сознания. Этому аспекту в финляндском буржуазном литературоведении уделяется менее всего внимания как в общих курсах истории национальной литератур, так и в монографиях об отдельных писателях"[2,4]. Монография продемонстрировала в полной мере применение марксистского метода анализа литературных явлений в литературе Финляндии, хотя, как признавалось, общий принцип методологии был знаком по московскому симпозиуму 1969 года и по симпозиуму по проблемам прибалтийско-финской филологии в Таллинне 1973 года.

Нет необходимости углубляться в детали возникшей дискуссии, отметим лишь, что в ее основе был повышенный интерес к марксистскому методу в Финляндии на рубеже 1960-70-х годов, подготовивший благоприятную почву для восприятия метода исследования, хотя "...в литературоведение он входил с трудом окольными путями"[11,11]. Отметим, что "Очерки" вызвали неоднозначную реакцию финляндских научных кругов, увидевших марксистское толкование зависимости основных тенденций финляндской литературы и ее наиболее заметных литературных явлений от общественно-политического развития, а также их связь с идейно-литературной борьбой эпохи, общественным мышлением и развитием самосознания народа. Комментируя по свежим следам возникшую полемику, карельский ученый У. Руханен писал: "Исследования доктора наук Эйно Карху полемичны по своему характеру. И не только те страницы, на которых автор вступает в открытую дискуссию с конкретными учеными. Сама концепция его работ является полемичной по отношению к ученым, прибегающим к иным методам исследования"[13,94].

Размышления над общими вопросами литературы рубежа веков позволили Э.Г. Карху заново открыть Онерва для финской литературы и науки. Показ многогранности ее творческой личности, определение сильных и слабых сторон функционирования ее мировоззрения на протяжении первой четверти XX века стало новым и свежим взглядом. Финляндские коллеги оказались в замешательстве из-за того, что Э.Г. Карху удалось увидеть "...в творчестве этой всегда считавшейся пессимисткой и крайней индивидуалисткой поэтессе борца и самостоятельную творческую личность"[11,14]. Для Э.Г. Карху выделение асоциальности неоромантизма, акцентирование реакции его представителей на реализм и натурализм, их нежелание следовать по пути социальной тенденциозности и естественно-научных общих мест отвлекло внимание науки от порывов неоромантиков к социальности, от стремления к общечеловеческой солидарности пусть даже и выраженных в виде абстрактного интеллигентского гуманизма. Интерес был сосредоточен на мотивах трагического оптимизма бунтаря-одиночки и на выпячивании теософско-религиозного поиска, истолкованного как торжество провиденциализма, резиньяции и разочарования. Ученый сожалеет о том, что за пределами анализа предшественников остался поздний период творчества Онерва, вернувший "давние беспокойство и пессимизм", подмеченные еще В. Таркиайненом[14,281], и ставший этапом творческой зрелости и общественной активности писательницы.

В восприятии Э.Г. Карху лирику Онерва отличает нахождение ее индивидуума на теневой стороне мира, который уже в раннем творчестве противопоставляется празднично-кичливому миру филистеров, ей свойственно борение чувств, борение с внешними силами зла и с собой, с уязвимыми сторонами своего мироощущения. Онерва толковалась ученым как поэтесса "непрекращающегося бегства от одиночества". У нее сочетаются темы неисчерпаемости жизни и "интеллигентская" растерянность, стремление к солидарности и уныние от отсутствия чувства причастности к историческому движению, тенденции которого не вписывались в ее представления. Такие чувствования накладывались на основной лейтмотив неоромантиков, на ощущение "несостоятельности современного общества, его распада, приближающейся катастрофы, банкротства привычных представлений"[4,43]. Исследователь не сомневается в том, что где-то этот пафос был почерпнут у Ницше, обрушившего на современное ему общество весь запас иронии и сарказма.

В таком же ключе были продолжены размышления об основах кризиса сознания и путях выхода в объемной "Истории литературы Финляндии" (1990). В середине XIX столетия Финляндию сравнивали с пустынным и неподвижным утесом посреди волнующегося моря — моря европейской политической жизни, но "в XX в. слова о "мировом кризисе" и мировом революционном процессе уже не были для финских писателей только отзвуком далеких событий в других странах, только где-то родившимися и услышанными в Финляндии словами. Теперь это были события, пережитые на финской земле"[7,10]. И неоромантики ощущали их как никто другой.

Ощущение краха идеалов давало пищу размышлениям об изменении миропорядка: у Онерва отмечается подчеркивание распада старого мира, на поздней стадии вышедшее в пласт социальных проблем. Причину морального краха мира стяжательства и капитализма она видела "...в самодовольной страсти к власти правящего класса и грабительской политике ослепленного страстью к деньгам и материализму бедноты"[15,6]. Перевод протеста в плоскость социального переворота был для большинства неоромантиков невозможным. Отечественной науке известен тезис о "чистосердечной незрячести" как отказ Онерва слышать революцию, слиться в едином порыве с революционными массами. Как скептик и индивидуалист она находилась в разладе с действительно революционным движением, с революционной массой и, как и многие представители тогдашней финской интеллигенции, пришла в ужас от событий революции.

Борьба неоромантиков за лучшую жизнь, на взгляд Э.Г. Карху, стала движением "до полпути". Соответственно, он приветствует тех писателей, что сумели отказаться от индивидуалистических плутаний и возвысится до осознания роли пролетариата как ведущей силы будущего. Основной сложностью представлялось "...соприкосновение с реальным единением людей, реальной классовой солидарностью и классовой борьбой "[4,251]. В своем творчестве неоромантики запечатлели кризис буржуазного миропорядка в преддверии пролетарских революций, но до принятия их как исторической альтернативы многие из них не сумели подняться, поскольку их "... герой не только не пригоден для роли ведущего, но испытывает время от времени чувство враждебности, опасаясь за свою свободу"[7,153].

Герою Онерва присущ бунт искания, стремление к мечте, к жертвенному подвигу, он противодействует "духовной инертности" буржуазного мира, но жажда действия, горение индивида сосредотачивается исключительно на собственной личности, обрекая ее на историческое бездействие и одиночество. Возведенный в максиму скептицизм и индивидуализм не позволяют ощутить единства с революционной массой, она не приняла его как блоковского "преобразователя жизни", считает ученый. И здесь речь об антиисторизме, внеисторическом подходе к действительности, игнорировании реальных общественных связей. Конфликт индивидуальных устремлений неоромантиков с велением эпохи и изменившемся классовым устройством общества приобретает у Э.Г. Карху центральное значение, неоромантики ставили упор на гибели старого мира, но были не в состоянии оценить по достоинству те силы в современном им мире: "которые боролись за новый строй жизни.. в изображаемых ими представителях рабочей массы они не могли признать носителей идеала"[4,104].

В видении марксистского литературоведения комплексное осознание процесса мирового развития не исключало акцентирование коллективных социально-классовых ценностей, принципов пролетарского интернационализма и классовой солидарности трудящихся. Возможно, что сегодня некоторые положения и выкладки представителей марксистской школы могут прозвучать неактуально или даже тенденциозно, как, например, вывод о "чистосердечной незрячести" Онерва в отношении пролетарской революции. Нет сомнений, что определенная часть толкований требует пересмотра с учетом накопленных наукой знаний, но вряд ли процесс должен доходить до утраты чувства реальности, когда конструктивная критика подменяется скепсисом, огульным отрицанием созданного и настойчивостью в низвержении марксистов с занимаемого исторического пьедестала.

Обвинения в отсутствии компетенции и подозрения их в эпигонстве стали нормой. В частности, утверждается, что основная задача марксистского направления заключалась в необходимости соответствовать установкам, запросам на ту или иную концепцию буржуазной науки, что подталкивало его представителей на мелкую контрабанду материала, наблюдений, частных идей и интерпретаций из западного литературоведения. Конечно, такое перегибание палки никому не нужно.

Более взвешенная, но и не лишенная желания "ломки старых скрижалей", критика направлена против известной авторитарности созданного марксистами литературного канона, который фиксирует исключительно хронологические отрезки (стадии, эпохи, периоды, века и поколения), характеризующиеся относительной устойчивостью содержательного набора тех или иных традиций и форм мышления. В одной из статей современные ученые Л. Гудков и Б. Дубин размышляют об "эпическом литературоведении" и указывают на то, что в его рамках история остается принадлежностью и проекцией системы власти, а не сложной структурой. Опасность заключается в том, что при таком подходе подчеркивается и учитывается проблематика неких условных, "воображаемых" гениев и "сверхгениев", действующих в рамках определенных более или мене условных литературных направлений и течений, и заметно меньшее внимание уделяется литературному полю во всей его широте. Ученые видят в этом искаженную традицию, подхваченную еще у старых немецких романтиков, когда конструкция литературы виделась выражением "идеальных составляющих национального духа или какого-то иного, но столь же неопределенного социального или идеологического целого"[1,222].

В статье высказывается мысль, что в советский период из этой идеи была "выпотрошена" категория национальной культуры и заменена общими марксистскими рассуждениями о литературе как выражении классовых интересов, идеологических представлений соответствующих классов, их идеалов и чувств. В таком же ключе размышляет финский историк О. Юссила, считающий, что для марксистской традиции оценка национализма изначально представляла собой проблему и в теоретическом, и в практическом плане. Его рассматривали "как вставшую на пути интернационализма, классовой борьбы и революции препону, которая должна быть побеждена"[10,12].

Суть полемики не нова, исходным положением служит рецепция неоромантизма как литературной эпохи, связанной "с первыми шагами социалистического рабочего движения, поставившего перед неоромантиками вопрос: капитализм или социализм"[7,78]. И все же, несмотря на известную идеологическую риторику, как было замечено финляндскими исследователями, метод оценки литературного процесса, примененный Э.Г. Карху, не дает повода усматривать в нем признаки вульгарной социологии. Более того, последнее являлось объектом активной критики со стороны самого исследователя. Обусловленная велением эпохи риторика не заслоняет глубокого проникновения в ход развития литературы во всех ее взаимосвязях, а также такого понимания ученым литературного процесса и хода истории, в наблюдениях за которыми, как отмечает К. Салламаа, виден демократический подход, то есть подчеркивание роли народа, а не интеллигенции в качестве фактора формирования будущего[14,11].

Справедливости ради стоит отметить, что позднее сами представители марксистского направления признали зависимость выводов от методологических установок и духа времени. В последних размышлениях ученого о противостоянии буржуазно-либеральной и марксистской мысли присутствует понимание слабых сторон последней в понимании сути явлений, когда в подходе "...к современному мировому развитию марксистская идеология делала акцент на коллективных социально-классовых ценностях... На этом фоне все, что связано с этносами, их языками и культурами, не то чтобы отрицалось совершенно, но отодвигалось на второй план"[8,14] как пережиток буржуазного сознания. Признание этого факта, безусловно, заметно расширяет возможности толкований, но ничуть не снимает актуальности с наблюдений за творчеством Онерва, выполненных ученым в ранних монографиях. Многие из них определили общие направления рассуждений о творчестве писательницы и поэтессы Л. Онерва, а в широком значении могут быть полезными не только при рассмотрении основных магистралей финской литературы.

Список литературы:

1. Гудков Л.-Дубин Б. Эпическое литературоведение / Л. Гудков-Б. Дубин // НЛО. 2003. – №59. – С. 222.
2. Карху Э.Г. Финляндская литература и Россия 1850-1900 / Э.Г. Карху. – Л.: Наука, 1964. – 278 с.
3. Карху Э.Г. Бегство из одиночества: о творчестве финской поэтессы Л. Онерва / Э.Г. Карху // Север. 1972. – №5. – с. 113-121.
4. Карху Э.Г. Очерки финской литературы начала XX века / Э.Г. Карху. – Л.: Наука, 1972. – 397 с.
5. Карху Э.Г. Достоевский и финская литература / Э.Г. Карху. – Петрозаводск: Карелия, 1976. – 136 с.
6. Карху Э.Г. От рун к роману. / Э.Г. Карху. – Петрозаводск: Карелия, 1978. – 257 с.
7. Карху Э.Г. История литературы Финляндии: XX век / Э.Г. Карху. – Л.: Наука, 1990. – 606 с.
8. Карху Э.Г. Малые народы в потоке истории / Э.Г. Карху. – Петрозаводск: изд-во ПетГУ, 1999. – 248 с.
9. Karhu E. Suomen kirjallisuuden historiaa venäjän kielellä. Millä perusteilla sitä kirjoitetaan // Punalippu. 1973. – №11. – S. 96-100.
10. Jussila O. Nationalismi ja vallankumous / O. Jussila. – Helsinki: Otava, 1979. – 325 s.
11. Kalemaa K. Suomen kirjallisuus Karhun kierroksessa / K. Kalemaa // Edistyksen tiet. Tutkielmia Eino Karhun täyttäessä kuusikymmentä vuotta; toim. Kari Sallamaa. – Oulun yliopisto: kirjallisuuden laitos, julkaisuja 6. 1983. – s.9-31.
12. Koskimies R. L. Onerva / R. Koskimies // Onerva L. Valitut teokset. – Helsinki: Otava, 1956. – s. 5-19.
13. Ruhanen U. Tohtori Eino Karhu 50-vuotias // Punalippu. 1973. – №11. – S. 94.
14. Sallamaa K. Eino Karhu – sillanrakentaja / K. Sallamaa // Edistyksen tiet: tutkielmia Eino Karhun täyttäessä kuusikymmentä vuotta; toim. K. Sallamaa. – Oulu: Oulun yliopiston julkaisuja, 1983. – s. 5-9.
15. Tarkiainen V. Suomalaisen kirjallisuuden historia / V. Tarkiainen. – Helsinki: Otava, 1934. – 350 s.
16. Onerva L. Pois materialismista // Sunnuntai. 1918. – 16. huhtikuuta. – S. 6.

Петрикевич Е.В.
БГЭУ

РЕМИНИСЦЕНЦИИ БИБЛЕЙСКИХ ТЕКСТОВ В РУССКОЙ ЛИТЕРАТУРЕ

Исследование древнерусской литературы невозможно ее изучения в контексте современных литературных тенденций. Библейские тексты, насыщенные богатыми образами-символами, создают плодотворную почву для укоренения отдельных образов в литературе нового времени.

Так, образ Святой Земли, идеального места, практически сходного с раем, вошел в русскую литературу нового времени благодаря библейским текстам. По большей части этот образ является утопическим и собирательным, созданным из множества других, фигурирующих в посвященных описанию Святой Земли текстах. Важно отметить при этом, что обобщенное описание земли обетованной встречается не только в официальных канонических текстах: оно фигурирует в апокрифических видениях старца Агапия, «Житии Андрея Юродивого», апокрифе о Макарии Римском – в одних случаях описание дается в кратком, сжатом виде, в другом – более развернуто, но всегда имеет нечто общее. Главная характерная черта Святой Земли – «красота неизреченная», определяющая невозможность ее словесного описания. Подобные же черты встречаются и в современной литературной традиции. «Вернуться туда невозможно / И рассказать нельзя / Как был переполнен блаженством / Этот райский сад», пишет Тарковский. Фактически здесь фигурирует та же «неизреченность», неописуемость райской земли. В этом же отрывке встречается и еще один центральный символ: райская земля – это город-сад, всегда прекрасный и изобилующий растительностью.

Как это ни парадоксально, но даже в самом подробном описании Святой Земли полностью отсутствует конкретика. Этот образ – один из сакральных в древнерусской литературе, под Святой Землей понимается не географические координаты, а духовное состояние. Впоследствии, однако, образ находит конкретное отражение: определение Святой Земли прочно закрепляется в первую очередь за Палестиной и Иерусалимом, а также за рядом других стран. В качестве примера входящих этот в список географических пунктов следует назвать, прежде всего, Индию, часто фигурирующую в древнерусских текстах и предстающую практически аналогией рая.

Подобные тенденции в фантастическом восприятии этой вполне конкретной страны нашли отражение в литературной традиции XX века. Здесь следует, прежде всего, упомянуть Н. А. Клюева, чье творчество было тесно связано с народно-мифологическими традициями. Нельзя не вспомнить также об этнографическом и философском интересе к Индии, возникшем в начале XX века в литературных и художественных кругах.

Восприятие символической Индии как древнерусской мифологемы, образа потерянного рая, характерно и для русской литературы нового времени: именно такую трактовку предлагает Астафьев в своей «Индии». Здесь соединяются апокрифические и агиографические элементы. Образ Индии красной нитью проходит через все повествование, определяя его главную тему.

Еще один широко распространенный мотив – мотив смерти и воскресения – укоренился в русской литературе именно благодаря древнерусским библейским памятникам. Возможность изучения данного мотива одновременно в рамках канонических текстов и запрещенных книг предоставляет «Слово на воскресение Лазаря», древнерусский текст конца XII – начала XIII веков, сохранившийся в двух редакциях: краткой и полной. Первую из них традиционно помещают в сборниках в окружении святоотеческих «слов» на шестую субботу Великого поста, когда празднуется чудо воскрешения Лазаря. Другая, полная редакция содержит сведения повествования о том, как после плача-молитвы Адама, который вместе с Лазарем, пророками и праотцами мучается в аду, Христос воскресил Лазаря. В данной редакции Лазарь передает Христу мольбу Адама освободить пленников, Христос спускается в ад, разрушает адские запоры, выводит грешников из ада.

Таким образом, краткая и полная редакции различаются не только объемом и названием («Слово на воскресение Лазаря» и «Слово Адама во аде к Лазарю» соответственно), но и тематически: если первая из них затрагивает только мотив воскресения и включается в контекст гомилий Климента Охридского, Иоанна Златоуста, Тита Бострийского, Андрея Критского на Лазареву субботу, то вторая дополняет этот мотив мотивом сошествия Христа во ад. В гомилиях раннехристианских писателей часто повторяется мысль о том, что воскрешение Лазаря предстает прообраз будущего воскресения Спасителя.

Повествование о Лазаре стало смысловым ядром древнерусской литературы, почвой для развития и толкования мотива сошествия во ад и воскресения. В русской литературе XX века этот мотив проявляется не менее ярко. Одним из наиболее известных писателей, прибегших нему, безусловно, является Ф. М. Достоевский: тема воскресения из мертвых у него была тесно связана с прообразом Лазаря. Бесспорно значение данного мотива в развитии идейно-тематического плана «Преступления и наказания» и его влияние на сюжетную линию романа.

В другом произведении русской литературы начала XX века, «Елеазаре» Л. Н. Андреева, основное внимание сосредотачивается на описании внутреннего мира человека, перед которым открылась бездна ада. Переживший глубочайшее потрясение Елеазар возвращается из инфернального мира в мир живых, но для него это уже не счастье, как это было для Раскольникова. Угнетаемый памятью об увиденном и почувствованном, он больше не может существовать, как раньше; его мировосприятие подверглось столь сильным изменениям, что он не в состоянии жить там, куда вернулся.

Основываясь на рассказе о воскресении Лазаря, христианский писатель Ф. М. Достоевский создал роман о чудесном возвращении в мир заблудшей души, а Л. Н. Андреев, одновременно продолжая мотив воскресения, писал по большей части о тех изменениях, которые непременно претерпевает внутренний мир возвратившегося. И все же две эти диаметрально противоположные точки зрения описывают один и тот же мотив и затрагивают одну и ту же тематику, проистекающую из древнерусской литературы.

Таким образом, традиционные библейские мотивы нашли воплощение в творчестве писателей нового времени, а переосмысление религиозных сюжетов явилось благодатной почвой для создания новых произведений.

Ganzhara O.A.
PhD in Philology, Associate Professor, North-Caucasus Federal University, Stavropol, Russian Federation
Tsybulevskaya A.V.
PhD in Philology, Associate Professor, North-Caucasus Federal University, Stavropol, Russian Federation
snark44@yandex.ru

VISUAL DISCOURSE: ANTHROPOLOGY ASPECT

Abstract

Visual area of the modern movie is a form of the world-view, and in this world-view area a man is identified with a space of the word. The more important part of the self-identification process is a visual entropy surrounding world. The ideal type of men-area is his own body, which also going to entropy. The visual semiotics environment of film language possesses the specific principles of the organization different, for example, from visual language of the scenic images. The main principle of the organization of a visual film code is not the contemplation but the presence, empathy in the process where the recipient has to feel the image as the structure the part of which he psychologically is. In this case, the creation of the interpretive model of a visual semiotics code of film language includes the metatext narrative structure which forms an understanding only in case when a discursive practice of the recipient is the part of the general discursive strategy of a film code.

Key Words

Visual entropy, visual self-identification, role visualization

Semiotic systems: introduction to theme

A modern man for a long time has been living not in the field of nature and in the area of the world, but in the field of culture, in the area of a play. He manipulates semiotic systems being under their influence and considering his own zones of impact on surrounding reality.

The study of semiotic systems and conditions of their formation (Arnheim, 1960, 1974; Eco, 1998; Stepanov, 2007) helps a person to orientate himself in the area of modern situational play, create and learn his own worlds.

Semiotic system has no limits in understanding therefore limits in perception and usage. Nowadays semiotics is a codifying language with the help of which models for cognition and structuring of reality are built. Semiotics lets interpret the area of the world as the area of a text, to produce a general theory of identifying and analysis of the reality, using received knowledge as a decoded model.

Understanding a system of signs of a language – is an opportunity to analyze any object domain as universal, hypertext and therefore accessible for adequate description. It is an experience of communication, experience of cognition the world, its description.

We take into consideration that a modern man is a virtual man. The myth about a virtual man is a part of a modern ritual connected with cognition the world, parameters of survival rate, evolutional laws. The body of the man who is semiotically modern continues in incorporeal appearance, extends on surrounding things, on the area of accommodation, city. The image of a man looses its peculiarities, undergoes the influence of entropy. A look, a word must be an action, which is physically felt. Otherwise the body disappears – the body as an action with a received interactive answer on the action, as a part of playing field which is semiotically adapted to the area of modern culture. The aim of the investigations taken within the scope of this project is to single out and analyze different variants of semiotic systems and the parameters of their functioning.

We turn a special attention to the research of visual semiotic systems (film, photo, advertisement, city environment, architecture, fashion). Modern society is a society of visual perception, visual culture. Learning comes from a look, ritual contemplation. A playing reality of a culture represents a process of visuality of a person's desire to take possession of the reality, to make it a part of his inner world. In the process of a playing visuality the player who manipulates the reality easily becomes falsely free from the play, the visibility that he can represent himself, represent the visible area.

Representation of visual objects

The representation of a visually determined and objected playing space gives no rise to doubt. That's why the study of visual semiotic systems seems to us actual and socially significant.

The space of an actual or virtual reality describes the possibilities of human ritualization of life, the structure of adaptability and the possibilities of play identification.

In the film-text the city environment as an inhabitancy of characters frequently appears as the special type of the psycho-forming reality, the existence out of which is not possible.

The city environment is estimated by an observer as a connecting fabric between objects filling the city, which are independent spatial units. A man is psychologically inclined to the perception of the surrounding space as landscape, compulsorily inclined to the fulfillment of aesthetical function, bearing aesthetical load, filling with the intelligent, nonaccidental images, functionally meaningful.

Therefore a person can allocate objects of his environment with sense, to impose the value, actualized in this particular discourse. Thus, this visible space turns into the space artificially created, which is realized only if it corresponds according to its external qualities and carried-out functions to visual expectations of the contemplator.

A person estimates the world visually, comparing its properties: flatness, volume, depth and his position in relation to the world: internal or external.

The position defined by a person towards the world, can be only central, located vertically, a person is the central axis of the world from the point of view of the anthropic principle since only this way of the organization of the world meets all visual expectations: the world is open, we see it, is equally visible from all directions, each part of it is equally available.

The estimation of the city visual space, inaccessible to the direct supervision, is based on the mnemonic properties of memory promoting the spatial orientation of the subconscious fixation on visual images. This accumulation of images occurs in the motion sequence, and only after multiple runs spatial parameters of the environment are fixed in memory in the form of system of simultaneous images. In this case the image is constructed in memory as a number of impressions.

Environmental lacunas can be filled only with positive impressions, the desired objects being presented as ideal.

Filling of spatial lacunas with artistically significant spatial objects is an alternative way of the reality.

The space of the modern city is, therefore, an ideal space. A person constructs the surrounding space as an ideal state, a utopia: the space of the house and the city is zoned, delimited, stand sacral area flanerstva and human movement in this space. The space of the visual identification is connected with the category of play. A play is a part of reality in which a social identification occurs.

Playing area of the visual discourse

Playing theory acts as an interpreting scheme for understanding the whole discursive space of the XX century. Formation of human ideas, creation of aesthetic pictures of the world, the only way to understand the text are the main components of understanding the world as unstable entropic self-modeled structure.

Sense generating structures of textual realities fully coincide with parameters of the playing environment, exist only in compliance with these principles, describing the system itself and the need for creativity by rules of playing reality.

The system of norms and rules of aesthetic perception is formed in accordance with the rules of the hero playing, i.e. positioning according to the rules of situational adaptation. Systematization of ways of structuring and modeling of reality as a play assumes updating of a number of concepts and categories which influence formation and judgment of the category of playing space in literature and media cultureю.

The analysis process identifies the space concepts which produce a set of the categories forming the type of an artwork, a way of interpretation and realization in its structure-forming role of playing space.

The concepts of understanding the world, playing technology, developing playing typologies, playing situations in the thought history are considered as the basis of a new human idea in the culture of the 20th century, which is being implemented in the construction of the plot, the compositional organization works in modeling situations in playing activities.

The way of existence and realization of the playing space in different types of texts can be represented as the correlation of the specific/ family /individual features in the type of the character and the character of the plot.

Therefore, the type of the appeal, the person's idea in a new form of existential relationship assumes existence of the subject and object relation representing idea of the world as play, playing language modeled reality which forms the type of the plot, ways of conflict resolution, types of characters, narration type.

The concept of realistic convention of the playing space includes the understanding of a playing space as a special type of category, the concept of convention of the existence of internal laws of the organization of this space and realism, reality of awareness of the playing space.

The concept of the playing space is closely connected with the category of "semantics of the possible worlds" [4,199]: the present can have some directions of development in the future, that is, the space of the play can have some variants of development. Moreover, the existence of the actual world does not occupy the privileged position. Considering, therefore, the play as a possible world, as the result of the transformation it has some directions of development which depend on combinatorics opportunities of characters.

The playing space can be considered as the communicative action which is developing between players. In this case the situation of a communicative act is realized, and the condition of its realization is the single space of playing communication united by rules of communication which provides the unified and adequately perceived state of the language code, which can be decoded by all the participants of the communication.

The important characteristic of the playing space is its ability to a rolerealization. This phenomenon consolidates to «metaidentity» by V. Kolotaev Implementation of the set role (functional features, combinatory variability) for a figure is one of the terms of realization of a valuable playing. This rolerealization provides the cooperation of characters and serves as a conflict-forming basis. Actions of one player relative to the other one are projected according to the variants of received reciprocal actions.

The playing situation comes true, when acting figures consciously participate in the realization of a certain set of motions and combinations, thus, deviation from conditional and obligatory for an observance rules supposes the destruction of playing convention. The set of the means of the accentuation of the position (strategic provisions) of one player to another has to be decoded by those who play. The decoding of "the expression plan" has to be available to each certain addressee.

The task of the convention and criteria of the validity/ not validity of information in "the possible world" playing space in literature occurs according to the character of the role and developed strategy. Thus, the field of information passing through the strategic reconsideration by the Author (by means of conditionally accepted rule of strategy) reaches the Addressee in the transformed form.

The consumer aspect of forming of the visual mediaenvironment of the modern artistic space positions itself as such organization like playing space.

Thus the power field of cognition and perception of the surrounding reality is formed. On the one hand it is formed as the result of the conventional corporal agreement about the quality of the perceived space, his structure, his properties, character of attitude toward these properties and qualities of the environment, about the way of elimination of the negative reactions of the environment to the person perceiving it.

On the other hand the power space of a perceived, visible field of knowledge and feelings is formed due to the development of a certain proportion of the reactions which have also conventional basis, but working not at the level of the subconscious development of the cultural relation, mythological, in fact, consciousness, and ability of critical judgment, i.e. logical, conscious, rational aspiration to keep an esthetic distance between perceived and perceiving, since considerations of visually mediated object in completeness can occur only in the presence of a distancing situation probably, i.e. at its positioning in perceiving consciousness not only as the set of the separate features forming the structure, but as contextually caused object subordinated by the conditions of formation of the properties of the "background" of the perception, impact on it adjoining objects, restriction with opportunities of sight and desire to see the observing subject, vision practice, experience of vision of other perceiving subjects which experience of perception is also valuable to the primary subject, as well as its own.

The factor of participation in the creation of reality provokes desire to strengthen the sense of responsibility in a particular way, the responsibility for the conditions of existence of the created esthetic space. In this case the protective mechanisms adapting perception of the subject of knowledge for variable reality which aestheticize it, provoke its duplication with variable changes (on purpose to check the correctness of the decisions of a certain situation, if one of the decisions does not maintain verification, it is eliminated, instead of it another is offered). These types of adapting mechanisms can be named adapters of social reality.

The metatext component of film semantics [3, 215] represents the system of mutual quoting, the cross references connected with the principle of the organization of film space as single discursive unit developing on principle of visual vitalism. Film environment generates itself: it forms expectations of the viewer, structures reader's receptive horizon, provokes the creation of the uniform expected aesthetic, rich in content and structural framework in which parameters of sociocultural identity of the perceiving subject have to be realized.

Visual narrative description allows to create innerreality where the aesthetic expectations of the audience are formed, the main part of which is completion of the missing semiotic body parts of the recipient.

The metatext and intertext components of the film text allows to form and interpret film reality as a form of representation of semiotic maps viewer perception. The visual semiotics environment is formed according to the principle of vitality.

The principle of a vitality was researched by D. Petrenco [9, 24]. Is connected with the realization of the synergetic approach. Joint synergies(collective types of action) allow to create a single synergetic field, intravital according to the principles of its activity. Entropy of visual adaptability, the parameters of its completion, addition of the existing requirements due to the group empathy or adaptation to changeable conditions, or replacement of identity, social identity, identification with the screen character, replacement of social emptiness with artificially created personality (the character, social model, social role), are the parameters of realization of the theory of vitality at the level of visual structuring the personality. The visual vitalism is a research of "the vital force", vital potentialities of the visual semiotics system as a "live system".

The visual discourse as a "live system" is a system of the language, which is characterized by a relative autonomy, integrity of organization, the active beginning, the combination of stability and variability suitable development, possessing properties of the organization and self-organization, hierarchy, the openness, theses system forming components, entering into its structure, are qualitatively changed and gain special functional value under the influence of the whole. Visual discourse is characterised by an active interaction with the environment, which affects it, and at the same time it itself forms the environment, including social-human society.

The elements of the visual rhetoric, the component of a visual attribution, semantically differ from words and other conventional signs essentially in other, none significant way of representation. Instead of the external relations with a code image system the internal communications between elements of its spatial structure are fixed. Due to this structure the image doesn't indicate but models the object, i.e. contains the iconic model of the depicting space.

A direct continuation of the syntactic and semantic features of a visual discourse are also features of its pragmatics. Images are turned to distinguished from speech messages psychological mechanisms of perception and judgment by interpreters. The image does not depict objects but shows them. This means that visual perception is not just their expressions but also outline content.

The visual semiotics environment of film language possesses the specific principles of the organization different, for example, from visual language of the scenic images. The main principle of the organization of a visual film code is not the contemplation but the presence, empathy in the process where the recipient has to feel the image as the structure the part of which he psychologically is [4, 227]. In this case, the creation of the interpretive model of a visual semiotics code of film language includes the metatext narrative structure which forms an understanding only in case when a discursive practice of the recipient is the part of the general discursive strategy of a film code.

Film code perception is related to the concepts of semiotic blindness. This category can be described as follows: firstly, this realization that vision of image is created by realization of "internal picture"("invisible") that is constituting and basis of "external"("visible") image. Without the acceptance of this semiotic position realization of artistic education is impossible, i.e. in final analysis, realization of image. The perception of a film code is connected with the concepts of semiotics blindness. This category can be described as follows: first, this understanding of the vision of the images created by the implementation of the internal picture ("invisible") which is constituting and constructing basis of the "external" ("visible") image. Without acceptance of this semiotics position implementation of art education, i.e., finally, image implementation is impossible.

The second intension of a semiotic blindness is the understanding that the vision of the image is created by previously available, and, in a narrower sense, is problematic as far as problematic the possibility of "judgments of taste" is: "the internal relation" creates this or that vision, and, in extreme cases, – visible or invisible «external» image.

Differences of these intensions are an essence of distinction of intensions of Kant's "Transcendental Aesthetic" and "The Critique of Judgment". "Transcendental" intension shows itself indifferent (blind) to the values: it carries itself with already value selected position of measurement and always finds itself already hold this position. (Kant speaks about "our human" space and time). Forms of transcendental and esthetic organization of the image is an essence of arrangement and sequence in their identities, recurrences and distinctions: figure-background, spot- line, part -whole. The analysis of the image shows: sensual forms, space and time, show themselves as discursive concepts, the forms constituted by a discourse of measuring life: it would be appropriate to speak about the horizon of perceptual (expressive) spaces and time counterpoint. The "Human" dimension of the image shows just variation in forms of gathering the sensual plurality in unity. This form of Unity (profiles of horizon space) remain indifferent, blind to each other: the insufficiency of their images is a focal-marginal playing: the background "vanishes" and "not there", allowing a figure to appear. How to differentiate the figure and the background, representing the essence of the vision and the existence of images is not something a priori, but comes from the experience of considering its value. But this distinction is remain blind and indifferent: there is or there is no distinction of the shapes and background; it is indifferent to the value if it is not set, the image simply did not take place, and the experience of considering a value does not exist. Image experience, experience of vision, comes from the experience of blindness (indifference) and says: the image took place. The image as the degree of prudence has two conditions: the intention was correct, and the correct choice was made. The reduction to experience of blindness allows to enter reasonable ontologically meta-esthetic measurement of the image: bad and good images have a concept realization in categories such as "the radical evil", "the absolute benefit", or "the categorical imperative".

In the hole, area freedom of modern person is a part of visual structure of his psychic experience, narrative reality of his aims and possibilities. Optimal functions of cognitive part of human psychic are way of inner reality's decoration.

References

1. Arnheim, R (1960) *Movie as an art*. Moscow: Progress
2. Arnheim, R (1974) *Art and visual reception*. Moscow: Progress
3. Aronson, O (2003) *Meta Movie*. Moscow: Ad Marginem Press
4. Deles, J (2012) *Movie*. Moscow: Ad Marginem Press
5. Eco, U (1998) *The absent structure*. S.-Petersburg: Petropolis
6. Hinticca, J (1980) *Logic-epistemology researching*. Moscow: Progress
7. Kolotaev, V.A. (2010) *Metaidentity: Movie and Television in the system of constructing of the life types*. S.-Petersburg: Nestor-Historia
8. Kolotaev, V.A.(2003) *Under the vision: Oftolmology poetics of the Movie and literature*. Moscow: Agraf
9. Petrenco, D.I. (2011) *Linguistic vitalism of K.I. Chukovsky methapoetics*. Stavropol: SSU
10. Stepanov, U.S. (2007) *Semiotic. Antilogy.* Moscow: Academics book

Natalya A. Opryshko
Senior lecturer
The Chair of Philology
Kharkov National Automobile and Highway University

POSTMODERN TERROR IN THE SPHERE OF EROTIC MYTHOLOGY: YURI ANDRUKHOVYCH'S VERSION

According to J.-F. Lyotard, the beginning of postmodernism exists where the belief in total ways of narration is vanished. It happens in the moment when the humanity understands all the impossibility of existence of universal language, as well as meta-discourse that creates "true" social institutes and is able to create the terror. Thus, the postmodern discourse, fragmental and erotocentric in its core, having become the coherent opposition to modern meta-narration, contradicts the very aspiration of a man to be sure as for undoubted truth of modern myths [8, 125].

Any myth is the attempt to get rid of insuperable contradictions, «to put it to the end» [7, 213] (Mikhail Epstein). On the other hand Claude Lévi-Strauss looks at the myth as an instrument of mediating the fundamental binary oppositions (life and death, earth and skies, laughter and crying etc.). In the corpus of a postmodern text, as a rule, its own myth is raised which inevitably becomes a possibility to re-code myths of the previous epochs.

The most significant samples in the pace of «myth-creation» as «myth-ruining» are the prose texts of Ukrainian postmodern author Yuri Andrukhovych. And this is not strange because the writer even in his early works (1990-s) rather successfully combines Ukrainian perception of the world at the fin-de-sicle and an exceptional understanding of himself to be a European person, participating in high and rich culture of the Old World. Andrukhovych as the creator of his own myth depicts it on the background of those already created throughout the 20-th century. But the very concept of his – mixture of mystification and all-overcoming love – shows each historical event, personality or phenomenon given in the text in an absolutely new way.

In this connection it is impossible to mention Andrukhovych's essay «The Whore and the Beast» («Chuvyrla i Chudovys'ko»), 2008, the text which has absorbed the idea presented even in the novel «Perversion» (1996): love will save the world. This time love saves not the whole world but a separate representative from the world of terror and provocations of the soviet totalitarian system.

A spy Bogdan Stashyns'kyi by name is the worst of all possible embodiments of the soviet myth of the so-called «red terror», the killer and the informer, «the beast with the blood on his hands» [see 1]. The author himself actually tells about him: «The man, whose name was Bogdan Stashyns'kyi has every reason to claim a quite prominent place in Borghese's «World History of dishonor». In the course of his life several times he deliberately and calmly crossed the border, which cannot be forgiven» [1, 3]. His crimes against the state are countless, and the system to which he serves so faithfully, generously rewards his mercenary with wide variety of benefits. Depictions of numerous awards, that correlates with the depiction of treachery and murder, are given in the text in a rather osmotic manner: two versions of the myth are intertwined, overlap, turn into each other, co-exist in the same space at the same time and try to absorb the territory of one another. The first of these myths is created by the author (Yuri Andrukhovych), and the second is revealed by an American John Steele, unknown for everyone including the author himself.

The reality of this person, Mr. Steel, and indeed the reality of the events, which Yuri Andrukhovych writes about in his text, can be subjected to total doubt, and it's no wonder, as in the postmodernism a hoax text becomes one way of building a story and love story most often, e. g. the one of «a feeling born that led to the biggest in the last century spy scandal which entailed a severe crash of seventeen top KGB officers' careers, and due to which the entire western world once again reaffirmed in general idea about the criminal nature of the Bolshevik assassinate system» [1 , 3].

Actually mystification may be described as a deliberate attempt to introduce the reader, viewer or listener astray [see 6]. Misleading not only the reader, but the rest of the characters in the text is one of the variants of traditional literary hoaxes, such as in Edgar Allan Poe's novel «The Mystification» (1837), which is the story of Baron Rittsner Von Jung, «one of those amazing people whom you meet from time to time – they do science hoaxes a subject matter of their studies and their lives» [5 , 125].

In the case of post-modern literary texts a hoax is a variant of the game with the reader, such as intertextuality, and thus it is a field, which reveals osmotic nature of these texts. Mystified biography becomes, in our opinion, an ideal landscape that can show the paradox of postmodern narration practices, heroes and universal models. And this is always a massive hoax: it covers not only the fate of the individual (for example, a fictional biography of the poet Bohdan-Ihor Antonych in Andruhovych's novel «The Twelve Rings»), but also a broad historical background. No wonder the author notes in the text «The Whore and the Beast»: «In this way love of a Ukrainian Soviet spy and traitor to the common German hairdresser acquires literally geopolitical meaning» [1, 3]. Indeed, in his typical manner, the postmodernist writer creates a new model of the world, juxtaposing contemporary geopolitical model of his own, outlined in the latest novel «Lexicon of Intimate Cities» (2011) as «geopoetical».

And when poetics interferes politics so blatantly, a hired killer gets a chance to survive and become a hero even if it is not real, but imaginary, completely mystified scene. He rejects attractive prospect of glorious future in Army Intelligence, and thus demythologizes everything he was living for earlier: «If not to mention all the absurdness of the alternative – promising continuation of rather successful career of a spy or hopeless escape into love, he, Stashyns'kyi, the monster, «the beast with human face» and «robot-killer» chooses the second» [1, 9]. He aspires to create his own discourse, to perform his own myth and in this way escape from the realm of terror and get his human face back. Because «love is human. Love is the grieve we can't exist without» [1, 15].

In his quite usual style Andrukhovych creates the myth of Bogdan Stashins'kyi, thinking about what might have happened with his character in those circumstances, at a certain moment of life: «What kind of night did he spend? Did he really sleep? Or did his head, perhaps, as they usually write in such cases, just touched the pillow? Nobody knows, although it's almost one hundred percent clear that he returned to the East Berlin with a triumphant feeling of a task brilliantly accomplished» [1, 10]. Andrukhovych flashes back in the same way while writing the chapter «Kharkiv» in his «Lexicon of Intimate Cities», when he describes half-real and half-mystified last night of Mykola Khvylovyi, a prominent writer of 1920-s, an undoubtedly iconic figure not only in the history of Ukrainian culture, but also in the context of the same Soviet terror: «The next door in Semenko's apartment there was a party, with guests had been drinking for the whole night. They left only early in the morning, singing loudly as they were going out of the house. And they could not come down even outside – in the street smelling of half-decayed corpses of peasants who had died of starvation. Those shouts of Semenko's guests probably interrupted Khvlyovyi at his last night»[3, 436].

But Khvlyovyi is the hero-victim, whose fate is known in advance, and whose end is defined and transparent: a loud sound of «a writer's shot just doomed for the dreadful accuracy» [3, 436]. At the same time, Bogdan Stashyns'kyi is just a monster, «a beast, but of those who somehow are given salvation» [1, 5], and the only possible salvation for him is love. As it's the only opportunity to step over all his previous crimes into the new reality and dissolve in it, behind a wall – a real one, imaginary or mythical, similar to the gate to the kingdom of the dead, from which Orpheus couldn't bring his Eurydice. The old Greek character failed to do the thing which was managed by a killer Stashyns'kyi. The vision of the escaping Andruhovych sees and we can experience firsthand, «as late in the evening, August 12, 1961 a pair of fugitives and deserters, a female and a male, an ugly woman and a bloodied monster breathlessly cross the final line and are increasingly dissolved in the darkness, they become invisible and almost disembodied. The important thing for them now is not to look back at any price, because the wall has grown behind them, the wall which has cut them off their past forever» [1, 16]. So a couple of runaways leaves the old world to begin a new story of their own, the one which is not written with blood.

This is comparable to the conception of French postmodern novelist Michel Houellebecq and his «Platform» where the main character also chooses love and though killed in a terrorist act his lover inspires him to create the discourse of his feelings on his own. But in Andrukhovych's essay the process of creation is not literal, it just changes the life and metaphorically destroys the myth of omnipresent and super-powerful system of terror.

Thus the postmodern hero lives. And thus his author, Yuri Andrukhovych, declares. Nevertheless, after being re-coded and in a paradox way re-created according to the principles of postmodern aesthetics, this model illustrates the dominant basis of postmodernism as a decline epoch, turns it into an exquisite mystification and gives the opportunity for the infinite reading of the text about Bogdan Stashyns'kyi and his lover, a German hairdresser Inge Pol.

Sources:

1. 100 тисяч слів про любов, включаючи вигуки:/Авт. проекту С.Г.Васильєв, О.А. Коваль; Упорядник С.Г. Васильєв; Худож.-оформлювач І.В. Осіпов. – Харків: Фоліо, 2008. – 251 с.
2. Андрухович Ю. Дванадцять обручів/ Юрій Андрухович – К.: Критика, 2004. – 333с.
3. Андрухович Ю. Лексикон інтимних міст. Довільний посібник з геопоетики та космополітки/ Юрій Андрухович. – К.: Meridian Czernowitz, Майстер книг, 2011. – 480 с.
4. Андрухович Ю. Перверзія/ Юрій Андрухович. – Львів: ВНТЛ-Класика, 2004. – 304 с.
5. По Э.А. Мистификация/ Эдгар Алан По /Пер.: В.В. Рогова. – СПб.: ООО "Издательство "Кристалл"", 1999. – 160 с.
6. Пригодич В. Литературная мистификация, или мистифицирующая литература [электронный ресурс]/ Василий Пригодич. – Режим доступа: http://www.lebed.com/2008/art5335.htm
7. Уельбек М. Платформа/ Мішель Уельбек. – Харків: Фоліо, 2004. – 318 с.
8. Эпштейн М. Постмодерн в русской литературе: Учеб. пособие для вузов/Михаил Эпштейн. – М.: Высш. Шк., 2005. – 459 с.
9. Lyotard J.-F. Answering question: What is postmodernism / Jean-François Lyotard //Innovation/Renovation: New perspectives on the humanities. / Ed.by Hassan I., Hassan S. – Madison, 1983. – P. 329-341.

Фаттахов И.Ф.
КФУ

РОЛЬ ГАЗИ КАШШАФА В ПРОПАГАНДЕ ТВОРЧЕСТВА МУСЫ ДЖАЛИЛЯ

С мая месяца 1953 г. редакция ежемесячного литературного и общественно-политического журнала "Совет әдәбияты" ("Советская литература") начала грандиозную работу по возвращению литературного наследия Мусы Джалиля (Мусы Мустафаевича Залилова) к татарскому народу. Миргази Султанович Кашшаф стоял на истоках данного святого дела и внёс от себя бесконечную долю в пропаганду и популяризацию творчества своего друга.

"Изучал жизненный и творческий путь Мусы Джалиля: написал научную рецензию к "Моабитской тетради"; выполнил текстологическую работу при подготовке его произведений к изданию; был составителем фотоальбома поэта; составил и издал сборник воспоминаний современников о нём – за эти труды литератор удостоился премии имени М.Джалиля комсомола Татарстана" [1, с. 10].

В одном из последних писем, написанных Г.Кашшафу из окруженного врагом Волховского фронта, М.Джалиль завещал так:

"Ты был моим близким и заботливым душевным другом и остался таким. В мои такие трудные дни ты помог мне своими дружественными искренними письмами, заботился о моём творчестве, моей книге и моей семье. Я от всей души благодарю тебя... Завещаю, что всё написанное полностью переходит на твоё усмотрение, твою защиту и заботу. Я рад, моя поэзия передаётся в надёжные заботливые руки...
20 марта 1942 г. Действующая армия." [2, с. 18].

Гази Кашшаф, ещё до возращения "Моабитских тетрадей" в СССР, выполняя завещание Мусы Джалиля, в 1944 г. издал сборник своего друга "Письмо из окопа". После войны, хотя и вернулись "Моабитские тетради" на Родину, клевета о поэте лишь возрасла. Нахождение Джалиля в фашистском заточении оставалось в центре внимания.

Г.Кашшаф во время специальной встречи в Москве с Александром Фадеевым, доказал, что М.Джалиль не был предателем. В результате ещё в 1952 г. "Литературная газета" опубликовала несколько стихов М.Джалиля. Кашшаф до конца своей жизни занимался изучением литературного наследия друга и пропагандой его творчества.

После смерти Сталина, журнал "Совет әдәбияты" впервые опубликовал в № 5 за 1953 г. восемь стихов Мусы Джалиля: "Прости, моя Родина!", "Сталь", "Моей любимой", "Дороги", "После войны", "Строитель", "Свобода", "Птинчик", написанных в вражеском плену.

А в № 6 напечатаны одна баллада и пять стихов М.Джалиля: "Соловей и Родник", "О подвиге", "Песня (Лишь бы была свобода)", "Рубашка", "Горная река", "Цветы".

Гази Кашшаф в этом же номере опубликовал большую статью под названием "Стихи, написанные в Моабитской тюрьме" (с. 99-124), где он одним из первых дал литературный анализ стихотворениям М.Джалиля "Птинчик", "Прости, моя Родина!", "Волки", "Одно наставление", "Перед судом", "Зверство", "Последняя обида", "К другу", "Мои песни".

В № 7 журнала напечатаны аж 15 стихотворений из "Моабитских тетрадей" поэта, а в № 8 – лишь три ("Праздник матери", "Красная ромашка", "К смерти").

Уже в № 10 редакция публикует сообщение "О литературном наследии Мусы Джалиля", где говорится о передаче женой М.Джалиля Аминой ханум Джалиловой архива поэта (30 томов-папок) Союзу советских писателей Татарии. Среди материалов были документы о деятельности поэта, биографические сведения, письма, очень много рукописей, черновиков, вариантов изданных и неизданных в печати произведений М.Джалиля. Сообщается и о создании специальной комиссии при Союзе советских писателей Татарии для изучения литературного наследия М.Джалиля.

Во № 2 журнала за 1956 г. опубликован Указ Президиума Верховного Совета СССР "О присвоении имени Героя Советского Союза поэту Мусе Джалилю (М.М.Залилову)" от 2 февраля 1956 г. В связи с этим редакция напечатала стихотворение Ахмета Исхака "Геройство", а также передовую статью "Между двумя съездами", балладу М.Джалиля "Матрос Штепенко". В этом же номере поэту посвящены стих Сибгата Хакима, очерк Амирхана Еники "Косогорский завод – Муса Джалиль – Ясная Поляна", критические статьи Роберта Бикмухаметова "Песня о любви" и М.Зайнуллина "Муса Джалиль – детский поэт", в рубрике "Хроника" дана подробная информация о митинге, посвящённом к присвоению имени Героя Советского Союза поэту Мусе Джалилю.

Интерес к творчеству М.Джалиля и его личности очень быстро рост на глазах. Уже в № 3 опубликованы героическая драма Ризы Ишмората "Бессмертная песня (Муса Джалиль)", литературно-критическая статья Мухаммета Гайнуллина "Художественная наработка стихотворений Мусы Джалиля", обозрительная статья Хасана Хайри "Муса Джалиль на казахском языке", официальная информация о проведении 15 февраля в Татарском государствнном академическом театре им. Г.Камала торжественного собрания, посвящённого к 50-летию со дня рождения Героя Советского Союза, поэта Мусы Джалиля. Открывший собрание секретарь Татарского обкома КПСС Салих Батыев, в частности, сказал: "В славные дни, когда идёт XX съезд КПСС, мы собрались здесь торжественно отметить 50-летие со дня рождения нашего любимого поэта

– Героя Советского Союза Мусы Джалиля. Для советских людей это имя, имя сына советского народа и великой Коммунистической партии, очень близок и дорог. ... Муса – это образец служения народу, великим идеям Коммунистической партии".

В № 4 в рубрике "Хроника" опубликовано сообщение "Спектакль о Мусе Джалиле", где речь шла о премьере Большого драматического театра им. В.И.Качалова, поставленной по пьесе драматурга Р.Ишмората "Бессмертная песня" (режиссёр-постановщик – заслуженный артист РСФСР Э.М.Бейбутов, он был и главным режиссёром Качаловского театра).

Хроника: "24 апреля 1957 г. в театре оперы и балета состоялся торжественный митинг в связи с вручением Ленинской премии Герою Советского Союза Мусе Джалилю.

– Вручение Ленинской премии Мусе Джалилю – большой праздник всей татарской советской культуры, татарской литературы и советской поэзии. Это – прекрасное отражение ленинской национальной политики нашей партии и правительства, – сказал секретарь Татарского обкома КПСС Салих Батыев, открывая митинг.

Потом слово дано председателю правления Союза писателей Татарии Гумеру Баширову.

– Творчество Мусы Джалиля превратилось в духовное сокровище всех советских людей, – сказал он. – Его произведения издаются большим тиражом и много читаются в братских республиках, странах народной демократии. Вручение Ленинской премии татарскому советскому поэту Мусе Джалилю вместе с видными представителями искусства нашей страны С.Т.Коненковым, Л.М.Леоновым, С.С.Прокофьевым, Г.С.Улановой – это большая радость для всех нас.

Рабочий Казанского мехкомбината М.Хамидуллин, Герой Советского Союза, подполковник Л.Агиев, студентка Казанского ордена Трудового Красного Знамени государственного университета им. В.И.Ленина Назриева, поэт Анвар Давыдов в своих выступлениях выразили чувства огромной благодарности партии, нашему правительству и широкой общественности за такую высокую оценку творчества М.Джалиля.

В митинге народная артистка ТАССР В.Павлова прочитала стихотворение поэта "Варварство", артисты Большого драматического театра им. В.И.Качалова, театра оперы и балета исполнили отрывки из спектакля "Бессмертная песня", из оперы Назиба Жиганова "Джалиль". Поэт Сибгат Хаким прочитал стих "Бер язмышта туган дуслык", посвящённый М.Джалилю. Затем поэт Геннадий Паушкин ознакомил с поздравительными телеграммами, пришедшими из разных уголков нашей страны" ("Совет әдәбияты". 1957. № 5. С. 126).

Проанализируем статью Г.Кашшафа "По следам поэта" (1957, № 5). После опубликования стихов из "Моабитских тетрадей" М.Джалиля, пришли в редакцию десятки писем. В них были указаны адреса военнопленных, которые могли знать что-то о поэте. Г.Кашшаф начал переписку с ними. Но новая информация копилась с большим трудом. Автор статьи поставил цель – найти кого-нибудь, который принял участие в подпольной борьбе, организованной М.Джалилем. Подпольная организация М.Джалиля была широко распространена и в каждой группе находился не больше 4-5 человек.

Автор нашёл одного участника тех лет – Назифа Надеева, который написал ему о своем намерении приехать в Казань и встретиться с ним.

Летом 1956 г. он получил письмо от Гарафа Фахретдинова, проживавшего в городе Алмалык в Узбекистане. Оказалось, он был в подпольной организации М.Джалиля. Об этом Г.Фахретдинов не писал в письмах, а сообщил при личной встрече с Г.Кашшафом. Для того, чтобы встретится с ним, автор статьи летел из Казани в Ташкент, при первой же возможности. Его встретили сотрудники редакции газеты "Кызыл Үзбәкстан": корреспондент К.Узаков, узбекский поэт Янгын Мирзаев. Дали ему автомашину и они с Я.Мирзаевым поехали в Алмалык. На дороге Г.Кашшаф сильно нервничал, очень волновался, потому что заранее не предупредил Гарафа о своем приезде.

В отделении почты, к счастью Г.Кашшафа, было одно письмо на имя Г.Фахретдинова. По указанному адресу начальник почты определил, что тот живёт в Соцгороде. (Алмалык делился тогда на три района: Алмалык, Алтын, Соцгород). В почтовом отделении Соцгорода Гарафа знали, но не знали на какой улице он живёт. Одна девушка по фамилии Чембарисова помогла им найти дом Фахретдиновых. Наконец-то, нашли. Они жили в маленьком, но зато собственном доме. Светлые две комнаты, потолок низкий, но зато эти комнаты сооружены со вкусом, чисты, все на своём месте. Ощущалась порядочность, семейная теплота.

Г.Кашшаф и Я.Мирзаев недолго ждали прихода Гарафа с работы. Весь день, всю ночь он рассказывал о событиях, через которых ему пришлось пройти. Гази Султанович собрал много материалов о Мусе Джалиле.

Г.Кашшаф писал понятно, легко, четко. Например, коротко пересказал, как он нашел Гарафа. Он тёпло описал его дом. Далее он коротко описывает биографию Г.Фахретдинова. Гараф был в десяти концлагерях. Восемь раз бежал, но фашисты его ловили, били, держали в солёной воде. Г.Кашшаф досконально, подробно писал о встрече Гарафа с Мусой. Содержится много фактологического материала, поэтому читать интересно, стиль изложенного увлекает нас как читателя и исследователя.

В 1961 г. издана книга Г.Кашшафа "Муса Джалиль (Очерк о жизненном и творческом пути поэта-героя)" [3]. Здесь он впервые упомянул имена одиннадцати джалиловцев. Пока автором не были уточнены кто такие джалиловцы, народ не знал о них. Кашшаф изучал подпольную работу Джалиля и его соратников в фашистской неволе, нашёл бывших военнопленных, которые были вместе и общались между собой в концлагере, понемногу собирал ценную информацию, перепроверил реальность фактов, короче говоря, выполнил титаническую работу, требовавшей очень огромной силы и времени. Автор на основании богатейших сведений написал содержательный очерк о жизненном и творческом пути поэта, анализировал стихи М.Джалиля параллельно с татарской и всей советской поэзией, особенно полно раскрыл его литературную деятельность в тюрьме "Моабит".

В 1964 г. вышла в свет очень интересная, объёмная книга (306 с.) под названием "Воспоминания о Мусе", составителем которой являлся М.С.Кашшаф. Это издание сыграло значимую роль на пути признания имени М.Джалиля широкими слоями народа, в пропаганде его богатейшего наследия. Сбор воспоминаний о Джалиле также требовал от автора большого усердия и упрямства. *"Пришлось переписываться с десятками людей, переговорить со многими и сковырять иглой жемчуги, сохранённые в их памяти"* [4], – писал он.

Его книги, статьи о поэте-герое переведены на языки более одного десятка народов.

Значит, Муса Джалиль не ошибся в "близком и заботливом душевном друге", которому завещал своё творчество. Действительно, Г.Кашшаф был критиком с хорошим вкусом, учёным, глубоко понимавшим поэзию, человеком с конкретной идеей. Он лично подготовил три тома четырёхтомника "Избранных сочинений" Мусы Джалиля, посвящённого к 70-летию со дня рождения, написал примечания к тем томам. К сожалению, сам не смог увидеть ни издание "Избранных сочинений" Джалиля, ни принять участие в его юбилейном торжестве.

Таким образом, имя Миргази Султановича Кашшафа неразрывно связана с именем своего друга.

Литература

1. Низамов И.М. Мои наставники. Мои ученики (журфаку – 50 лет): К.: Казан. ун-т, 2012. 152 с. (на тат. яз.)
2. Гази Кашшаф – писатель-журналист, педагогог, учёный. Очерк и эссе: Учеб. пособие по курсу "Литературно-публицистические жанры" для студентов отделения журналистики вузов / Сост. *И.М.Низамов*. К: Казан. ун-т., 2008. 200 с. (на тат. яз.)
3. Кашшаф Г.С. Муса Джалиль (Очерк о жизненном и творческом пути поэта-героя). К.: Тат. книж. изд., 1961. (на тат. яз.)
4. Воспоминания о Мусе / Сост. *Г.С.Кашшаф*. К.: Тат. книж. изд., 1964. 306 с. (на тат. яз.)

Egorov A.G.
candidate of philosophical sciences, senior lecturer of the Faculty of Philosophy, Political Science and Sociology Petersburg State Transport University
anatolijegor@yandex.ru

BINER AS A SYSTEM

Everything becomes actual due to its duplication [2,76]. The actual is everything that acts. At the same time, an action may be possible only in those cases when there is something that acts and something towards which the given action is directed. In other words, any thing which is actual in its essence has such dual, or binary nature. Binarity is an attribute of existence. Any moment of existence (except the Absolute which can not be a moment of something) is a pole (that is a thesis or antithesis) of some biner. Therefore, to be able to cognize the actual successfully it is important to ensure at first that our cognition is really true, concrete and hence effective. At the same time, it is necessary to comprehend the processes of duplication from the point of view of general philosophy and metaphysics to some certain possible extent. Then it becomes possible to trace in what way these concrete processes of duplication in different spheres of being and existence (including pedagogy and psychology) take place. Without the preliminary binary analysis solution of any problems is practically impossible. That is why a researcher aspiring to profundity and thoroughness in his/her investigations, first of all, should use the notion of biner or dyad in his/her theoretical and practical work. However, it is obvious that a researcher should not stop his/her investigations after that, as more complex forms of analysis and synthesis are supposed to follow this stage of the process of cognition. So what is the essence of biner as an onto-gnosiological formation?

Biner is the initial form of certainty. There is no form and no certainty before that. Thus before biners everything is undistinguishable and not actual. Biner is the primary, basic metaphysical formation. Biner is the first division of the Absolute, Common and Idea (from the point of view of Hegel's philosophy). If we decide to digress from these uttermost bases, we will realize that everything definitely begins from biners. Plurality arises from unity according to the law of biner.

No process can be possible within only one, integral object which does not have any duality inside of it. Any binary opposition is the necessary prerequisite of any existence at any level of hierarchy. Every moment of being includes two binary signs which are indissolubly interconnected and which influence its current concreteness [12,452]. Every concrete and current (that is present) being claims its selfness towards the Absolute. "Any actual selfness feels its belonging to some hierarchy whose highest links may be located beyond the sphere of consciousness, but their existence seems to be an indisputable fact"

[12,452]. Therefore every human being possesses some certain ability to get transcendental experience, – though, as a rule, it is vague and indefinite. Moreover, the second sign which every moment of being has is the confirmation of its "selfness towards the descending hierarchy of its qualities, properties and abilities" [12,452]. In other words, each of us is just a point, a trivial moment or function of some higher forms of being, but, at the same time, each of us is the relative Absolute which concentrates in himself/herself all manifestations of the lower forms and moments of being. It is one of the basic and fundamental biners of a human being as well as of all living beings. Without using and considering the given biner all pedagogical and psychological investigations will come to a standstill; they will not have either developed system or proper unity.

Nevertheless, biner is a certain kind of illusion, it is manifestation of the world of Maya. It can be explained with the fact that inside of being, at its plastic level there are no biners, contradictions and oppositions. When biners begin to emerge from this plastic unity, evil appears. Biner is the initial basis of all kinds of evil. Mortality and finality arise together with binarity. Biner is the cause of mortality of everything that exists. In its inward essence life has the abinary, immortal and plastic nature; at the same time, outwardly life is controversial, mortal and differentiated.

So we can state that the basis of the binarity of being and its possibility is unity or, in other words, love. Being the energetic manifestation of ecumenical Love and universal Unity spirit is located beyond all biners; however, it is spirit that makes the differences of the potentials of being at all levels of its hierarchy and thus provides life and existence for all moments of the world created by it. The moments of being tend to entropy which enables them to reach the state of plasticity. At the same time, spirit does not let do it earlier than it is necessary as it shatters again those unities which have already been created, makes them move towards a bigger unity and forms even more powerful and extended systems of biners (contradictions). Due to this spirit brings prerequisites for a more developed and concrete unity.

As a notion and metaphysical formation biner can be expressed more or less adequately and concretely with the help of other notions. The way of expressing it by means of other notions depends on the erudition of a researcher as well as possibilities and logic of his thinking. Each of these notions reveals or elucidates biner from various angles and becomes a concrete point of the intellectual cognition of biner in the appropriate space. These points of view both contradict each other (as if they were mutually exclusive) and are the complement of each other. So even different points of view on biner are in binary relations with each other. Biner itself can be cognized only by means of itself (but then also by means of some other, more complex basic formations including terner, quaternary and all those philosophical notions which have a good system, vast content and profundity). In other words, reflection of these notions in each other is both a way of revealing the binarity of being and a form of the manifestation of this binarity. Besides, it is a way of gradual transition to some higher levels of binarity.

At the conceptual level the essence of biner should be disclosed in terms of three pneumatological categories at the same time – that is the categories of Will, Mind and Mysticism. In the given article I would like to reveal the content of the notion of biner which is available for me. Here I am going to do it mainly from the point of view of the category of Mind. Very few of researchers managed to comprehend and state any issue or subject in terms of all these three categories at the same time. Therefore we have to resort to this one-sided analysis which is inevitable for many people and which is realized but still (or always) unsurmountable for us [See 12 and 13]. Many people know well that the whole world philosophy of the last centuries developed mainly under the decisive influence of the category of Mind. By this moment the categories of Will and Mysticism have been explored only partially, and the unity of these categories is out of the question at all (at least, on the base of that knowledge which has been already obtained by thinking human beings).

Biner is the first manifestation not only of the original form but of the original content as well. Beyond binarity and before it there is still no content and thus there is no form at all. So biner is the first of form of everything and the most elementary content at the same time. People have realized it since the ancient times; that is why even during that epoch binary oppositions had sacral meaning. In a biner itself form and content are identical with each other, and only when the original biner develops into the system of biners, form and content begin "to scatter in various directions", and between them there arises a complex chain of mediations and strains. However, they still preserve their unity too as content and form are the poles of a biner: content–form. This biner is present in all objects and processes having both ideal and material nature. Bringing to light and realizing this biner in pedagogical and psychological processes is an important condition of their successful course and understanding.

If there are no biners, then there is nothing. Biner is an absolute notion and it is always equal to itself. Another question is in what form this absolute has its concrete manifestations at different levels of being and at different levels of its cognition.

Let us enumerate some examples illustrating the statement saying that biner is a basic principle of all possible processes, – both the existential and gnosiological ones. The primary conditions of the Universe are determined by the biner "being–non-being". In its turn this biner is disintegrates into a complex system of biners. Among these biners it is possible to find, for example, the biner "the past–the future" (the past is something which does not exist already; the past manifests non-being; as for the future, it is something that still does not exist; the future is created by that being which is being formed) [8,152]. The biner "being–non-being" also reveals itself, for example, in a bit of information

(1 0). Biner is both an informational and ontological quantum. Quantification of the world is its binerisation.

Another well-known manifestation of binarity is the biner "subject-object" or "subjective-objective". Practically every philosophical issue can be turned to this biner. So as much the given philosophy explores and comprehends this biner as more actively it can claim itself to be a real philosophy. How many thinkers failed utterly when exploring and using this biner! All professional activities of teachers and psychologists proceed under the influence of this biner. It does not depend on the fact whether teachers and psychologists realize it or not, if they are able to take it into account in the process of doing or thinking about something or not.

In its even narrower meaning binarity reveals itself in the sphere of the functioning of signs. Every sign gets its meaning and sense only due to its relation with another sign which is in opposition to it [10,55].

So after getting the general idea of biner on the whole, let us analyze the structure of biner. We will try to consider biner as some system having very complex structure using all abovementioned statements in their unity (in spite of the fact that biner is the simplest metaphysical element).

Some manifestations of biner were studied and described in their system by the author of the given article in several works which were published in the Russian and international scientific journals [See, for example, 4, 5, 6, 7].

In its simplest aspect that system which is typical of any biner manifests itself in the following. Every element of a biner is a combination of the biners of lower levels, and every biner itself is an element (or a pole) of the biners occupying some higher levels of hierarchy. That is independently of the direction of the metaphysical, mental or spiritual space which we would prefer to choose we will deal with the endless chain of biners which mutually determine each other, include each other and have different variants depending on the nature of this or that category or this or that contemplation (which are also the systems of biners). With their help we will comprehend this eternal system of biners. In other words, every pole of any biner can be a biner (and according to the ternary approach every pole of a biner and terner will be a terner). It is always necessary just to realize from the point of view of which fundamental notion we investigate some question or issue.

The exception from the aforementioned explanations is only the First-ranked, Absolute Biner (the Absolute and the relative are one of its possible manifestations) as it is impossible to find anything at a higher level. The thesis of the First-ranked Biner can not be already divided into other biners; besides, it is not included in any other systems because there is nothing higher than the Absolute. It is the uttermost unity, or nirvana which is absolutely transcendental and which can not be cognized at all. From the ontological point of view it is irresolvable in its essence. Here it is also necessary to mention about the so called gnosiological indecomposability of any element of a biner (first of all, of theses) because of the weakness of the given consciousness which is unable to reveal the poles of the next biners. These biners are the elements of a more complex biner. It is just a temporary state, but some people may have such a state in terms of certain biners through the whole life. It is necessary for teachers and psychologists to consider this circumstance in their work.

As a system biner is confirmed on the base of polarity of its elements – that is of the equality and unity of its opposite poles combined with the difference between them and their autonomy. It is such an equality which contains some difference due to which any biner really arises [7]. The thesis and antithesis of biner are equal as the abstract poles of biner when their actual and essential meaning as well as their place in biner on the whole have not been revealed yet. However, according to their real role and place in biner they can not be equal to each other at all. So they can be made equal to each other only temporarily and only illusorily by our abstract, rational and misguided thinking. As a system biner "contains in itself both the possibility and the engine for its further development" [13,90].

Preliminarily it is possible to represent (that is to imagine) biner, first of all, as a system of thesis and antithesis. Thesis and antithesis mutually confirm and deny each other. Confirmation of one of them is denial of the other one. At the same time, denial of one of them is confirmation of the other one. The full and final unification of thesis and antithesis is their mutual extermination in mind: in their unity they come to the zero level. However, this happens not from the point of view of ontology but in terms of reaching the limit to rational cognition – that is the absolute unity of thesis and antithesis. Mind can not cognize those phenomena in which he can not find any difference [5]. Or, in other words, the unification of thesis and antithesis means finding synthesis in the essence of mind itself. The struggle and contradictoriness of theses and antitheses gives an impulse to the evolution and development of biners. The unity and close interconnection between theses and antitheses creates the integrity and unity of biners, enables them to get together into complex systems and turn into more developed ontological and gnosiological formations [4].

Besides, it is necessary to note that as a system of two equal (because it is possible to observe the equality between them; otherwise they would not be able to start any interaction with each other) and opposite values biner is possible only within some definite section of the metaphysical space. In other sections of this space there will not be already this equality and this opposition at all. They will turn into some other variants, and as a result there will appear another biner. If we simplify a bit these meditations, it is possible to say that the poles of the given biner – that is its thesis and antithesis – can and should be included in other biners as well. Everything depends on the "angle" of their consideration. Biner itself is the abstraction of our reason, taking out some fragment of the united being which can be though the basic and fundamental part of it.

Beside the poles in every biner there exist two rows of phenomena coming from one element of a biner to another one. In the first row of phenomena there takes place gradual slackening, and in some cases even full disappearance of typical properties of one of the poles of a biner. In the second row of intermediate phenomena we can observe the opposite trend: gradually intermediate elements get newer properties of the other pole of a biner more and more actively (as an example, see the table presented in the work "Pillar and Confirmation of the Truth" by P. A. Florensky) [11,547]. In fact, these two rows of intermediate, mediating phenomena are one and the same row which combines two opposite processes (that is the total binarity of being manifests itself here too). Therefore it is possible to consider this united row as two separate rows. Some researchers call this transitional raw the "chain of androgynes".

Every pole of a biner possesses indifferent independence only to that extent to which its antipode can resist it. Disappearance of one pole means the elimination of the given biner and then the other pole together with the first one (however, the other pole can continue its existence in another biner, both of the horizontal and vertical type; nevertheless, in this case it will become a different pole). The full separation of the poles of a biner from each other leads to their change and destruction of the biner created by them. Every pole of a biner has something different in its opposite pole. Every pole limits the opposite pole and hence determines it. That is every pole confirms itself through its relation with the other pole. In spite of the fact that they deny each other they are still necessary for each other; that is why they have indissoluble ties with each other. Every pole denies itself and the other pole both for confirming itself and that different which it contains. However, it is not a full or abstract negation but a concrete one. Every pole is the unity of itself and the pole which is opposite to it; however, these are different unities.

Specificity of binary relations is connected with the fact that the poles of biners can exist only due to their mutual passing of their opposite qualities to each other. However, the contrast between these qualities is relative but not absolute. In other words, binary relations of poles have non-dual nature. At the same time, in its essence binarism (which the representatives of the philosophy of postmodernism denied so actively) is peculiar for its duality, or disruptiveness of the poles of a biner. It is duality which the representatives of postmodernism passed their criticism on [7].

The poles of biners can not exist apart from each other. If the given pole has broken away from its antipode, it should stop its existence itself or to become part of other biners of the same or some different level of hierarchy at once. In this connection it seems to be logical to recall the remark of Nagarjuna saying that there is no birth and no death, no beginning and no end, nothing equal and nothing different. In terms of the concept of biner which is stated in this article we can come to the conclusion that according to Nagarjuna's remark these couples of the poles exist only in their interconnection and that otherwise they do not and can not exist at all. The poles of biners can exist separately, in their isolation from each other only in our abstract thinking (which is one-sided, isolated and not concrete from the philosophical point of view, – that is out of the unity of differences). For example, "basing himself/herself on the idea of mind a human being denies blind will. Proceeding from the idea of sole a human being suppresses corporeality. Due to culture human beings repudiates natural wildness…" [9,356]. However, in reality we need the synthesis of these poles. It is the essence and destination of human philosophical, or concrete thinking. What is the unity of birth and death, beginning and end, the equal and the different? It is something medium, the golden mean, synthesis or integral which is left as a result of their mutual concrete denial.

One of the statements expressed by J. Lacan illustrates the fact that the real existence of the poles of a biner is possible only when they are interconnected and when they interact with each other. According to this statement paradigmatic structure exists only to that extent to which it is embodied in a singular element [9,272]. Paradigmatic structure is the thesis of a biner, and a singular element is its antithesis(-es).

Dogmatism of any level of mentality consists in the unilateral confirmation of some separate poles of this or that biner. It takes some of its moments as the absolute truth. Weakness of mentality is connected with the fact that it can not keep the poles of biners together. The concreteness and power of mentality lies in its ability to synthesize, neutralize and cancel these poles, with their further transition to some more developed biners of the next level of hierarchy. Nevertheless, realization of this ability is possible (beside all other conditions) only in case a researcher is aware and understands the structure of biners which have appeared before him when doing his cognitive activities and in his being on the whole very clearly. Those people who are involved in the investigations related to pedagogy and psychology should aspire to that. However, application of the binary approach is just the necessary but not the only prerequisite of conducting any scientific investigation successfully and effectively.

References

1. Гегель Г. Наука логики. Т. 2. М., 1971.
2. Гегель Г. Феноменология духа //Сочинения. Т. IV. М., 1959.
3. Воробьева Е.Ю. Бинарность и ее архетипические основания: дис. канд. филос. наук. – Омск, 2005.
4. Егоров А.Г. Борьба как один из видов взаимодействия полюсов бинера //Личность. Культура. Общество. Международный журнал социальных и гуманитарных наук. Том XI. Вып. 1. №№ 46-47. М., 2009, с. 316-322.

5. Егоров А.Г. Генезис и эволюция разума. //Личность. Культура. Общество. Международный журнал социальных и гуманитарных наук. Том 13, Вып. 1. №№ 61-62. М., 2011, с. 195-201.
6. Егоров А.Г. История познания бинарного архетипа //Казанская наука. № 8. 2011, с. 132-136.
7. Егоров А.Г. Логико-философский анализ бинера «тождество – различие» //Казанская наука. № 6. 2011, с. 7-12.
8. Кушелев В.А. Новая интерпретация идеи Декарта о самодостаточности разума //Мысль. Ежегодник Санкт-Петербургской ассоциации философов. -СПб.: Изд-во Санкт-Петербургского университета. 1998. - № 2.
9. Марков Б.В. Знаки бытия. СПб., 2001.
10. Постмодернизм. Энциклопедия. Минск. 2001.
11. Флоренский П.А. Столп и утверждение истины. Т. 1, М., 1990.
12. Шмаков В. Основы пневматологии. Киев.: «София», Ltd., 1994.
13. Шмаков В. Священная книга Тота. Великие Арканы Таро. Киев. 1993.

Бапанина Г.Н.
магистрант, БашГУ
Бадикова А.Д.
к.т.н., доцент, БашГУ
Кудашева Ф.Х.
д.х.н., профессор, БашГУ

ИССЛЕДОВАНИЕ НЕКОТОРЫХ СВОЙСТВ ПОВЕРХНОСТНО-АКТИВНЫХ ВЕЩЕСТВ НА ОСНОВЕ ОТХОДОВ НЕФТЕХИМИЧЕСКИХ ПРОИЗВОДСТВ

Химические методы, направленные на увеличение объемов добычи нефти, как правило, связаны с использованием поверхностно – активных веществ (ПАВ). По одной из существующих технологий ПАВ посредством эмульгирования способствует высвобождению нефти из пластов различных пород. По другой – ПАВ могут преимущественно смачивать породу, высвобождая, таким образом, имеющуюся там нефть. На практике все эти механизмы имеют право на существование.

В таких процессах применяются составы на основе высокоэффективных анионактивных и неионогенных ПАВ. При выборе того или иного ПАВ очень важна «цена вопроса», так как в случае использования химических методов нельзя надеяться на увеличение добычи нефти более чем на 5 – 10 % [1].

В этой связи целью работы явилось изучение возможности использования отходов нефтехимических и нефтеперерабатывающих производств в составах для нефтевытеснения.

Известно, что основной характеристикой ПАВ является его поверхностное натяжение. Поверхностное натяжение - стремление вещества (жидкости или твердой фазы) уменьшить избыток своей потенциальной энергии на границе раздела с другой фазой (поверхностную энергию). Определяется как работа, затрачиваемая на создание единицы площади поверхности раздела фаз [2].

По результатам определений выявлено, что с увеличением количества введенного ПАВ поверхностное натяжение уменьшается. Сравнивая экспериментальные образцы с промышленным аналогом неонол видно, что достижения требуемого значения поверхностного натяжение для реагентов Р2 – Р5 необходима концентрация 0,25 – 0,50 % масс., для реагента Р1 0,8 – 1,0 % масс.

На рисунке 1 показана зависимость поверхностного натяжения от количества введенного ПАВ.

Предлагаемые составы так же характеризовались показателями поверхностного натяжения на границе раздела фаз «нефть – водный раствор ПАВ».

Полученные значения поверхностного натяжения на границе «нефть – водный раствор ПАВ» сравнивали со стандартным реагентом неонол.

На рисунке 2 показана зависимость поверхностного натяжения на границе раздела фаз «нефть – водный раствор ПАВ».

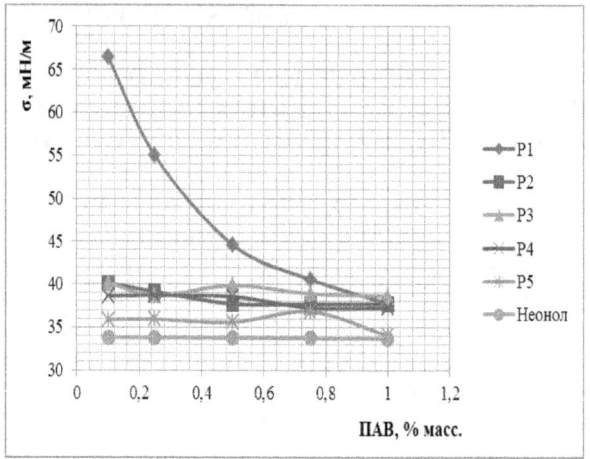

Рис. 1. График зависимости поверхностно натяжения от количества введенного ПАВ на границе «воздух - водный раствор ПАВ»

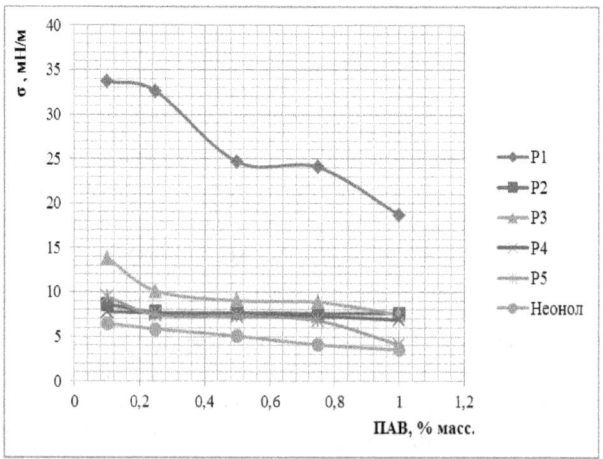

Рис. 2. График зависимости поверхностного натяжения от количества введенного ПАВ на границе «нефть - водный раствор ПАВ»

По результатам определений показано, что для каждого из шести реагентов при увеличении количества вводимой добавки уменьшается поверхностное натяжение, что согласуется с литературными данными.

Сравнивая экспериментальные образцы с промышленным аналогом неонол видно, что для достижения требуемого значения поверхностного натяжения для реагента Р5 необходима концентрация 0,45 – 1,0 % масс.

Таким образом, показана возможность использования отходов нефтехимических производств в составах для нефтевытеснения; выявлены образцы Р3, Р4 и Р5, характеризующиеся наилучшими качественными характеристиками поверхностным натяжением 4-7 мН/м при концентрации 0,5-1,0 % масс. Экспериментальные образцы соответствуют требуемым техническим нормам и при этом являются экономически выгодными в сравнении с промышленными аналогами.

Литература

1. Патент RU 1521866, 15.11.1989.
2. Коллоидная химия: Учеб. для университетов и химико-технолог. вузов/ Щукин Е.Д., Перцов А.В., Амелина Е.А. – 3 – е изд., перераб. и доп. – М.: Высшая школа., 2004. – С. 150-162.

Галяутдинова А.А.
магистрант, БашГУ
Бадикова А.Д.
к.т.н., доцент, БашГУ
Кудашева Ф.Х.
д.х.н., профессор, БашГУ
Галяутдинов А.А.
к.т.н., доцент, УГУЭС (СФ)

ИССЛЕДОВАНИЕ СВОЙСТВ ИМИДАЗОЛИНОВЫХ СОЕДИНЕНИЙ НА ОСНОВЕ ОТХОДОВ ПРОИЗВОДСТВА РАСТИТЕЛЬНЫХ МАСЕЛ

Проблема защиты металлов является актуальной в настоящее время. Ведется широкий поиск ингибирующих добавок, которые не только эффективно уменьшают скорость растворения металла, но и защищают его от коррозии, сохраняют механические свойства и могут быть доступны для использования в широком промышленном масштабе. Применение ингибиторов позволяет интенсифицировать технологический процесс, улучшить качество продукции, получить значительный экономический эффект.

Известно, что имидазолины являются эффективными ингибиторами коррозии мягкой стали, а также коррозии других видов металлов и сплавов в углеводороде, смесях масла/солевого раствора и водных систем в различных условиях. Использование такого ингибитора наиболее эффективно в так называемых малосернистых системах или системах, имеющих высокое содержание CO_2. Несмотря на то, что трубопроводы могут быть использованы для транспортировки различных жидкостей имидазолиновый ингибитор может быть использован в различных условиях [1]. Однако промышленные аналоги отличаются высокой стоимостью.

В этой связи предложен способ получения и исследованы некоторые характеристики имидазолиниевых соединений на основе отходов производства растительных масел.

Экспериментально имидазолиниевые соединения получали на лабораторной установке периодического действия при варьировании основных параметров процесса - соотношении реагентов, температуры 150-180 ^{0}C, времени 2-4 ч, с последующей вакуумной перегонкой [2]. Полученные образцы анализировались по основным качественным характеристикам, результаты представлены в таблице.

По данным таблицы видно, что значения аминного числа экспериментальных проб достигают 77-207 мг HCl/г продукта. Максимальное значение наблюдается у образцов №2 и №10 и равно 207 и

203 мгHCl/г, соответственно, минимальное значение у образцов №1 и №7 и равно 77 и 80 мгHCl/г, соответственно.

Таблица

Характеристики экспериментальных образцов имидазолиниевых соединений

№ пробы	Плотность, г/см^3	Аминное число, мгHCl/г	Доля сухих веществ, % масс.
1	0,85-0,90	77-80	0,16
2	0,90-0,95	200-207	0,02
3	0,90-0,95	108-114	0,04
4	0,90-0,95	170-173	0,12
5	0,85-0,90	88-92	0,05
6	0,90-0,95	154-158	0,08
7	0,85-0,90	80-85	0,17
8	0,85-0,90	109-115	0,04
9	0,90-0,95	168-172	0,11
10	0,90-0,95	200-203	0,03
11	0,85-0,90	85-95	0,14
12	0,90-0,95	110-115	0,06

Доля сухих веществ в экспериментальных образцах равна 0,02-0,17 % масс. При этом для образцов №1 и №7 наблюдаются наибольшие значения равные 0,16 и 0,17 % масс., соответственно, а у образцов №2 и №10 – наименьшие значения равные 0,02 и 0,03 % масс., соответственно.

Значения плотностей экспериментальных образцов практически одинаковы и варьируются от 0,850 до 0,950 г/см^3.

Наилучшими показателями характеризуется образец № 2 (значения аминного числа – 207 мгHCl/г, доли сухих веществ – 0,02% масс, плотности – 0,900-0,950 г/см^3). В целом по основным качественным характеристикам экспериментальные имидазолины соответствуют известным аналогам.

Таким образом, изучены основные характеристики имидазолиниевых соединений – аминное число, плотность, доля сухих веществ. Полученные результаты данных характеристик позволяют в дальнейшем рассматривать экспериментальные образцы имидазолиниевых соединений, как ингибиторов коррозии, например, в нефтедобывающей промышленности.

Литература

1. ПАТЕНТ RU 2339739, 27. 11.2008
2. Курзин А.В. Синтез 2-алкенил-3-бензил-2-имидазолиниевых солей на основе жирных кислот талового масла / А.В. Курзин // Химия растительного сырья. - 2010. - № 2. - С. 177-178.

Куляшова И.Н.
аспирант, БашГУ
Бадикова А.Д.
доцент, к.т.н., БашГУ
Кудашева Ф.Х.
профессор, д.х.н., БашГУ

ИССЛЕДОВАНИЕ ВОЗМОЖНОСТИ МОДИФИКАЦИИ ЛИГНОСУЛЬФОНАТОВ С ЦЕЛЬЮ ПОЛУЧЕНИЯ ТЕРМОСТОЙКОГО РЕАГЕНТА

Лигносульфонаты-водорастворимые сульфопроизводные биополимера лигнина. Из-за полидисперсности и поливариантности функционального состава для практического использования технических лигносульфонатов часто требуется модификация [1].

Одну из групп химических реагенты для обработки буровых растворов составляют реагенты на основе лигнина(лигносульфонаты и их производные).

Реагенты на основе лигносульфоната способствуют понижению вязкости глинистых растворов и характеризуются устойчивостью в широком диапазоне температур (20-200°С) и в различных условиях [2].

В настоящее время актуально встает вопрос о рассмотрении различных способов получения лигносульфонатных термостойких реагентов, не содержащих в своем составе хрома.

В этой связи целью работы являлось разработка способа получения термо-стойкого реагента на основе лигносульфоната модифицированного конденси-рованными фосфатами и полифосфатами.

В экспериментальных работах в качестве объектов исследований использо-валась опытные пробы лигносульфонатного реагента, модифицированного конденсированными фосфатами и полифосфатами, полученные в лабораторных условиях.

В ходе эксперимента проведен сравнительный анализ качественных показателей до и после термостатирования (Т=190°С, 3 ч.) опытного образца и феррохромлигносульфонатного реагента. Результаты экспериментов представлены в таблице.

Таблица
Сравнительная характеристика качественных показателей
реагентов при воздействии температуры *

№ п.п	Реагенты (навеска 1%)	Параметры до термообработки		Параметры после термообработки	
		t, сек.	ПФ, см³/30 мин.	t, сек.	ПФ, см³/30 мин.
1.	Исходный глинистый раствор	60	18	-	-
2.	ФХЛС	20	12	36	14
3.	Лигносульфонат, модифицированный: -конденсированными фосфатами -полифосфатами	18 18	12 12	22 23	14 14

* - каждый образец представляет собой среднее значение, включающее результаты определений по нескольким исследуемым реагентам (не менее 5).

Из данных таблицы видно, что реагент на основе лигносульфоната, модифицированного конденсированными фосфатами и полифосфатами проявил себя более термостабильным реагентом, понизителем вязкости в сравнении феррохромлигносульфонатным реагентом.

Таким образом, в ходе проведенной работы, показана возможность получения термостойкого реагента, понизителя вязкости, на основе лигносульфоната без применения соединений хрома.

Список литературы

1. Ковернинский И.Н. Основы технологии химической переработки древесины. — М.: Лесная промышленность. – 1984. – С. 14.

2. Кистер Э.Г. Химическая обработка буровых растворов. М.: Недра. – 1972. – С. 375.

Тюлин А.Е.
кандидат технических наук, заместитель Генерального директора по стратегическому планированию ОАО "Концерн Радиоэлектронные технологии"

СЕТЕВОЕ ВЗАИМОДЕЙСТВИЕ ОТРАСЛЕВЫХ ЦЕНТРОВ КОМПЕТЕНЦИЙ В ПРИБОРОСТРОЕНИИ: ОСНОВНЫЕ ЭЛЕМЕНТЫ

Формирование организационной концепции авиаприборостроительной отрасли на базе центров компетенции предполагает, прежде всего, возможность анализа всего разнообразий подобных концепций и подготовку выбора одного из вариантов как наиболее адекватного как объективным особенностям сложившейся на момент принятия решения ситуации. Видимо, таким должно быть назначение и одно из основных свойств концептуальной модели.

Можно утверждать, что парадигма стратегического управления или концептуальная модель отрасли как системы, в которой основные функции реализуются центрами компетенции, должна представлять собой информационную базу процесса принятия стратегических решений. При этом, учитывая требования к проблематике формирования стратегии и самого смысла этого термина, такая база должна содержать определенные правила выработки заключений и принятия решений. То есть речь идет не просто об информации, пусть и структурированных в соответствии со спецификой исследуемой предметной области, но о знаниях.

Применительно к рассматриваемой проблеме это означает, что необходим механизм согласования выводов и заключений, выполняемых на каждом уровне иерархии, в данном случае на уровне стратегического управления и на уровне оперативного управления. Поэтому представляется адекватным определение стратегии, данное И.Ансоффом [3, 20-29]: стратегия представляет собой правила для принятия решений, которыми организация руководствуется в своей деятельности. В упомянутой работе автор конкретизирует то, что он подразумевает под набором таких правил. Он разделяет их на следующие группы:
- правила, по которым следует оценивать результаты деятельности организации;
- правила, по которым следует формировать отношения организации с внешней средой – продуктово-рыночная стратегия или стратегия бизнеса;
- правила, определяющие отношения и процедуры внутри организации или организационную концепцию;
- правила, по которым организация ведет повседневную деятельность – оперативные приемы.

Из перечисленных групп в данном случае представляет интерес прежде всего третья разновидность правил – организационная концепция. Именно она является той управленческой парадигмой или концептуальной моделью, в соответствии с которой должна формироваться система центров компетенции авиаприборостроительной отрасли.

В настоящее время выделяют достаточно большое количество различных стратегий. Представляется, что классификация стратегий, изложенная в [2] близка к исчерпывающей и соответствует целям и задачам настоящего исследования. Автор данной работы, обобщая мнения других авторов, выделяет стратегии бизнес-единиц организации, а также функциональные стратегии, среди которых называет следующие стратегии:
- стратегия производственных операций и развития производства;
- стратегия исследований и разработок;
- стратегия маркетинга и продаж;
- стратегия управления персоналом;
- стратегия конкуренции;
- финансовая стратегия.

Apriori этот перечень можно считать соответствующим специфике исследуемой проблемы.

Еще одним показателем, характеризующим особенность отрасли и весьма важный аспект её функционирования является специфика производимой продукции. В настоящее время авиаприборостроительный кластер выпускает продукцию, которую можно разделить на следующие группы:
- авионика и бортовые радиоэлектронные системы;
- средства радиоэлектронной борьбы и радиоэлектронной разведки;
- системы и средства государственного опознавания;
- измерительная аппаратура;
- разъемы и электрические соединители и кабельная продукция.

По степени сложности и уровню интеграции производимой продукции её условно можно разделить в соответствии с комплексом стандартом ЕСКД:
- детали;
- сборочные единицы;
- комплексы;
- комплекты.

Эта информация имеет объективный характер и может быть включена в концептуальную модель без уточнения и корректировки со стороны экспертов. Таким образом, второй координатной осью или комплексным показателем, характеризующим отрасль, является показатель сложности продукции.

К значениям третьего показателя, на наш взгляд, могут быть отнесены такие интеграционные мероприятия как:
- регламенты документооборота
- регламенты подготовки и аттестации персонала всех категорий;
- регламенты формирования стратегических планов и согласования планов оперативных;
- регламенты распределения материальных и финансовых ресурсов;
- используемые информационные технологии.

Таким образом, основные элементы концепции сетевого взаимодействия центров компетенции в авиаприборостроении могут быть объединены в три группы:
- функциональные стратегии;
- уровни интеграции продукции;
- организационные мероприятия интеграционного характера.

Различные варианты объединения элементов перечисленных групп позволяют формировать отраслевую сеть центров компетенции в зависимости от внешних и внутриотраслевых факторов, а также от предпочтений и ценностей менеджмента.

Список литературы:

1. Ансофф И. Стратегический менеджмент. Классическое издание. – СПб.: Питер, 2009. – 344 с.
2. Маленков Ю.А. О классификациях стратегий компаний. [Электрон. ресурс] – 2013. – Режим доступа: http://www.cfin.ru/management/strategy/concepts/classification.shtml

Харланенков С.А.
аспирант, БГТУ «ВОЕНМЕХ» им. Д.Ф. Устинова

АНАЛИЗ ЗАРУБЕЖНОГО ОПЫТА В ОБЛАСТИ УСТОЙЧИВОГО РАЗВИТИЯ НА УРОВНЕ КОММЕРЧЕСКИХ ФИРМ

Спустя двадцать с лишним лет после Конференции ООН в Рио-де-Жанейро (UNCED, 1992 год), где наша страна на ряду с другими членами мирового сообщества взяла на себя обязательства по содействию переходу общества к устойчивому развитию, по-прежнему актуальной и злободневной остается тема соответствия коммерческой деятельности отечественных компаний принципам концепции устойчивого развития. Что подразумевает под собой деятельность в духе устойчивого развития и зачем это нужно коммерческим фирмам? В поисках ответов на эти вопросы российские предприниматели могут обратиться к зарубежному опыту по организации устойчивых компаний. В данной статье рассматривается конкретная практика применения принципов устойчивости и практическая реализация концепции за рубежом на уровне коммерческих фирм. Целью статьи является анализ причин, обуславливающих переход бизнес-сообщества к принципам устойчивости, и негативных моментов, замедляющих этот переход.

Для начала определим понятие устойчивого развития. На основе ряда исследовательских работ, а также по итогам конференций ООН по окружающей среде и развитию сложилось понимание «устойчивости» как такой модели социально-экономического развития, при которой «нынешнее поколение людей способно удовлетворять свои потребности, не ставя при этом под угрозу возможности будущего поколения удовлетворять свои». [1,41] За 30 лет существования концепции устойчивого развития успели довольно четко сформироваться базовые ее принципы и положения. Вот основные из них:

- Социально-экономическое развитие должно быть направлено на улучшение качества жизни людей в допустимых пределах хозяйственной емкости экосистем;
- Развитие должно осуществляться не во вред окружающей природной среде и обеспечивать возможность удовлетворения основных жизненных потребностей как нынешних, так и будущих поколений людей;
- Сохранение окружающей природной среды должно составлять неотъемлемую часть процесса устойчивого развития, в одно целое должны быть соединены экономическое развитие, социальная

справедливость и экологическая безопасность, которые в совокупности определяют основные критерии развития;

- В ходе развития законодательной базы следует учитывать экологические последствия предполагаемых действий, исходить из необходимости повышения ответственности за экологические правонарушения;

- Рациональное природопользование должно основываться на экономном использовании невозобновляемых ресурсов, утилизации и безопасном захоронении отходов;

и т.д. [2,20-29]

Крупные коммерческие компании за рубежом постепенно приходят к пониманию важности достижения стабильного развития, базирующегося на сбалансированном сочетании экономического, социального и экологического факторов. Что же способствует повышению их экологической сознательности и социальной ответсвенности? Необходимость следования нормам и принципам устойчивости объясняется желанием получения прибыли в будущем. В современном мире, где огромную роль в достижении конкурентного преимущества играет имидж организации, привлекательность ее бренда для инвестиций вопросы социальной и экологической ответственности бизнеса выходят на первый план. Компании, ведущие дела в соответствии с требованиями устойчивого развития, создают себе положительный образ, как в сознании потенциального потребителя своей продукции, так и в деловых кругах. Стоит отметить, что требования к качеству производимой фирмами продукции, а также к методам ее производства становятся все строже. Зачастую успешность продукции компании определяется наличием у нее специальной эко-маркировки и экологических сертификатов. Стремясь максимально полно удовлетворить запросы потребителей, фирмы вынуждены производить продукцию в соответствии с жесткими стандартами по защите окружающей среды. Такими образом, можно сделать вывод о наличии непосредственной связи между применением компаниями положений концепции устойчивого развития и их финансовым благосостоянием.

Если на ранних стадиях становления экологической политики корпораций компании придерживались в основном принципов технического и инженерного характера (таких, как внедрение наиболее современных экологических и безотходных технологий, переработка и утилизация отходов, сокращение выбросов загрязнителей, строительство очистных сооружений), то позже они начали использовать приемы, в которых прослеживается связь между экологическими, экономическими и социальными задачами.

Одним из таких приемов, используемых зарубежными корпорациями, и одновременно важнейшим инструментом политики устойчивого развития является корпоративная социальная ответственность – КСО (Corporate Social Responsibility – CSR), система, предполагающая ответственность организации перед обществом за результаты своей деятельности. КСО как политика и концепция стратегического развития компаний распространяется на следующие взаимосвязанные направления: формирование и укрепление имиджа и деловой репутации; корпоративное развитие; экологическая политика и использование природных ресурсов; здоровье, безопасность и охрана труда; соблюдение прав человека и т.д. В рамках этих направлений компании проводят комплексы мероприятий, которые отражаются в «Отчетах о социальном развитии» и экологических корпоративных отчетах, либо в ежегодных «Отчетах о корпоративной социальной ответственности» и «Отчетах об устойчивом развитии». Приоритетом КСО пользуются мероприятия в области охраны окружающей среды и устойчивого развития. Отчеты по КСО показывают и доказывают инвестору, что данная компания уделяет постоянное внимание экологическим и социальным аспектам в своей деятельности, а риски социальных внутренних и внешних конфликтов, экологических санкций для нее минимальны. Важным этапом отчетности по КСО и устойчивому развитию стало внедрение «мягкого» международного стандарта Глобальной инициативы по отчетности в области устойчивого развития (Global Reporting Initiative — GRI). [3,8] Конечно, проводя политику корпоративной социальной ответственности, коммерческие фирмы стремятся в первую очередь к реализации собственных меркантильных интересов, связанных с вопросами имиджа и вытекающего из него конкурентного преимущества. Но тем самым они одновременно вносят свою лепту в дело реформирования системы, нацеленной исключительно на экономический рост.

На волне общемировой кампании по устойчивому развитию и всемирному внедрению корпоративной социальной ответственности помимо различных социальных индексов 8 сентября 1999 года по инициативе бизнес-сообщества был введен мировой фондовый индекс Доу-Джонса по устойчивому развитию (Dow Jones Sustainability Index-DJSI). Позже стартовали паневропейский индекс Доу-Джонса по устойчивому развитию (DJSI STOXX) и аналогичные «региональные» индексы для Северной Америки и США, DJSI North America и DJSI United States. [3,10]

Общемировой список лидеров индекса Доу-Джонса по устойчивому развитию (DJSI World) на 2011 год: [4]

Название компании	Сектор экономики	Страна
Toyota Motor	Автомобилестроение	Япония
Westpac Banking Corp.	Банковское дело	Австралия
Alcan Inc.	Базовые природные ресурсы	Канада
DSM NV	Химия	Нидерланды
AMEC plc	Строительство	Великобритания

В контексте устойчивого развития интересен и зарубежный опыт в области энергобезопасности. Проблема исчерпаемости энергетических ресурсов стоит сегодня очень остро. В этой связи представляется совершенно очевидным тот факт, что эффективность использования энергии напрямую влияет на состояние экосистем и качество жизни человека. Потому энергоэффективность и ее измерение являются важными темами в рамках устойчивого развития.

Энергоэффективность становится измеримой и управляемой, когда она определяется на основе «КПЭ» (ключевых показателей энергоэффективности) и поддерживается адекватной системой сбора данных и анализа. Управление энергетической эффективностью включает в себя сбор, анализ и объединение данных для формирования набора ключевых показателей эффективности. Ведущие зарубежные компании интегрируют ключевые показатели эффективности в ежедневную деятельность, обеспечивают себя достоверной, своевременно, точной, полной и сопоставимой информацией об эффективности бизнеса. Многие из них следуют указаниям по отчетности в области устойчивости для нефтяной и газовой промышленности, данным Международной ассоциацией нефтяной промышленности по охране окружающей среды (IPIECA). В этой связи они отчитываются об инициативах, касающихся путей повышения эффективности использования энергии. В целях обеспечения сопоставимости данных по энергоэффективности компании используют международные руководящие принципы и протоколы. В частности «EN5» (Энергия, сэкономленная в результате мероприятий по снижению энергопотребления и повышению энергоэффективности) - показатель, разработанный Глобальной инициативой по отчетности (GRI), предназначенный для демонстрации результатов активных усилий по повышению эффективности использования энергии за счет усовершенствования технологических процессов и других инициатив в области энергосбережения (GRI 2006). Так энергетическая группа DONG Energy разработала стратегию по сбору информации и отчетности по вопросам энергоэффективности и устойчивого развития как на основе GRI, так и на основе собственных показателей. Для удовлетворения конкретных потребностей «DONG Energy» в этой сфере используется инновационное программное обеспечение. Важным и показательным представляется тот факт, что меры по контролю и расчету энергоэффективности на базе КПЭ позволили «DONG Energy» к концу 2009 года сэкономить 47,9 ТДж энергии. В 2010 – 2013 годах компании удалось обеспечить экономию, эквивалентную 308 ГВт электроэнергии. [5] Налицо серьезная экономия средств, достигнутая за счет переориентации на принципы устойчивости.

Разумеется, включение показателей устойчивости и энергоэффективности в отчеты компаний свидетельствует о росте их социальной ответственности и о стремлении смотреть в будущее, что особенно существенно в свете проблемы исчерпаемости ресурсов и необходимости следования принципам, выдвинутым UNCED. Но не стоит забывать, что целью существования любой коммерческой организации в первую очередь является получение прибыли, и потому финансовые показатели для представителей бизнеса всегда будут важны. На примере компании DONG Energy видно, как меры социально-экологического характера могут положительно отражаться на чисто экономических показателях, таких как минимизация издержек.

Важным условием существования коммерческой фирмы является ее привлекательность для инвесторов. В последнее время широкое распространение за рубежом получило так называемое социально-ответственное инвестирование. То есть такое инвестирование, целью которого, по определению Ernst &Young, является не только получение дохода на вложенные средства, но и создание позитивных социальных изменений, снижение негативного воздействия на окружающую среду и соответствие этическим нормам. Социально-ответственное инвестирование стремится к максимизации не только финансового результата, но и социальной пользы. Таким образом, существует отдельный сегмент фондового рынка, в котором инвестиции направляются только в компании, демонстрирующие внедрение принципов устойчивого развития в текущую деятельность. На примере рынка США можно видеть, что в последние десятилетия активы в части ответственного инвестирования росли быстрее, чем весь объем инвестиций. Аналогичные процессы происходили и в европейских странах: объем активов под управлением фондов, занимающихся ответственным инвестированием в ЕС, увеличился с €2,7 трлн. в 2007 г. до €5 трлн. в начале 2010 г. [6,2-3] Что является очередным подтверждением финансовой привлекательности следования нормам устойчивого развития, включения показателей устойчивости в отчеты.

Другой важный пример связи финансовых показателей и устойчивого развития проявляется в контексте конкурентной борьбы фирм за потенциальных потребителей своей продукции, за расширение рынка сбыта. В Европе потребители, систематически ищущие экологически чистую продукцию на полках магазинов, составили в 2008 году 34% по сравнению с 32 в 2007г., согласно исследованию, проведенному BCG. Помимо увеличения доли рынка, имидж устойчиво развивающейся компании в ряде случаев позволяет повысить наценку на продукцию. Согласно опросу BCG для 24% потребителей более высокая стоимость экологически чистой продукции приемлема. [6,6] Здесь же следует оговориться и о сотрудниках компаний, которые показывают лучшую производительность труда в социально-ориентированных организациях, ведущих деятельность в соответствии с принципами устойчивости. Такие сотрудники более мотивированы, а у фирмы возникает значительно меньше проблем с текучкой кадров, что, несомненно, положительно сказывается на ее финансовых результатах. Как и созданный положительный образ в глазах общества и общественных организаций.

Примером экономической выгоды от повышения экологичности продукции может выступать деятельность Wall-Mart, который, уменьшив расходы материала на упаковку продукции, сэкономил 3,5 млн. долларов. А с точки зрения устойчивого развития, компания сократила расходы на «3425 тонн гофрированной бумаги, 1358 баррелей нефти, 5190 деревьев» (годовой отчет Wall-mart, 2006 год). [6,6]

За прошедшие со времени окончательного оформления положений концепции устойчивого развития годы коммерческими фирмами по всему миру накоплен значительный опыт в области устойчивости. В целом его нельзя не признать достаточно успешным как для самих организаций, так и для мирового сообщества. Крупные компании, транснациональные корпорации, особенно работающие в нефте-газовом секторе, действительно в состоянии влиять на экологическую и социальную ситуацию на планете. Такие меры, как сокращения выбросов загрязняющих атмосферу, почву и воду веществ, экономия электроэнергии, рациональное расходование исчерпаемых источников энергии, забота об окружающей среде и ведение социально ответственного бизнеса, политика энергоэффективности действительно оказывают благоприятное воздействие на общество и экологию в целом. И, как показывают вышеизложенные примеры, ведение социально ориентированного бизнеса в духе устойчивого развития, не только не идет в ущерб финансовым результатам корпораций, но, напротив, способно улучшить их при разумном подходе к организации дела, а также способствовать укреплению бренда и деловой репутации компании. Что, пожалуй, является первостепенным для самих фирм.

Однако присутствуют и негативнее моменты. Приходится констатировать тот факт, что на мировом рынке доля коммерческих фирм и корпораций, ведущих деятельность в духе требований устойчивости, отражающих нефинансовые показатели в своих отчетах, по-прежнему недостаточно велика. Причин тому несколько. Основной из которых является мотивационная. Ведь, несмотря на все экономические успехи, которых удалось добиться социально и экологически ответственному бизнесу, большое количество компаний не способно достичь финансовой отдачи от политики устойчивого развития. И потому считает меры по защите окружающей среды и повышению социальной ответственности деятельности финансово неэффективными, альтруистическими и игнорирует их, продолжая ориентироваться лишь на экономический рост. Некоторые из таких компаний, вынужденные вести социально-экологическую деятельность под давлением государства, терпят серьезные убытки и недополучают прибыль.

Отрицательным фактором является и во многом показной характер деятельности в области устойчивого развития некоторых организаций. Стремясь укрепить собственный бренд, предстать в «выгодном свете» перед государственными надзорными органами, получить инвестиций и конкурентные преимущества, они зачастую лишь прикрываются заботой об обществе и окружающей среде, выдавая искаженные и завышенные показатели по устойчивому развитию в своей отчетности, продолжая тем временем вести пагубную для социума и экосферы деятельность.

Отметим также, что недостаточно активной является и политика государств, которые делают явно недостаточно для повышения интереса к социально и экологически ориентированной деятельности. Это выражается в недостаточной поддержке фирм и организаций, переходящих к принципам устойчивости, в относительно слабом стимулировании их мотивации. Хотелось бы видеть со стороны руководящих органов конкретные шаги по увеличению финансовой привлекательности перехода к устойчивому развитию для коммерческих фирм. Такие, как, например, введение льготного налогообложения для компаний, ведущих социально-экологическую деятельность и отчитывающихся по ней. Вместо этого государство зачастую просто ставит организации перед необходимостью ведения природоохранной деятельности, угрожая им огромными штрафами. В любом случае полная и всесторонняя реализация концепции устойчивого развития возможна лишь при консолидации усилий всех субъектов социально-экономических отношений: государства, общества и представителей бизнес сообщества.

Конечно, вследствие целого ряда особенностей нашей страны нам не следует слепо копировать опыт зарубежных коммерческих фирм в области устойчивого развития. И, тем не менее, ввиду вступления нашей страны в ВТО (чреватого необходимостью соответствия российских товаров и их производства жестким стандартам качества организации), растущего спроса потребителей именно на «экологически чистую» продукцию, современных требований социо-гуманитраного характера и, что особенно важно, наличия возможности извлечения прибыли из политики устойчивости, отечественные коммерческие фирмы в будущем должны быть ориентированы именно на социально ответственную систему ведения бизнеса. Именно в этом контексте анализ зарубежного опыта реализации концепции на уровне коммерческих компаний, оценка тех трудностей, с которыми пришлось столкнуться иностранным предпринимателям, остается актуальной и очень интересной темой для размышления.

Литература:

1. Report of the World Commission on Environment and Development Our Common Future – UN, 1987. **2** Урсул А.Д., Демидов Ф.Д. Устойчивое социоприродное развитие//Издательство РАГС, Москва, 2006. **3.** Костин А.Е Корпоративная социальная ответственность и устойчивое развитие: мировой опыт и концепция для РФ//журнал Менеджмент в России и за рубежом №3/А.Е. Хачатуров, А.Н. Белковский, С.Ю. Федотова и др. – М., 2005. **4.** http://www.sustainability-indexes.com. **5.** Вдовенко К., Тевакка В.К. Энергоэффективность и устойчивое развитие: европейский опыт//Интернет-портал сообщества ТЭК - http://energyland.info. - 2010. **6.** Перцева Е.Ю. Мотивация компаний к внедрению практик устойчивого развития/Национальный исследовательский университет – Высшая школа экономики, УДК 658.17, 2012.

www.ingramcontent.com/pod-product-compliance
Lightning Source LLC
Chambersburg PA
CBHW051639170526
45167CB00001B/256